高等学校

工程伦理

主编　李正风

中国教育出版传媒集团
高等教育出版社·北京

内容简介

工程伦理教育是当代工程教育的重要组成部分。本教材面向本科阶段工程伦理教育的需要，以落实立德树人根本任务，培养新时代工程人才为出发点，反映当代“新工科”教育的新目标和新内涵，体现本科通识教育的特点和要求。教材在分析工程、伦理等基本概念，辨析不同伦理立场的基础上，围绕如何做好的工程，如何成为合格的、卓越的工程师，如何在工程的全生命周期各环节践行负责任创新的理念，引导学生提高伦理意识，树立守住底线、提高基线、追求卓越的价值观念。同时，教材结合工程影响公众健康、安全和环境等关键问题，从推进人类社会、自然系统可持续发展的目标出发，具体分析如何在工程实践中提高遵循伦理规范、应对新伦理问题的责任感和能力。最后教材探讨了全球化背景下跨文化情境下的工程伦理问题，以增强学生的全球意识和国际视野。

本教材可供各类高等院校工程伦理教学使用，也可供对工程伦理感兴趣的研究人员、工程从业人员和普通读者学习和参考。

图书在版编目(CIP)数据

工程伦理 / 李正风主编. -- 北京：高等教育出版社,2023.7
ISBN 978-7-04-060709-3

Ⅰ.①工… Ⅱ.①李… Ⅲ.①工程技术-伦理学-高等学校-教材 Ⅳ.①B82-057

中国国家版本馆 CIP 数据核字(2023)第 107280 号

Gongcheng Lunli

策划编辑 于 明 杨世杰 责任编辑 杨世杰 封面设计 赵 阳 姜 磊 版式设计 于 婕
责任绘图 杨伟露 责任校对 刁丽丽 责任印制 田 甜

出版发行	高等教育出版社	网　　址	http://www.hep.edu.cn
社　　址	北京市西城区德外大街 4 号		http://www.hep.com.cn
邮政编码	100120	网上订购	http://www.hepmall.com.cn
印　　刷	北京市白帆印务有限公司		http://www.hepmall.com
开　　本	787mm×1092mm 1/16		http://www.hepmall.cn
印　　张	18.5		
字　　数	320 千字	版　　次	2023 年 7 月第 1 版
购书热线	010-58581118	印　　次	2023 年 7 月第 1 次印刷
咨询电话	400-810-0598	定　　价	43.00 元

物 料 号 60709-00

《工程伦理》编写组

主　编　李正风

编　委（按姓氏笔画排序）

于　雪　王　前　丛杭青　李　平　李正风　邱惠丽　何　菁　张　慧

张恒力　张新庆　姜　卉　顾　萍　唐潇风　黄晓伟　董丽丽　廖　苗

序

进入21世纪以来，新一轮科技革命迅猛发展，随着人工智能和大数据、量子信息、分子生物等前沿科技的不断推进、彼此叠加和相互融合，新兴科技在造福人类社会的同时，也会带来不确定性和巨大风险，使得科技伦理问题日益显现，引发政府、学术界、教育界和产业界等对科技伦理治理的高度关注与深入探讨。

科技伦理是科技活动必须遵守的价值准则，是引导科技事业健康发展的重要保障。2019年7月，中央全面深化改革委员会第九次会议审议通过了《国家科技伦理委员会组建方案》，成立国家科技伦理委员会。之后，国家先后成立医学、生命科学、人工智能等领域分委员会，不断完善科技伦理治理体系，保障科技创新健康发展。2021年12月，习近平总书记主持召开中央全面深化改革委员会第二十三次会议时强调，科技伦理治理要坚持增进人类福祉、尊重生命权利、公平公正、合理控制风险、保持公开透明的原则，健全多方参与、协同共治的治理体制机制，塑造科技向善的文化理念和保障机制。2022年3月20日，中共中央办公厅、国务院办公厅印发《关于加强科技伦理治理的意见》，明确指出："当前，我国科技创新快速发展，面临的科技伦理挑战日益增多，但科技伦理治理仍存在体制机制不健全、制度不完善、领域发展不均衡等问题，已难以适应科技创新发展的现实需要。"为加强科技伦理审查和监管，促进负责任创新，科技部牵头，会同相关部门研究起草了《科技伦理审查办法（试行）》，于2023年4月4日向社会公开征求意见。党和国家在制度体系和组织体系方面的部署为科技伦理治理奠定了基础，指明了方向。进一步增强科技伦理意识，加强科技伦理研究，不断提高科技伦理治理的能力和水平，对科技伦理教育提出了新的更高要求。

党的二十大报告指出："要坚持教育优先发展、科技自立自强、人才引领驱动，加快建设教育强国、科技强国、人才强国，坚持为党育人、为国育才，全面提高人才自主培养质量，着力造就拔尖创新人才，聚天下英才而用之。"在以中国式现代化全面推进中华民族伟大复兴的新征程上，科技伦理教育是实现高质量发展的必然要求，一个负责任的教育强国、科技强国、人才强国必须坚守科技发展的伦理底线。因此，面对前沿领域科技发展引发的大量科技伦理问题，我们要从新时代教育强国、科技强国和人才强国建设的高度，充分认识科技伦理教育的重要意义，完善以科技伦理前沿问题研究为基础、以高质量的课程建设为保障、以产出一流学术成果和培养一流人才为目标的全国科技伦理教育体系，始终保持对科技伦理教育的自觉自省，不断提高科技伦理教育体系的现代化水平。

中国高校的科技伦理教育具有很好的历史传统和鲜明的文化特色。新中国成立以来，高校的思想政治教育就包含着丰富的科技伦理教育内容。特别是20世纪80年代以后，中国高校逐渐开设了科技伦理方面的选修课，尤其是特定科技领域的专业伦理教育课程，如工程伦理、医学伦理、环境伦理等。与此同时，一批科技伦理专著和教科书也相继问世，不同高校、不同专业领域多年来在研究和教学实践中也积累了宝贵的经验。这些都是我们在全国统筹协同推进科技伦理教育工作的重要基础，但目前还远没有形成适合我国国情和发展需要的科技伦理教育体系。

2022年3月22日，教育部启动了“高校科技伦理教育专项工作”，从“开好科技伦理金课”“推出科技伦理名师”和“编好科技伦理精品教材”三个方面对专项工作当前的紧迫任务进行了部署。教育部高教司委托清华大学牵头和协调开展这项工作，成立“高校科技伦理教育专项工作专家组”和“高校科技伦理教育专项工作工作组”，并将秘书处设在清华大学。专项工作围绕“建设一流核心课程”“建设一流核心教材”“建设一流师资队伍”展开，确定了以教材编写“奠基”，以重点课程建设“打样”，同时注重课程建设与教材开发、师资队伍联动发展的工作思路；明确了第一批重点建设“1+6”门重点课程。“1”是指科技伦理概论课程；“6”是指工程伦理、医学伦理、生命伦理、环境伦理、数据伦理、人工智能伦理共6门专业伦理课程；与重点课程建设相配套，编写《科技伦理概论》《工程伦理》《环境伦理》《医学伦理》《数据伦理》《生命伦理》和《人工智能伦理》共“1+6”本教材。

系列教材的编写是我国科技伦理教育发展史上的一个重要里程碑。系列教材编写出版的意义和目标是：充分体现科技向善的价值导向，明确科技伦理教育的基本方向；系统展现科技伦理的主要内容，塑造科技伦理教育的基本共识；探索完善科技伦理教育的核心框架，为多样化的教学实践奠定基本依循；形成通专结合的教材体系，满足面向不同对象开展科技伦理教育的实际需求；同时要具有鲜明的中国特色和时代特征。

第一，凝聚人类文明理论成就和历史智慧，面向当代科技发展实践与问题，推动人类科技事业健康发展。人类文明的进步伴随着一代又一代先贤在实践和理论上的不懈探索和创造，科技伦理教材要充分继承和弘扬这些理论成就和历史智慧，让当代科技伦理教育站在历史巨人的肩膀上。同时，教材要面向当代科技发展前沿实践中面临的科技伦理问题，把握当代科技伦理教育的新特点和新要求，为培养“德才兼备”的科技人才和促进科技事业健康发展奠定基础。

第二，扎根中华优秀传统文化，倡导守正创新，服务国家造福人民。科技伦理教育要同中国式现代化建设的历史进程紧密结合，教材内容要立足于中华优秀传统文化的本土资源，倡导守正创新，要坚守以人为本、民为上、天人合一等传统价值理念，坚持社会主义核心价值观，也要在科技发展的前沿不断丰富和发展这些价值理念。教材要面向当前和未来我国建设世界教育强国、科技强国和人才强国的战略需求，培养学子在科技活动中的伦理意识，使其能够充分运用伦理原则和道德规范，考量科技活动中各种利益和价值冲突，合理、合德地兼顾多元主体的利益与风险，创造性地探求符合伦理道德的行为决策。在解决真问题、真解决问题的实践过程中，做到惟真惟善、易知易从，将守正创新精神融入全面建设社会主义现代化国家的伟大事业中去。

第三，融合世界科技伦理治理多元思想，激发伦理觉悟，服务推动构建人类命运共同体。教材内容充分把握思想空间的超越性，认真吸取西方发达国家在科技伦理治理方面的经验和教训，综合运用哲学、历史、社会学、自然科学等多学科视角，透视分析科技活动，探讨科技活动与社会公众、自然环境、文化和制度的互动。教材要树立全球意识和人类命运共同体的思想，激发学子从人类文明进步和共同发展的立场出发，面向全球问题和人类共同挑战，坚守道德底线，不断追求卓越，塑造美好未来，让科学技术真正促进人的全面发展和社会全面进步，推动构建人类命运共同体，丰富和发展人类文明新形态。

第四，秉持生态文明理念，塑造责任意识，促进人与自然和谐共生。教材要秉承“良好的生态环境是人类可持续发展的基础性保障”这一重要生态文明理念，在“万物各得其和以生，各得其养以成”的中华文化土壤中，培养人与自然和谐共生的生命共同体，塑造人类与其他物种休戚与共的命运共同体。教材要激发学子将知识吸纳转化为自我的伦理情怀，催生尊重自然、顺应自然、保护自然的道德自律。引导学子在社会道德文化和制度谱系中重新审视个体的价值追求，并通过对专业业务及其责任的深度理解，把科技活动对环境的影响纳入自身的伦理责任意识之中，内化为个人强烈的社会责任感和使命感，坚持在促进经济社会发展的同时实现人与自然和谐共生，努力为人类可持续发展目标的实现提供新知和解决方案。

在教育部的指导和各相关高校的大力支持下，“高校科技伦理教育专项工作秘书处”组织全国高校相关领域的专家就教材编写进行了多轮讨论，确定了由伦理专家和科技专家一起编写大纲和教材的宗旨，以融合文理两种文化，提升教材内容的专业性；同时针对每本教材的大纲和内容，秘书处组织专家举办多次会议展开研讨，以提升教材的整体质量。由于前沿科技伦理问题的日益广泛和不断更新，每本教材都难以概全，也有各自的局限性。我们将在科技伦理理论与前沿问题的后续研究中，遵循教材编制的高质量与专业性标准，不断迭代更新教材大纲与内容。

最后，衷心希望和期待全国高校认真履行科技伦理教育职责，通过“建设一流核心课程”“建设一流核心教材”和“建设一流师资队伍”工作的展开，汇聚一批具有深厚研究积累和丰富教学经验的专家学者投入到科技伦理教育工作中，推动科技伦理教育实践，为构建具有中国特色的世界一流科技伦理教育体系做出应有的贡献。

王希勤

2023 年 4 月

前　言

培养造就大批德才兼备的高素质人才，是国家和民族长远发展大计，通过通识教育培养学生对“真、善、美”的鉴赏力和对社会的责任感与使命感是新时代本科教育的重要任务。工程伦理是当代工程教育和本科生通识教育的重要内容。

20 世纪 90 年代以来，我国工程伦理教育首先在研究生层次展开。清华大学、浙江大学、大连理工大学、北京理工大学等高校陆续开设了工程伦理课程。进入 21 世纪后，工程伦理成为我国工程专业硕士研究生的必修课，更推动了工程伦理教育在全国的迅速发展。随着当代工程教育和工程实践的不断发展，特别是“新工科”建设的不断推进，人们越来越深刻地认识到，工程伦理教育应该在本科和研究生不同层次展开，“价值塑造”应该前移到本科阶段。特别是 2022 年 3 月 20 日，中共中央办公厅、国务院办公厅印发了《关于加强科技伦理治理的意见》，明确指出要重视和加强科技伦理教育，将包括工程伦理在内的科技伦理教育作为相关专业学科本专科生、研究生教育的重要内容。在这种新形势下，从本科教育教学要求、本科生学习特点出发，编写相应的工程伦理教材成为一项重要的基础性工作。

2016 年，我们编写出版了面向工程专业硕士教育需求的《工程伦理》教材，其基本思路是“通专结合”，突出特点是结合不同工程领域的专业特征和伦理问题的特点。此次编写的《工程伦理》通识教材，则主要面向本科生的教学要求，力图体现“更基础、更通识、更通俗”的要求，从怎样理解“什么是好的工程”“如何成为合格的、卓越的工程师”这两个基本问题入手，充分体现当代“新工科”建设的新目标和新要求，结合人类可持续发展的共同追求来引导大学生树立工程伦理意识和责任感，提高适应当代新特点和新要求的工程伦理素养。

具体来说，本教材具有以下几方面的特点。

第一，以树立正确的价值导向为贯穿全书的基本任务。在明晰了工程、伦理和不同的伦理立场的基础上，重点围绕“什么是好的工程”和“如何成为合格的、卓越的工程师”这两个基本问题，引导同学们树立正确的价值观念，明确什么是必须守住的底线，以及如何在工程学习和工程实践中与时俱进地提高工程伦理的基线，如何通过不断追求卓越真正实现工程造福社会、造福人类的价值追求。同时结合工程全生命周期的思想，探讨如何在工程的各个环节具体落实“负责任创新”的理念，并从工程与环境、工程与安全、工程与健康等不同维度，展现工程伦理“守住底线、提高基线、追求卓越”的价值导向和价值追求。

第二，紧密结合当代工程实践和“新工科”的新要求。随着新科技革命不断发展和新经济模式不断涌现，当代工程活动呈现出工程知识化与信息化程度日益加深、工程边界向多领域交叉渗透、工程活动全球化程度加剧等新特征。基于此，“新工科”建设对我国工程人才培养提出新要求，即通过提供体现通识教育、文理并重以及数字化特征的课程，使培养的学生不仅具有解决工程复杂问题的专业知识和技术能力，还具有伦理意识、全球视野、人文精神和创新能力。本教材一方面结合本科生通识教育特点，未就具体工程学科的伦理问题进行分门别类的阐释，而是聚焦于当代工程活动的共性特征和趋向；另一方面，充分结合“新工科”教育的目标和要求，具体分析和展现“好的工程”和“好的工程师”的当代内涵。

第三，将工程伦理和可持续发展的目标联系起来。可持续发展是在人类积极反思和批判传统发展模式的基础上提出的新的共同的发展理念，对引导和规范工程实践的健康发展有重要意义。近年来人们越来越清楚地认识到，工程师和工程是实现可持续发展目标的关键，要在工程实践中注入可持续发展的价值观。2019年11月，联合国教科文组织第40届全体大会通过决议，正式宣布将每年3月4日设立为“促进可持续发展世界工程日”。当代工程伦理与人类可持续发展议题和实践紧密相关。同时，实现经济社会高质量发展、促进人与自然和谐共生也是中国式现代化的本质要求。作为本科生通识教材，本书将工程伦理与可持续发展的目标紧密联系，从环境、安全、健康三个方面对工程与可持续发展的关系进行了探讨，在其他章节中也体现出工程伦理教育对可持续发展问题的关注与思考。

第四，体例设置与撰写风格更契合本科生教学特点。要想取得良好的教学效果，除了内容选取要适应通识教材需求，教材的体例与撰写风格也需要针对本科生的教学特点进行设计。为了达到更基础、更通识、更通俗可读的目标，本教材在体例设置上突出了案例的独特作用，不仅在每一章的开头和结尾分别安排了引导案例和讨论案例，同时在正文中也穿插了大量生动、具体的案例，以便学生能够随时对工程活动中遇到的实际问题进行思考与讨论。此外，本教材还采用专栏的形式对工程伦理中相对重要的概念和问题进行更为细致的论述。在撰写风格方面，本教材尽量避免纯专业和技术性的阐释，力争做到更生动和更通俗可读。

本教材由清华大学李正风教授担任主编，联合了来自清华大学、大连理工大学、浙江大学、北京航空航天大学、北京协和医学院、中国科学院大学等近十所院校的十七位工程伦理领域的专家学者共同编写完成，其中的绝大多数也是工程伦理研究生专业课及公共必修课的授课老师，这也使得本教材更加贴合课堂教学的需求。

本教材具体分工如下：第一章　如何理解“工程”（李正风、董丽丽）；第二章　如何理解“伦理”（张恒力、唐潇风）；第三章　如何做“好工程”（于雪、王前）；第四章　如何成为卓越的工程师（丛杭青、何菁）；第五章　负责任的工程创造行为（廖苗、李平）；第六章　工程、环境与可持续发展（邱惠丽、刘诗瑶）；第七章　工程、安全与可持续发展（姜卉、黄晓伟）；第八章　工程、健康与可持续发展（张新庆、顾萍）；第九章　全球化视野下的工程伦理（李正风、张慧）。董丽丽博士协助主编做了大量工作，高等教育出版社的于明、杨世杰编辑也在本教材的编撰过程中给予了非常专业和重要的指导和帮助。

本教材作为教育部“高校科技伦理教育专项工作”教材建设的重要工作，得到了教育部相关部门、高等教育出版社、专项工作秘书处等各方面的大力指导和支持，在此一并表示衷心感谢。

李正风
2023 年 4 月

目　录

第一章　如何理解“工程” …… 1
学习目标 …… 1
引导案例：青藏铁路工程 …… 1
引言　工程改变世界 …… 2
第一节　不断演变的工程活动 …… 3
一、史前至农业经济时代：工具—材料主导的工程 …… 3
二、工业经济时代：机器—能源主导的工程 …… 5
三、知识经济时代：工程的信息化、网络化与智能化 …… 7
第二节　工程：创造性的物质实践 …… 9
一、工程活动的创造性 …… 9
二、工程实践的物质性 …… 11
三、可持续发展是工程伦理的基本价值取向 …… 12
第三节　工程：有风险的社会试验 …… 14
一、工程的社会性：作为社会实践的工程 …… 14
二、工程的探索性：作为社会试验的工程 …… 15
三、风险防控是工程伦理关注的焦点问题 …… 16
第四节　工程：多主体参与的行为共同体 …… 17
一、工程共同体 …… 18
二、工程师共同体 …… 19
三、工程伦理强调共同的追求、共同的责任 …… 20
第五节　新工科与新工程 …… 22
一、新工科建设的时代要求 …… 22
二、当代新工程的新特征 …… 23
讨论案例：国家速滑馆“冰丝带”建设工程 …… 25
本章小结 …… 26
重要概念 …… 26
练习题 …… 26
延伸阅读 …… 27

第二章 如何理解“伦理” …… 28
学习目标 …… 28
引导案例：掩饰谎言的谎言——大众“排放门” …… 28
引言 伦理规范行为 …… 29
第一节 伦理的概念 …… 29
一、善恶之辨 …… 29
二、什么是伦理问题 …… 29
三、伦理判断是绝对的吗 …… 30
第二节 不同的伦理立场 …… 33
一、基于结果的伦理立场 …… 33
二、基于规则的伦理立场 …… 34
三、基于品格的伦理立场 …… 36
四、伦理智慧：品格、规则和后果的综合平衡 …… 38
第三节 应对伦理问题 …… 40
一、伦理敏感性和伦理能力 …… 40
二、伦理困境和伦理原则 …… 41
三、伦理推理方法 …… 43
第四节 新工程与新的伦理问题 …… 48
一、科技革命与新工程 …… 48
二、新兴工程伦理问题 …… 50
讨论案例：载人空间站 …… 53
本章小结 …… 54
重要概念 …… 54
练习题 …… 54
延伸阅读 …… 54

第三章 如何做“好工程” …… 55
学习目标 …… 55
引导案例：“摩西低桥” …… 55
引言 工程负载价值 …… 56
第一节 何谓“好工程”——评价工程的多个维度 …… 57
一、经济的维度 …… 57

二、社会的维度 …… 58
三、伦理的维度 …… 58
第二节　“好工程”的基本伦理原则 …… 59
一、以人为本原则 …… 59
二、社会公正原则 …… 60
三、和谐发展原则 …… 61
第三节　守住底线：保障公众安全与健康 …… 62
一、工程设计中如何保障安全与健康 …… 62
二、工程实施中如何保障安全与健康 …… 65
三、工程使用中如何保障安全与健康 …… 67
第四节　实现公平：兼顾利益相关者合理诉求 …… 69
一、社会资源合理调配 …… 70
二、社会风险合理分担 …… 72
三、履行相应社会责任 …… 75
第五节　追求卓越：让工程更好地造福社会 …… 77
一、追求卓越的工程环节 …… 77
二、追求卓越的实践方法 …… 79
第六节　“新工程”与“新创造”背景下的“好工程” …… 82
一、“新工程”如何成为“好工程” …… 82
二、“新创造”如何造就“好工程” …… 84
讨论案例：南水北调 …… 85
本章小结 …… 85
重要概念 …… 86
练习题 …… 86
延伸阅读 …… 86

第四章　如何成为卓越的工程师 …… 87
学习目标 …… 87
引导案例：在“唯一”中创造出“第一” …… 87
引言　德才兼备方可造福社会 …… 88
第一节　工程师的职业角色 …… 89
一、工程行业与工程师职业 …… 89

二、职业共同体及其自治 …… 90
三、从自治走向治理 …… 91
第二节　工程师的职业工作 …… 92
一、合规建设 …… 92
二、技术标准、社会责任标准与伦理标准 …… 94
三、工程师的职业修养 …… 96
四、有德性、有灵魂与专业性的统一 …… 99
第三节　工作场所中的工程师 …… 101
一、利益冲突 …… 101
二、角色冲突 …… 103
三、恰当的工程与管理决策 …… 105
四、工程师的职业良心 …… 106
第四节　工程师能力标准 …… 108
一、胜任力及其模型 …… 108
二、工程师的职业能力标准 …… 110
三、德才兼备，以德为先 …… 113
讨论案例：周建斌17年写就绿色能源答卷 …… 115
本章小结 …… 116
重要概念 …… 116
练习题 …… 117
延伸阅读 …… 117

第五章　负责任的工程创造行为 …… 118
学习目标 …… 118
引导案例：图像识别的算法歧视与纠偏 …… 118
引言　工程创造与社会责任 …… 119
第一节　工程中的负责任创新 …… 119
一、前瞻责任：应对不确定性 …… 120
二、共同责任：超越职业分工 …… 121
三、四维度框架：预期—反思—包容—反馈 …… 122
四、工程的全生命周期与负责任创新 …… 126
第二节　负责任的工程规划：长远预期 …… 127

一、对工程规划进行长远预期的责任…………………………………………… 127
二、“预期治理”理论与方法 ……………………………………………………… 128
三、纳米技术的预期治理…………………………………………………………… 131
第三节　负责任的工程设计：价值反思…………………………………………… 133
一、工程设计中的价值负载………………………………………………………… 133
二、价值敏感设计…………………………………………………………………… 134
三、用创新设计让算法向善………………………………………………………… 137
第四节　负责任的工程建造：包容创造…………………………………………… 140
一、工程建造中的包容性…………………………………………………………… 140
二、重视环境影响评价：明确港珠澳大桥建造中保护白海豚的具体要求…………………………………………………………………………… 140
三、优化施工方案：以技术创新落实对中华白海豚的保护……………………… 141
四、加强应急管理：将施工对白海豚的影响降到最低…………………………… 142
第五节　负责任的工程运维：反馈调整…………………………………………… 144
一、工程运维中的动态反馈………………………………………………………… 144
二、“泽被千年”都江堰水利工程的动态调整 ………………………………… 144
三、守正创新：都江堰水利工程动态调整中的变与不变………………………… 147
讨论案例：建造负责任的智慧城市交通系统……………………………………… 151
本章小结……………………………………………………………………………… 152
重要概念……………………………………………………………………………… 152
练习题………………………………………………………………………………… 152
延伸阅读……………………………………………………………………………… 153

第六章　工程、环境与可持续发展………………………………………………… 154
学习目标……………………………………………………………………………… 154
引导案例：《只有一个地球》 ……………………………………………………… 154
引言　守护人类共同的家园………………………………………………………… 155
第一节　工程活动中的环境问题…………………………………………………… 156
一、工程施工期的环境问题………………………………………………………… 156
二、工程运营期的环境问题………………………………………………………… 157
三、工程废弃后的环境问题………………………………………………………… 159
第二节　工程活动中的环境伦理…………………………………………………… 162

一、工程活动中环境伦理的核心问题：自然的价值与权利…………… 162
二、工程活动中的环境价值观………………………………………………… 164
三、工程活动中的环境伦理原则……………………………………………… 165
第三节 工程活动中的环境伦理责任………………………………………… 167
一、工程共同体的环境伦理责任……………………………………………… 168
二、工程师的环境伦理责任…………………………………………………… 170
三、工程师的环境伦理规范…………………………………………………… 172
第四节 工程活动中环境伦理责任的决策路径……………………………… 174
一、工程活动中环境责任的决策问题………………………………………… 175
二、工程活动中环境责任的决策目标………………………………………… 177
三、工程活动中环境责任的决策能力………………………………………… 179
四、工程活动中环境责任的决策方案………………………………………… 180
讨论案例：万安水力发电站…………………………………………………… 182
本章小结………………………………………………………………………… 183
重要概念………………………………………………………………………… 183
练习题…………………………………………………………………………… 183
延伸阅读………………………………………………………………………… 183

第七章 工程、安全与可持续发展………………………………………… 184
学习目标………………………………………………………………………… 184
引导案例：日本福岛核泄漏事故……………………………………………… 184
引言 工程安全严重威胁着人类社会的可持续发展………………………… 185
第一节 工程安全：工程共同体的首要伦理责任…………………………… 185
一、工程对人类社会安全与生态环境安全的影响…………………………… 186
二、工程活动中的价值冲突与利益博弈对安全的影响……………………… 186
第二节 工程全生命周期中的安全风险来源………………………………… 188
一、工程全生命周期中的不安全因素………………………………………… 188
二、工程论证决策阶段的安全风险来源……………………………………… 189
三、工程设计阶段的安全风险来源…………………………………………… 190
四、工程建造阶段的安全风险来源…………………………………………… 191
五、工程运营阶段的安全风险来源…………………………………………… 192
六、工程废弃阶段的安全风险来源…………………………………………… 193

第三节　工程全生命周期的安全保障…………………………………… 195
一、工程论证决策阶段的安全保障…………………………………… 195
二、工程设计阶段的安全保障…………………………………… 197
三、工程建造阶段的安全保障…………………………………… 199
四、工程运营阶段的安全保障…………………………………… 200
五、工程废弃阶段的安全保障…………………………………… 201
第四节　工程共同体的安全伦理责任…………………………………… 204
一、工程规划者的安全伦理责任…………………………………… 204
二、工程管理者的安全伦理责任…………………………………… 206
三、工程操作人员的安全伦理责任…………………………………… 208
四、工程共同体的安全文化建设…………………………………… 209
讨论案例：福建省泉州市欣佳酒店“3·7”坍塌事故　…………… 211
本章小结…………………………………… 213
重要概念…………………………………… 213
练习题…………………………………… 213
延伸阅读…………………………………… 213

第八章　工程、健康与可持续发展…………………………………… 215
学习目标…………………………………… 215
引导案例：英国生物样本库…………………………………… 215
引言　伦理价值融入健康工程实践活动…………………………………… 216
第一节　工程设计和实施中的健康伦理问题…………………………………… 216
一、工程设计中的健康伦理问题…………………………………… 216
二、工程实施中的健康伦理问题…………………………………… 217
三、工程技术人员的健康责任问题…………………………………… 218
第二节　健康相关工程伦理准则…………………………………… 219
一、护佑生命健康…………………………………… 219
二、健康效用最大化…………………………………… 220
三、健康风险最低化…………………………………… 220
四、尊重自主选择…………………………………… 221
五、促进健康公平…………………………………… 221
第三节　食品工程和医学工程的伦理分析…………………………………… 222

一、食品工程伦理…………………………………………………………… 222
二、健康医疗大数据伦理…………………………………………………… 226
三、基因工程伦理…………………………………………………………… 229
四、制药工程伦理…………………………………………………………… 232
第四节 突发重大传染病防治的伦理治理…………………………………… 235
一、突发重大传染病疫情暴发期间的紧急应对…………………………… 235
二、重症患者收治中的伦理难题及应对…………………………………… 236
三、共筑人类卫生健康共同体……………………………………………… 238
讨论案例:“谷歌流感趋势”的兴衰 ……………………………………… 239
本章小结……………………………………………………………………… 240
重要概念……………………………………………………………………… 240
练习题………………………………………………………………………… 240
延伸阅读……………………………………………………………………… 240

第九章 全球化视野下的工程伦理…………………………………………… 242
学习目标……………………………………………………………………… 242
引导案例:大连国际苏里南工程项目跨文化管理………………………… 242
引言 从文化差异、冲突到合作、共赢……………………………………… 243
第一节 全球化与跨文化工程行为………………………………………… 244
一、全球化、跨文化与工程………………………………………………… 244
二、跨文化的工程实践……………………………………………………… 249
第二节 跨文化工程中的工程伦理问题…………………………………… 251
一、跨文化语境之下的伦理差异…………………………………………… 251
二、跨文化对工程师行为规范的影响……………………………………… 253
三、对技术或工程创造物接受度的差异…………………………………… 255
第三节 跨文化工程伦理问题的解决……………………………………… 256
一、对待跨文化工程伦理问题的态度……………………………………… 257
二、跨文化工程伦理规范…………………………………………………… 258
三、遵循“契约”并善用国际准则 ………………………………………… 261
第四节 提高中国工程的国际竞争力……………………………………… 262
一、汲取中国传统的工程伦理思想………………………………………… 262
二、打造具备中国新时代精神气质的世界工程…………………………… 264

三、深化工程教育国际交流与合作…… 265
讨论案例：中建五局：从“文化冲突”到“文化融合” …… 266
本章小结…… 268
重要概念…… 269
练习题…… 269
延伸阅读…… 269

主要参考文献…… 270

第一章　如何理解“工程”

学习目标

1. 了解工程活动演变的历史阶段及主要特征。

2. 整体把握工程实践活动的物质性与社会性，认识到工程既是一种创造性的物质实践，也是一种有风险的社会试验。

3. 理解“新工科”建设的时代要求和当代工程的新特征及二者的内在关联。

引导案例：青藏铁路工程

青藏铁路（图 1-1）是世界铁路建设史上的一座丰碑，2013 年 9 月入选“全球百年工程”。2006 年青藏铁路全线开通运营，结束了西藏没有铁路的历史。青藏铁路全长 1 956 km，海拔高于 4 000 m 地段长达 960 km，最高点 5 072 m，是世界上海拔最高、在冻土上路程最长的高原铁路，因此青藏铁路也被誉为“天路”。其工程建设面临多年冻土、高寒缺氧、生态脆弱三大世界性工程难题，由此中外媒体评价青藏铁路“是有史以来最困难的铁路工程项目”。青藏铁路名列西部大开发 12 项重点工程之首，青藏铁路的修建推动了西藏进入铁路时代，密切了西藏与内地的时空联系，拉动了青藏地区的经济发展，对加快西部地区的经济社会发展、造福沿线各族人民具有重要意义，其被人们称为发展路、团结路、幸福路，是工程改变世界的一个典型案例。

青藏铁路的建造过程，是先进工程技术与先进工程理念的有机结合。针对青藏铁路中低纬度、高海拔、多年冻土、热稳定性差等难点，工程人员在勘探设计、施工技术等方面创造性地综合采用多种工艺技术与措施，保证了多年冻土工程的安全稳定性。针对青藏铁路沿线高寒缺氧、自然条件恶劣，施工群体大、作业时间长等问题，工程管理者本着以人为本的理念，创建三级医疗保障救治体系，实现了施工过程中工程人员高原病零死亡。针对青藏高原环境脆弱、青藏铁路跨越三江源等自然保护区的特点，工程建设者在野生动物和高寒植被保护、江河源水质保护等方面开展综合研究与创新实践，实现了工程建设与自然环境的和谐发展。

青藏铁路的工程建造者弘扬了“挑战极限，勇创一流”的青藏铁路精神，在工程技术、工程管理和工程设计理念等方面进行了卓越的创新与实践，形成了行业标准，极大地推动了多年冻土工程、高原医学和环境保护等领域的技术进步，带动我国相关领域达到国际领先水平。同时，除了建造过程中综合运用多种创新，青藏铁路在运行中也具有很强的创新精神。开通运营以来，青藏铁路创新运输组织方式，实现设备少维修，高原铁路运行平稳可靠，旅客列车运行速度可达100 km/h，创造了高原冻土铁路运行时速的世界纪录，从而实现了建设世界一流高原铁路的目标。

图 1-1 青藏铁路（图片来源：视觉中国）

引言 工程改变世界

在人类社会发展中，工程活动是一种非常重要的实践方式。纵观历史，人类社会的发展始终伴随着不同类型的工程行为，埃及金字塔、中国万里长城等闻名遐迩的伟大建筑，既是人类文明的重要遗产，也是古代浩大工程的典范。公元前256年李冰父子修建的都江堰水利工程至今依然福泽川蜀；当代信息工程和基因工程等正在深刻地影响着人类的生活及生存方式。可以看到，工程活动一直在对人类社会产生着重要影响。不仅如此，随着科技力量的日益强大，工程活动正在以前所未有的深度和广度改变着世界。本章主要从工程活动的历史演变、工程的物质性与社会性、工程的实践主体、新时代工程的新特征及工程教育的新要求等方面入手，对“工程”这一工程伦理的核心概念做系统的梳理和阐释，从而帮助同学们更好地理解工程伦理及相关问题。

第一节　不断演变的工程活动

工程起源于人的劳动。最初的工程用以指代与军事相关的设计和建造活动，近代之后，有目的地控制和改造自然物，建造人工物，以服务于特定人类需要的行为往往都被称为工程。随着工业化进程的推进，人类对于自然力量的控制和利用越来越紧密地与科学发现和技术发明联系在一起，因此，工程实践活动也被视为对科学和技术的创造性应用。在现代社会，工程实践的范围进一步扩大，对人类社会的影响也更为深远。现代意义的工程活动泛指以满足人类需求的目标为指向，应用各种相关的知识和技术手段，调动多种自然与社会资源，通过一群人的相互协作，将某些现有实体（自然的或人造的）汇聚并建造为具有预期使用价值的人造产品的过程，如三峡工程、载人航天工程等。

工程活动具有物质性，工程活动的发展与物质资料的生产密不可分。由此，按照历史中生产方式变革形成的三种主要社会经济形态，工程活动的演变可划分为三个阶段，即史前至农业经济时代的工程（史前时代至 18 世纪中叶）、工业经济时代的工程（从 18 世纪中叶到 20 世纪下半叶）和知识经济时代的工程（20 世纪下半叶至今）。从工程活动的演变过程可以看出，在不同历史阶段，工程活动的范围、特点，工程共同体的组成，技术集成方式和工程运行方式等都呈现出不同的特征。

一、史前至农业经济时代：工具—材料主导的工程

史前至农业经济时代的工程包括新石器时期、古代帝国时期、中世纪直至工业革命前期。最初的工程活动从史前时期人类制造简单石器工具时开始萌芽，随着铁质农具的广泛使用，农耕逐步代替采集狩猎成为人类社会的主要生产方式，人类社会进入农业经济时代，相应地，人类的工程活动也从简单石器工具的制作向更大范围的活动领域扩展，在古代西方，工程（engineering）“特指的是军事工程，但就工程作为具体建设项目而言，古代的房屋、道路、水利、作战器械、土木工事等的各项建造或制作均属工程范围”①。

① 李正风，丛杭青，王前，等．工程伦理［M］．2 版．北京：清华大学出版社，2019：7.

（一）史前至农业经济时代工程发展概况及主要特征

史前的工程诞生于简单工具的制造活动，至新石器时代，原始农业和畜牧业出现，同时建造圣祠等建造性工程活动也随之开始出现。随着农业文明的发展，两河流域的苏美尔地区出现了开凿水道和引水等农业灌溉工程，同时以宗教和政治为目的的工程活动也开始出现，以古埃及金字塔为代表。到了中世纪，工程活动在古希腊、中国和印度等地区逐步进入繁荣时期。随着手工业及海上贸易的日益发达，水利和造船等工程活动迎来快速发展期，至文艺复兴时期，近代科学在西方兴起，力学、热力学等相关研究成果为工程的设计与建造提供了更为坚实的理论基础和技术指导，如达·芬奇、伽利略等科学家本身就是杰出的工程学家，自此，工程活动逐步走向系统化和专业化。

农业经济时代的工程主要以天然资源为对象，与生产和技术的关系颇为紧密。这一时期的工程是简单性、经验性技术的集合，具有经验性、贴近和敬畏自然、与社会生产活动紧密相关等特征。同时，工程的结构与功能都相对单一，主要以技术结构为主，还处于比较直观的经验形态，在功能上也相对单一，表现为“一种自给自足自然经济形式下的生产活动”①。

（二）典型案例：都江堰水利工程

都江堰（图 1-2）是我国古老的大型水利工程之一，其千古不朽，至今犹存，在政治、经济、文化等方面都有着极为重要的历史地位和作用，具有历史悠久、布局合理、效益显著、经久不衰等特点，是世界水资源利用的典范。

图 1-2　都江堰水利工程（图片来源：视觉中国）

公元前 256 年，时任蜀郡郡守的李冰率领蜀地各族民众共同建造了这项千古不朽的水利工程。都江堰水利工程充分利用当地西北高、东南低的地理条件，根据

① 蔡乾和．哲学视野下的工程演化研究［D］．沈阳：东北大学，2010：47.

江河出山口处特殊的地形、水脉、水势，乘势利导，无坝引水，自流灌溉，使堤防、分水、泄洪、排沙、控流相互依存，共为体系，保证了防洪、灌溉、水运和社会用水综合效益的充分发挥。随着科学技术的发展和灌区范围的扩大，从1936年开始，逐步改用混凝土浆砌卵石技术对渠首工程进行维修、加固，增加了部分水利设施，同时古堰的工程布局和“深淘滩、低作堰”“乘势利导、因时制宜”“遇湾截角、逢正抽心”等治水方略没有改变。都江堰的灌溉面积1 000余万亩，其灌区是四川省经济最发达的地区，也是四川省政治、经济和文化的中心地带，是“天、地、人、水”和谐共荣的典范。

二、工业经济时代：机器—能源主导的工程

农业经济向工业经济时期转变的标志是18世纪下半叶工业革命浪潮的兴起。18世纪60年代，蒸汽机被广泛应用于生产制造领域，人类社会的生产方式由农业生产向以工业生产为主转变，由此引发第一次工业革命，这是工业经济的第一个“蒸汽动力时代”。此后，19世纪初期到20世纪中叶，伴随电动机的发明与广泛应用，以电气化为标志的第二次工业革命发生，电力取代蒸汽动力，工业经济的“电气化时代”由此到来。这一时期的工程活动范围更广，改造自然的能力更强，对象也从以自然资源为主向大规模利用金属、树脂、橡胶等新型工业材料转变。同时，电力工程也催生电报、电话、现代航空等新工程门类的出现，“工程的专业化、组织化和建制化趋于合理和规范”①。

（一）工业经济时代工程发展概况与主要特征

1765年，瓦特改进了蒸汽机，蒸汽机开始被广泛使用，使社会生产方式产生了重大转变，使得大规模工业生产成为可能。随着蒸汽机、水轮机、内燃机等机器动力源的普及，机械工程出现。同时，工业发展致使全球性贸易活动日益活跃，交通网络与城市化促使工程不断发展。此外，硫化橡胶、炸药的发明以及石油生产的迅速发展，促进了以合成材料为对象的化学工程不断取得突破。此后，电动机的发明及广泛应用不仅将人类社会带入电气化时代，也将工程带入电气化时代。始于19世纪末的电力技术革命标志着“电气工程时代”的到来。

相对于农业经济时期的工程，工业经济时期的工程具有对象范围广泛、发展迅猛、机械化和电气化程度高、从业人员职业化趋势明显、工程体系更为科学化等特征。工业经济时期的工程不仅对象由农业经济时期的以自然资源为主扩展为

① 蔡乾和．哲学视野下的工程演化研究［D］．沈阳：东北大学，2010：49.

自然物、工业产品及人工合成物等，工程技术创新与工程种类、规模等方面也发展迅猛，工程领域的分叉与专门化、职业化特征日益明显。此外，工程师的角色也在不断变化，其不仅是工程的建造者，同时也成为工程的设计者与操作人员，这使得工程师在工程中所发挥的作用越来越重要，工程师协会、工程教育机构日益增多且趋于成熟，工程逐步走向建制化和系统化。

专栏：什么样的工程最具人道关怀？

18 世纪在英国和其他欧洲国家发生的第一次工业革命由蒸汽机等发明推动，这些发明大幅提高了生产效率，大规模生产的机器，改变了人们的生活方式，使得城市建筑、排水、工厂中的工程技术行为成为职业。此后，第二次工业革命带来供水和污水网络、路桥建设等发电和土木工程的发展，工程师开始逐步走向职业化。法国开始出现高等专科工艺学校，英国、德国相继建立工程师协会，美国也出现工程活动组织机构。随着工程师行业协会的成立，工程师开始对工程性质和作用进行反思，如第一届英国土木工程师协会（ICE）会长、被誉为“土木工程之父”的泰尔福特·托马斯，在其成为公共工程建造师之后开始思索“什么样的工程最具人道关怀，并能够帮助贫苦百姓”这样的问题。托马斯认为，工程是人们利用源自自然的力量为更多的人服务的一种社会行为，体现着更大范畴的人文关怀。此后，对工程和工程伦理的研究开始逐步受到重视。

（二）典型案例：福特汽车荣格工厂

1913 年，亨利·福特创造出汽车制造的流水线生产（图 1-3），被作为现代工业生产体系诞生的一个标志。1918 年，福特开始在美国密歇根州东南部城市迪尔伯恩建造一座能够自给自足的汽车城——荣格（Rouge）工厂，这座古老工厂坐落在荣格河边，占地面积 384 公顷，福特的很多经典车型都出自该工厂。为了获得生产整车所需的资源，福特在密歇根州北部、明尼苏达州和威斯康星州拥有大面积的森林、铁矿和采石场，并在肯塔基州、西弗吉尼亚州和宾夕法尼亚州拥有大量煤田，甚至还在巴西购置、经营着橡胶园。这些原材料会通过福特自营的铁路或航船运到荣格工厂。福特最初的目标是力争从原材料到整车下线全部都由荣格工厂完成，为此在工厂内设立了炼钢厂、轮胎厂、玻璃厂，甚至还有发电厂和生产汽车塑料件的大豆转化厂等。20 世纪 30 年代，在这里工作的人数曾达 10 万之众。为此，工厂内还专门设立了医院、消防队，并配备了警察。1960 年以前，汽车的大部分零件在这里生产，运到美国各地的福特工厂组装。

图 1-3　福特 T 型车生产线（图片来源：视觉中国）

荣格工厂是当时最大的汽车制造厂，实现了流水线全覆盖。通过不断改良流水线的各项参数，到 1927 年，流水线每 24 秒就能组装一部汽车，极大提升了汽车的生产效率。流水线工作使汽车安装中对技工的技术要求降低，从而在提高汽车产量的同时还降低了生产成本，其不仅对福特汽车的成功做出了巨大贡献，也对后来汽车产业的整体发展产生了深远影响。经过百余年的发展与变迁，荣格工厂现更名为荣格中心，仍是福特汽车公司最大的一个联合企业。

三、知识经济时代：工程的信息化、网络化与智能化

20 世纪中叶，随着电子计算机的发明和使用，工业经济开始向知识经济过渡，人类进入以知识和信息的生产、传输和利用为主要特征的知识经济时代。20 世纪 40 年代至 60 年代为知识经济的萌芽期，70 年代知识经济开始迅猛发展，直到 21 世纪上半叶进入成熟期。知识经济时代的工程活动以计算机的发展及广泛使用为契机，带动了新材料工程、新能源工程和其他工程的发展。

（一）知识经济时代工程发展概况及主要特征

20 世纪下半叶兴起的新技术革命，标志着知识经济时代的到来。1996 年经济合作与发展组织（OECD）在科技发展报告中提出“知识经济”的内涵。知识经济是建立在知识的生产、分配和使用之上的经济，是容纳新技术革命中一切科学知识和新技术等经济增长因素并以此来推动经济发展和社会财富增加的一种经济。在知识经济时代，工程的门类日益复杂和多样化，既有逐渐被信息化、智能化的传统工程类型，又有不断衍生的新工程类型，它们相互交叉、叠合，形成了一个

“全球适应性进化系统”①。随着电子计算机的发明和运用，工程的理论和实践都发生了重要变化。这一时期的工程主要包括核能释放和利用、人造地球卫星的成功发射、重组脱氧核糖核酸实验的成功、微处理机的大量生产和广泛使用、软件开发和大规模产业化、纳米科技的研发等领域，由此形成了当代社会以高科技为支撑的核工程、航天工程、生物工程、微电子工程、软件工程、新材料工程，等等。

知识经济时代工程有以下四个方面的主要特征。其一，科学与工程的整合使得工程科学在工程实践活动中越来越重要，工程项目的相关理论同工程系统的设计、制造、运行等方面实现了直接的联系。其二，工程造物的速度以及人工物的更新换代在加速。工程与科学的综合、集成加速了科学的应用转化以及工程的运行节奏。其三，工程系统日益复杂化。从人类诞生并进行早期的工程活动开始至今，工程已经形成一个复杂的巨系统。《美国百科全书》中的工程包括土木、陶瓷、冶金、机械、化学、材料、电机、工业、航空航天、生物、基因、人因、系统等众多领域。其四，环境保护成为工程活动日益被重视的因素。工业经济时代以来的工程活动造成环境污染物大量积聚，诸如金属反应过程中形成的重金属、高级材料生产中产生的致癌物质、核工业产生的辐射性物质，以及工农业生产、交通运输中产生的废气、废水、废渣，等等。②

（二）典型案例：天网工程

随着图像和人脸识别技术的成熟，信息技术在公共安全防范、逃犯追捕、网络安全、金融安全等诸多领域发挥着日益重要的作用。我国的天网工程正是人工智能等信息技术在安全领域应用的典型代表。天网工程是一项国家工程，是我国建设平安城市的关键举措，由中央政法委牵头，公安部联合工信部等相关部门共同建设，是涉及安防、人口信息化建设、车辆信息化建设等众多领域的信息化工程，能够以省为单位大范围联网，实现数据信息的编译、整理、加工和查询，自2011年启动以来，已经在智慧城市、社会管理、公共服务方面发挥了重要作用。

天网工程（图1-4）以视频监控系统为基础，依靠动态人脸识别技术和大数据分析处理技术，对密布在各地的摄像头抓拍的画面进行分析对比，能够准确识别人脸。经过十余年的建设，天网工程已成为全球最大的实时监控网，它将超过两千万台监视器镜头全部融合，实时分析动态，并连接到各地警局勤务中心，成为打击犯罪的利器。例如，2018年4月，在江西省南昌国际体育中心张学友演唱

---

① 蔡乾和．哲学视野下的工程演化研究［D］．沈阳：东北大学，2010：51.

② 蔡乾和．哲学视野下的工程演化研究［D］．沈阳：东北大学，2010：52.

会上，警方通过天网系统从几万名观众中准确识别并捕获一名网逃嫌犯。除了在打击犯罪和治安管理方面得到应用外，天网工程也用于服务群众，特别是在小孩和老人的走失方面。例如，2017 年 6 月，新疆某地一派出所通过一张几年前的照片，成功找到了一名 6 岁的走失儿童。除了查找目标人物之外，天网系统还应用于民间搜救、户籍变更、房屋产权交易、便民服务等各个领域。

图 1-4　天网工程（图片来源：搜狐网）

综上所述，工程的演变与技术演变息息相关，随着技术的发展，工程的内涵、范围、形态、特征等都发生了重大改变。同时也需要看到，在工程的演变过程中有一些保持不变的特征，即工程的本质特征，具体包括两个方面，即工程的物质性与工程的社会性。

第二节　工程：创造性的物质实践

工程作为改造自然界的实践活动，首先是一种物质实践。工程活动在文明进化的过程中不断演变，体现了物质实践的创造性，从此种角度来看，工程活动是生成的而非预成的。对于工程过程存在两种较为常见的理解：一种是将工程理解为以设计为核心的过程，这种理解体现了工程活动的创造性；另一种是将工程理解为以建造为核心的过程，这种理解体现了工程活动的物质性。

一、工程活动的创造性

工程的一般含义是“造物”，即“工程是以满足人类需求的目标为指向，应用各种相关的知识和技术手段，调动多种自然与社会资源，通过一群人的相互协作，将某些现有实体（自然的或人造的）汇聚并建造为具有预期使用价值的人造产品的过程。”① 从工程的创造性出发，可将工程活动理解为一种设计过程。在这种理解中，创新是工程的本质，工程的设计和建造过程中都具有创造性，创造性也是工程活动与生产活动的主要区别。

（一）工程作为一种设计过程

这种观点认为“设计”是工程的本质，工程的实施不过是根据设计进行生产或制造，因此，设计是工程的灵魂，工程师可以部分等同于设计师。比如，工程教育家史密斯（Ralph J. Smith）就认为，工程的本质是在观念中设计装置、程序、系统，以有效地解决问题。工程的独特性、工程师的创造性往往是通过工程设计得以体现的。设计的过程也是复杂的，需要满足预期的目标，要考虑可能调动的各种资源，以及设计实现的可能性，同时还要根据生产和制造的过程中遇到的问题对设计的思路和方案进行调整。正如布恰雷尔（Louis Bucciarell）指出的那样，设计是工程的核心，但工程设计不是一个机械或计算的过程，而是一个社会建构的动态过程，即工程是一个动态的设计过程。

（二）工程建造也是一种创造性的活动

不仅工程是一种设计过程，具有创造性，通过工程建造活动实现设计意图这一过程本身也是一种创造，工程活动的创造性也是其区别于一般性生产活动的最为重要的特征。工程和生产是人类改造自然界的两种实践形式，二者都是以改造自然界为基本形式，以造福人类为主旨，既有非常紧密的联系也有各自的特点，其中生产活动的突出特点是：“其相对严格的规范性、确定性和计划性，工业生产特别是加工制造业尤其如此。在这里要按明确的、基本固定或定型的操作规程行事，生产的进度要明晰，成本的核算要确切定量，批量生产还有较大的重复性。”② 相比之下，工程活动的创造性主要体现在以下三个方面：第一，工程活动具有不可重复性，工程活动总是与特定的自然环境和社会环境相关联。工程项目不是批量化的，而是“唯一对象”或“一次性”的，如青藏铁路工程、南京长江大桥建设工程。③ 具体的工程活动是特定目标、特殊自然社会环境和独有设计的综合体。第二，工程建造具有不确定性，工程计划需要依据进程随时调整。“许多问题往往只有在工程活动发生的时间结构的具体情境中才会涌现出来，从而使整个工程活

---

① 李正风，丛杭青，王前，等．工程伦理［M］. 2 版．北京：清华大学出版社，2019：9.

② 陈昌曙．技术哲学引论［M］. 北京：科学出版社 . 1999：132.

③ 陈昌曙．陈昌曙技术哲学文集［M］. 沈阳：东北大学出版社 . 2002：180.

动充满着不确定性。”①第三，工程结果并不是预成的，常常面临巨大风险。这就需要从设计阶段就从自然、社会、经济、政治、文化等多层次、多角度，对可能面临的工程风险进行评估与控制。

二、工程实践的物质性

除了创造性，工程实践还具有物质性。工程实践的物质性是其区别于科学和技术的重要特征。在科学、技术与工程三者的关系方面，存在一种较为普遍的观点，即科学活动以发现为核心，技术活动以发明为核心，工程活动则是以建造为核心。与前文中提到的认为工程以设计为核心的观点不同，这种观点体现了工程实践的物质性，正是通过建造，工程将科学技术应用于自然，转化为生产力。

（一）工程作为一种建造活动

将工程视作一种建造活动的观点认为，“建造”是工程的本质，设计是工程中的一个环节。工程的设计是为了最终建造人工产品服务，虽然建造的过程依赖于设计，但工程的最终产物“人造物”体现了工程的价值和意义。由此，有学者认为工程的核心在于“造物”而非“思”，工程的本质是实践而非设计，工程从根本上来讲是一种实践活动。例如，我国工程哲学家李伯聪先生认为，造物的实践活动更能体现工程的本质，如果说在认识活动中，如笛卡儿所说“我思故我在”，那么在工程活动中，则“我造物故我在”。

（二）工程是科学技术转化为生产力的桥梁

按照广义的技术定义，技术是人类能动地改造自然的知识方法、实物手段及活动过程的总和，其活动的结果创造出满足人类存在与发展的人工物品。按照此种定义，工程活动属于技术活动的一部分，然而这没有办法帮助我们更好地回答为什么在现实生活中“三峡工程”不能替换为“三峡技术”，“技术转移”也不能替换为“工程转移”。可见，工程与技术具有很大不同。工程活动是科学技术作用于自然、将特定知识转化为生产力的途径和桥梁。“工程必须应用技术知识，但不能等同于技术的应用，技术知识作为工程知识最重要的组成部分，必须与科学知识、人文社会科学知识、境域性知识等一起服务于建造人工物的工程实践。”②

---

① 邓波．朝向工程事实本身——再论工程的划界、本质与特征［J］．自然辩证法研究，2007(03)：62-66.

② 邓波．朝向工程事实本身——再论工程的划界、本质与特征［J］．自然辩证法研究，2007(03)：62-66.

三、可持续发展是工程伦理的基本价值取向

党的二十大报告提出：促进人与自然和谐共生，推动构建人类命运共同体是中国式现代化的本质要求。工程实践的主要目标是造福人类社会，实现最大化的善，这里的善不仅是取得当前的利益，更为重要的是实现对人类未来发展至关重要的长久至善。由此，“促进人类社会的可持续发展是工程的重要价值目标。”① “工程伦理视域下的可持续发展主要指的是工程主体创造出保护资源、环境与生态的工程”②，其涉及经济、政治、社会等多个方面，这不仅需要包括工程师、投资者、管理者等在内的工程活动的主体将实现可持续发展作为自身追求的重要目标，同时也需要全社会都树立可持续发展观，将人与自然和谐共生作为共同的价值追求。

专栏：工程是实现可持续发展的途径

一直以来，科学、工程和技术进步为连续几次工业革命奠定了基础，推动了经济的快速增长。随着第四次工业革命的到来，工程在解决人类的基本需求方面发挥着日益关键的作用，它能够改善我们的生活质量，并为当地、国家、地区和全球经济的可持续增长创造机会。在 2015 年联合国大会 193 个成员共同制定的对可持续发展目标的承诺中，17 个可持续发展目标中每一个目标都与工程有关，所有目标的实现也都需要工程。从此种角度来说，工程是实现可持续发展的途径。正因为如此，2019 年 11 月，在法国巴黎举行的联合国教科文组织大会通过决议，正式宣布将每年 3 月 4 日设立为“促进可持续发展世界工程日”，以彰显工程师和工程技术对当今世界的贡献，提升公众对工程技术改善人类生活和推动全球可持续发展重要作用的认知。

现阶段，世界各国已达成共识，经济增长和环境改善离不开工程。特别是新冠疫情以来，在管控新冠病毒的影响和传播，利用创新技术检测、监测和防止病毒传播方面，工程师和工程创新一直冲在最前线。在后疫情时代，工程成为保障各国可持续发展的重要力量，特别是在防疫、线上教育、公共卫生、智慧城市等领域。

---

① 万舒全．整体主义工程伦理研究［D］．大连：大连理工大学，2019：89.

② 万舒全．整体主义工程伦理研究［D］．大连：大连理工大学，2019：90.

（一）人与自然和谐共生是推进全球可持续发展遵循的新价值观

纵观人类历史发展，人与自然关系的历史演变是一个从和谐到失衡，再到新的和谐的螺旋式上升过程。农业文明时期，生产技术相对落后，人类崇敬、尊重自然，崇尚“天人合一”的思想。近代以来，随着现代科学的兴起，人类将自然当作掠夺对象，以自然的主人自居，特别是随着工业化进程加快，化学排放、农药化肥滥用等对环境造成严重危害。20 世纪以来，人与自然的关系日趋恶化，人类社会发展同生态环境之间的矛盾愈加突出。面对全球环境和资源问题，摒弃人类中心主义，倡导人与自然和谐发展成为时代共识。

人与自然和谐共生这一价值观蕴含着人与自然共生、共荣、共存的辩证关系，习近平指出，我们要像保护眼睛一样保护自然和生态环境，推动形成人与自然和谐共生新格局。① 建立人与自然生命共同体，首先就要牢固树立人与自然和谐共生的精神，这也是我们推进全球可持续发展必将遵循的新价值观。党的二十大报告提出“促进人与自然和谐共生”，并将其作为中国式现代化的本质要求。气候变化、生物多样性丧失、荒漠化加剧和极端天气频发，给人类生存和发展带来严峻挑战。推动全球环境治理，将持续汇聚构建人与自然生命共同体的强大力量，也将为世界应对各类全球性挑战注入更多信心和希望。

（二）人与自然的可持续发展是处理工程与自然关系的基本原则

人与自然的关系是人类生存与发展的基本关系，人与自然和谐发展原则是处理工程与自然关系的基本原则。工程实践中人与自然和谐发展原则可概括为三个方面。第一，和谐共生原则。和谐共生原则不仅意味着在具体的工程实践中注重环保、尽量减少对环境的破坏，同时还意味着对待自然方式的转变，即自然不再是机械自然观视域下的被支配客体与对象，而是具有自身发展规律和利益诉求。第二，遵从规律原则。工程实践作为以自然为改造对象的实践活动，在实施过程中，必须遵从自然界本身的规律，包括自然规律和生态规律两大类。其中，自然规律具有相对确定的因果性，例如物理定律、化学定律等，如果不遵从自然规律，则会发生可预见的危险。相比于自然规律，生态规律具有复杂性和长期性的特征，造成的结果也往往具有不可预见性和不确定性，例如，大型水利工程对所在的水系和周边生态环境造成的影响往往要许多年才能显现。第三，人文关怀原则。人文关怀原则是指在具体工程项目中，当人的利益与自然发生冲突时，要在满足人类基本需求的基础上，采用对自然影响最小、伤害最小的方案。例如，在生物医

---

① 习近平外交思想学习纲要［M］. 北京：人民出版社，学习出版社，2021：157.

药工程中，需要在动物或其他生物身上进行药物试验，在试验对象的选取中，要尽量选择条件允许范围内较低等的动物，在试验过程中将伤害降到最低，尽量不给动物带来过度的痛苦。

综上所述，工程是具有创造性的物质实践，其中创造性体现在工程活动是一种设计活动，并且需要根据其所在的自然环境和社会环境不断调整和修正原有设计，这是工程活动区别于生产活动的重要特征。同时，工程活动也是一项建造活动，其将科学与技术通过建造活动应用于改造自然的过程中，从而成为科学与技术转化为生产力的桥梁，物质性也成为工程活动区别于科学和技术活动的重要特征。从工程的物质性出发，可持续发展原则成为工程伦理处理人与自然关系的首要原则。

第三节 工程：有风险的社会试验

工程是一种融合科学、管理、工艺和发明的综合性实践活动。除了创造性和物质性，社会性也是工程活动的基本特点。美国工程伦理学家迈克·W. 马丁（Mike Martin）将工程视作一种社会试验①，工程作为一种由具有有限理性的人所主导的社会试验，其既有社会性，又有探索性。同时，由于工程活动中人的参与，导致其具有更大的风险性，由此，风险防控成为工程伦理关注的重要议题。

一、工程的社会性：作为社会实践的工程

有学者认为，“工程的基本特点是社会性。”② 认识到工程的社会性对于我们探讨工程伦理问题具有重要意义。具体说来，作为社会实践的工程可从两方面进行考量：一方面，工程活动本身具有社会性，它是工程共同体通过实践将工程设计和知识应用于自然的过程；另一方面，工程活动的目的是实现“好的生活”，其造福人类社会的目标具有社会性。

（一）工程实践的主体是工程共同体，具有社会性

现代工程具有产业化、集成化和规模化的特性，工程与科技、经济、社会以

---

① ［美］迈克·W. 马丁，罗兰·辛津格. 工程伦理学［M］. 李世新，译. 北京：首都师范大学出版社，2010：97-98.

② 郑晓松. 工程的本质——一种哲学的视域［J］. 理论界，2015（05）：81-85.

及环境之间都建立了极为紧密的联系。如前所述，现代工程牵涉到多个利益群体，其中，一部分作为工程的参与者构成了独特的社会网络，另一部分则是没有直接参与的利益群体，如日本福岛核辐射受害者等，他们虽然没有参与工程的决策和建造，却是工程的直接受益者或受损者。随着社会发展，工程进入大工程时代，工程所涉及的范围和产生的影响日益扩大，作为工程实践主体的工程共同体的社会属性日益凸显。作为现代工程的主体，工程共同体主要具有以下特点。首先是高度组织化。一些大型的工程项目，往往是生产工具、生产资源以及科学家、设计者、管理者和各类建设者整合而成的高度组织化的系统。一项工程从论证、规划、设计到实施都必须严密组织，工程活动要求各个相关部门围绕工程活动的目标，建立职责清楚、通力协作的组织机制。其次是日益规模化。现代工程的参与主体具有相当可观的数量，一些大型工程如“三峡工程”和“曼哈顿工程”等，往往动用几万甚至几十万的工程设计者和建设者，而这些工程本身也都是非常宏大、具有高度规模化的建造活动。①

（二）工程活动的目的是造福人类社会，具有社会性

通过工程实践造福人类社会，实现最大化的善是工程实践的主要目标。工程是人类通过有组织的形式、以项目方式进行的成规模的建造或改造活动，历史中的工程，特别是大型工程，往往对其所在地区的经济和社会发展产生显著影响，其中，“水利工程、交通工程、能源工程、环境工程等，通常会对一个地区、一个国家的社会生活产生深刻的影响，并显著地改变当地的经济、文化及生态环境”。②人的生存和健康是人类社会实现“好的生活”的必需条件，由此，一项工程首先需要保证公众的生命健康和生活，在此基础上，还要尽可能降低污染影响，保护生态环境，实现人类社会的可持续发展。

二、工程的探索性：作为社会试验的工程

除了社会性，工程实践作为特定知识在自然界中的应用方式，还具有与现代科学实验相似的特性，即工程实践活动本身具有不确定性与探索性，同时工程实践后果也具有不可预测性。

（一）工程实践活动的不确定性与探索性

工程活动是一项集成性活动，一些国家级工程往往承担着科技、军事、民生、

① 郑晓松．工程的本质——一种哲学的视域［J］．理论界，2015（05）：81-85.
② 朱京．论工程的社会性及其意义［J］．清华大学学报（哲学社会科学版），2004（06）：44-47.

经济等多种功能。也正因为如此，以工程为核心形成的利益相关方日趋多元化，以PX（对二甲苯）项目为例，作为我国基础性化工原料的PX长期依赖进口，因此PX项目的建造属于国家战略型工程。在项目投资者中不仅有企业，还包括国家和地方政府。同时，由于PX项目存在危险性和环境污染的风险，PX项目选址周边的居民也成为利益相关人，公众的参与也对决策产生影响。例如，厦门PX项目就因为公众抗议而被迫叫停。由此可见，仅决策者这一个角色的多元化就给工程带来巨大不确定性。同时，工程还需要面对与其相关的自然环境和社会环境带来的诸多挑战，即便同样的施工工艺与流程，面对不同环境也可能产生截然不同的结果。此外，在大型工程中，工程师、工人、企业家、管理者和组织者皆呈现出多主体间跨地区、跨领域、跨文化合作的趋势，不仅在价值取向上千差万别，在群体文化、生产习惯等方面也存在难以消除的差异，这无疑为工程实践带来巨大的复杂性和不确定性。

（二）工程实践后果的不可预测性

除了工程活动的不确定性，技术的高度集成也导致技术系统对自然产生的影响具有不确定性，技术系统的构成要素和结构越复杂，失效的可能性就越大。加上工程本身就与科学实验不同，它是技术在现实环境中的创造性应用，过程本身就带有更高的不确定性，工程的复杂性导致工程结果不可控风险增加。同时，由于工程是在部分未知的情况下进行的，工程活动既可能形成新的人工物满足人们的需求，也可能导致非预期的不良后果。由此出发，如何尽可能有效地规避风险，并最大限度地服务于“好的生活”，不但需要制定必要的行为规范，而且要求监测和反馈。

三、风险防控是工程伦理关注的焦点问题

通常情况下，以下几方面的不确定性将会导致工程风险，包括工程中的技术因素的不确定性、工程外部环境因素的不确定性和工程活动中人为因素的不确定性。如何尽量减少不确定性给工程活动带来的风险是工程伦理关注的首要问题，其中对工程风险中伦理责任的界定是风险防控的第一步。

（一）工程风险中的伦理责任

工程风险不只是工程问题，也是伦理问题。工程师因其在工程活动中具有特殊地位，对调节工程全过程的伦理风险具有重要意义。[①] 作为工程活动中的专业人

---

① 潘建红，段济炜．面向工程伦理风险的工程师伦理责任与行动策略［J］．中国矿业大学学报（社会科学版），2015，17（03）：83-88.

员，其具有一般人不具备的专业知识，作为工程活动的直接参与者，他们能够比一般人更早、更全面、更深刻地了解某一工程所存在的潜在风险。由此，工程师在防范工程风险方面肩负着重要的伦理责任，即工程师应有意识地思考、预测、评估其所从事的工程活动可能产生的不良后果，主动把握研究方向。此外，随着现代工程涉及的利益相关群体日益增加，工程的决策者、投资方、设计者以及使用者等工程共同体的其他成员，也具有防范工程风险的伦理责任。需要注意的是，工程风险中的伦理责任也不局限于职业责任，还包括社会伦理责任、生态伦理责任和技术伦理责任等。

（二）风险防控中需要遵守的基本原则

在具体的工程实践中，风险防控需要遵守以下几方面的基本原则。第一是“以人为本”原则。这一原则要求充分保障人的安全、健康和全面发展，避免狭隘的功利主义。在具体操作中，尤其要做到加强对弱势群体的关注，重视公众对风险信息的及时了解，尊重当事人的“知情同意”权。第二是“预防为主”原则。在工程风险的伦理评估中，我们要实现从“事后处理”到“事先预防”的转变，坚持“预防为主”的风险评估原则，充分预见工程可能产生的负面影响。为此，美国技术哲学家米切姆提出，工程师需要肩负“考虑周全的义务”。第三是“整体主义”原则。在工程风险的伦理评估中要有大局观，要从社会和生态整体的视角来思考某一具体的工程实践活动所带来的影响。第四是“制度约束”原则。许多事情的最终根源不在于个人，而在于制度体制的合理与否。因此，“制度约束”原则是实现工程伦理有效评估的切实保障途径。

综上所述，工程作为一种社会试验，既具有社会性，又具有探索性。这两个方面都使得工程实践与伦理问题紧密相关，同时也使得工程风险防控成为工程伦理关注的焦点问题。预防工程风险不仅需要明确工程风险防控中工程实践主体的伦理责任，也需要在工程实践中遵守风险防控的基本原则。此外，除了工程风险问题，工程实践还涉及多重复杂交叠的利益关系。如何兼顾工程实践过程中各主体间不同的利益诉求，秉承公平公正的社会伦理准则和可持续发展理念，尽可能平衡或减少其中的利益冲突，是工程实践必须面对的重要问题。

第四节　工程：多主体参与的行为共同体

“工程活动不但深刻地影响着人与自然的关系，而且深刻地影响着人与人的关系、人与社会的关系。”① 工程活动集成了多种自然与社会资源，需要协调多种利益诉求和冲突，有众多的行动者参与。这些参与者共同构成了工程活动的行动者网络。对行动者网络的分析可以有两个维度。“第一个维度是不同类型的行动者之间的交互作用，这构成我们通常所说的工程共同体。第二个维度是同一类型的行动者之间的交互作用，以工程师共同体为典型代表。”②

一、工程共同体

共同体（community）这个概念首先是由亚里士多德提出的，其在《政治学》中提到“所有城邦都是某种共同体，所有共同体都是为着某种善而建立的”。③ 工程共同体这一概念的提出主要受到“科学共同体”相关研究的启示，我国关于工程共同体的研究主要以李伯聪先生的相关研究为代表。不同于科学共同体，工程共同体具有以下三方面独特性。

（一）异质性

工程共同体与科学共同体最主要的区别在于工程共同体具有异质性。这种异质性表现在以下几个方面。首先，从性质功能方面来看，科学活动的主要目标是追求真理，科学共同体在本性上是学术共同体，工程活动则是人为了实现特定目标而进行的成规模的技术、经济和社会复合型活动，“工程活动的本性决定了工程共同体不是一个学术共同体而是一个追求经济和价值目标的共同体。”④ 其次，从组成方面来看，科学共同体基本上是由同类的科学研究人员所组成。而在现代工程共同体中包括投资者、工程指挥人员、管理者、设计师、工程师、会计师、工人等多种组成人员。这就使工程共同体成为一个“异质成员共同体”。⑤ 同时，工程共同体的异质性还体现在多个方面，“从知识构成、工作方式、社会影响、经济地位等方面都具有明显的不同之处。”⑥

---

① 李伯聪．工程共同体研究和工程社会学的开拓——“工程共同体”研究之三［J］．自然辩证法通讯，2008（01）：63-68+111.

② 李正风，丛杭青，王前，等．工程伦理［M］．2 版．北京：清华大学出版社，2019：22-23.

③ 颜一．亚里士多德选集：政治学卷［M］，北京：中国人民大学出版社，1999：3.

④ 李伯聪．工程共同体研究和工程社会学的开拓——“工程共同体”研究之三［J］．自然辩证法通讯，2008（01）：63-68+111.

⑤ 李伯聪．工程共同体中的工人——“工程共同体”研究之一［J］．自然辩证法通讯，2005（02）：64-69+111.

⑥ 万舒全．共识性伦理：工程共同体整体伦理的实践基础［J］．昆明理工大学学报（社会科学版），2021，21（03）：33-39.

（二）动态性

除了异质性，工程共同体还具有动态性的特点。工程共同体的动态性体现在两个方面。一方面，工程共同体成员的组成会随着工程进入不同环节而发生动态变化。另一方面，不同的行动者在共同体内的地位和起到的作用也随着工程环节的变化而发生改变。从第一个维度看，在工程的不同环节，需要不同类型的行动者，他们既分工又合作，所发挥的作用和彼此之间的关系也处在动态的变化之中。这些行动者既在某些重要环节中扮演重要角色，同时也与其他环节的行动者之间存在着广泛的交互作用。比如尽管公众没有直接参与到工程的计划、设计和实施活动之中，但作为重要的利益相关者，会受到来自工程的直接影响，其利益诉求会直接影响到工程的计划、设计与实施。例如三峡水利工程涉及大量的移民，这自始至终是该工程要重点考虑的问题。①

（三）交往性和互动性

除了异质性和动态性，工程共同体还具有交往性和互动性，这也是具有不同背景和利益诉求的工程共同体成员能够围绕工程彼此协同、完成特定目标的重要原因。工程共同体的构建直接指向了对世界的改造，其目的是为了创造更好的人类生存环境，而工程共同体成员之间构成了相互影响、相互制约、复杂的社会关系。如果离开工程共同体成员之间的密切配合，工程实践的目标是无法实现的，这与工程本身实践的特点有关。工程活动是人类集体实践的典范，要经历工程决策、工程设计、工程实施、工程评估等环节，每一个环节都是在众多工程共同体成员共同努力下完成的。因此，交往与互动是工程共同体的基本存在方式，从此种意义上来说，工程共同体也可以视作交往共同体。

二、工程师共同体

工程师共同体是工程共同体的主要组成部分。作为职业从业者的社会组织，工程师共同体对工程实践活动具有重要意义。在此前的很长一段时间内，工程师共同体被视为工程伦理的主要研究对象，这是由工程师共同体本身具有的两大基本特征决定的。

（一）工程师共同体是专门职业共同体

作为工程师共同体的主体，工程师拥有专业性很强的工程知识，这是工程师区别于工人、企业家和组织者等其他工程共同体成员的重要标志。此外，与科学

① 李正风，丛杭青，王前，等．工程伦理［M］.2 版．北京：清华大学出版社，2019：23.

技术人员的专业科学知识相比，工程师所具有的工程知识也有着显著不同。相比于科学知识，工程知识更为综合，涉及的领域和群体更为广泛，体系也更为庞杂。正因为如此，工程师和科学技术人员在工程中所扮演的角色也有所不同，工程师所具有的工程知识决定了其在工程实践中处于沟通者和协调者的位置。也正是由于工程师在工程中所肩负的特殊职责，工程师共同体被赋予更多伦理责任，在相当长的一段时间内，工程伦理的责任主体主要由工程师共同体承担。作为工程师共同体的一种组织形式，工程师协会在工程人员社会化方面发挥着重要作用。其不仅在增进成员专业技能方面发挥作用，更为重要的是，通过制定和实施相应的伦理章程，工程师协会促使工程师在日常行为方面达到工程师职业行为标准。

（二）社会责任意识是工程师共同体的精神纽带

工程师共同体最为重要的精神纽带是其社会责任意识。在工程师职业组织制定实施的伦理章程中，都包含关于工程师职业使命和责任的相关内容。工程师作为专门职业诞生以来，关于工程师伦理责任的认知主要经历了三个阶段，第一阶段强调对雇主保持忠诚，第二阶段强调技术专家领导，第三阶段则强调工程师的社会责任。“工程师”（拉丁文 ingeniator）一词的本义是指设计军事堡垒或操作诸如弩炮等战争机械的士兵。①“服从”是工程师的天职。18 世纪，土木工程、机械工程和电气工程逐步兴起。1912 年，美国电气工程师学会制定了正式的伦理准则，规定工程师的主要责任仍然是“忠诚”，即做雇主“忠实代理人或受托人”。20 世纪初期，随着工程师掌握技术能力的增强，其开始主张通过追求技术效率来推动社会进步，“技术效率”成为工程师追求的最高目标。第二次世界大战后，随着对毒气室和原子弹等给人类带来巨大伤害的工程的反思，工程师的伦理责任开始转向强调社会责任，“关心公共福利”成为工程师伦理的核心准则。美国工程专业委员会起草的工程伦理准则中就规定，工程师应当将公众的安全、健康和福利置于至高无上的地位。

三、工程伦理强调共同的追求、共同的责任

由于工程师在工程共同体中具有特殊的地位，使得在此前相当长的一段时间内，工程伦理主要以工程师的职业伦理为主。随着近现代工程活动规模不断扩大，工程师在工程活动中起到的作用越来越有限，工程共同体逐步取代工程师，成为

---

① 李世新．试论工程师职业共同体［J］．工程研究——跨学科视野中的工程，2008，4（00）：69-77.

工程活动的主体。工程伦理也从关注工程师的伦理责任向关注工程共同体的共同伦理责任转变。

（一）现代工程的复杂性与整体性呼唤工程共同体共同伦理责任

以往的工程伦理研究主要关注工程师的伦理责任问题，聚焦于工程实践中工程师的个体性存在，希望通过提升工程师的道德敏感度和伦理责任意识来解决工程伦理问题。随着大工程时代的到来，工程朝着更大规模、更复杂和更密切协作的方向不断演变，工程师个体的行为会受到工程共同体其他成员以及众多社会因素的影响与制约，在工程实践过程中仅仅依靠工程师个体的道德努力很难实现工程伦理目标。[①] 罗伯特·杰克考尔（Robert Jackall）在《道德困境：公司经理的世界》一书中指出，工程师在现代公司制度下会面临一定的伦理困境，因为他们在工程决策中通常只能扮演服从者的角色。[②] 这就需要将工程共同体中的其他成员也纳入伦理考量，通过促进工程共同体的共同伦理来更好地解决工程伦理问题。这种以工程共同体为对象的研究进路正逐渐成为国内外工程伦理研究的重要方向。

（二）共同伦理责任需要工程共同体成员各自遵循且彼此协同

以工程共同体为对象的工程伦理研究进路关注工程实践各个环节的伦理问题，针对现实中的工程伦理问题，通过工程共同体所有成员履行相应的伦理责任，进而从整体上解决工程伦理问题。工程共同体中的所有成员，包括投资者、管理者、工程师、工人和其他利益相关者等具有不同的伦理责任内容。例如，工程的投资者具有实现工程的社会经济责任、安全责任和保护生态环境的责任，工程师具有促进工程安全、防范工程风险的责任，诚实的责任，揭发的责任和保护生态环境的责任等。尽管存在区别，但工程共同体成员的伦理责任又是相互配合、彼此协调的，能够形成整体性的工程伦理责任，以此促进工程伦理目标的实现。[③]

综上所述，工程共同体是现代工程实践的主体，具有异质性、动态性、交互性等基本特征，工程师作为具有专业知识的群体，在工程共同体中具有独特地位，在此前相当长一段时期内，工程师职业伦理是工程伦理的主要内容，随着大工程时代的到来，工程共同体逐步成为工程实践主体，也逐步成为工程伦

---

① 万舒全．整体主义工程伦理：工程伦理研究的新进路［J］．昆明理工大学学报（社会科学版），2022，22（01）：33-40.

② 张恒力，胡新和．当代西方工程伦理研究的态势与特征［J］．哲学动态，2009（03）：52-56.

③ 万舒全．整体主义工程伦理：工程伦理研究的新进路［J］．昆明理工大学学报（社会科学版），2022，22（01）：33-40.

理的责任主体。

第五节 新工科与新工程

党的十八大以来，习近平多次指出，即将出现的新一轮科技革命和产业变革与我国加快转变经济发展方式形成历史性交汇。① 现阶段，以数字技术为代表的新一代技术创新成为推动社会发展的重要引擎。科学技术进步与工程的发展是相辅相成、相互促进的，随着科学技术的不断发展与应用，工程实践呈现出新特征。这为工程教育创新变革带来了重大机遇，为了更好地服务新工程实践，新工科应运而生，在此过程中，新工程所呈现出的新特征为新工科建设提出一系列亟须解决的新课题。

一、新工科建设的时代要求

随着当代新科技革命不断发展和新经济模式不断涌现，新工程实践也不断展开，这对工程人才培养提出新要求，在此背景下，新工科应运而生。新工科建设是工程教育改革的重大战略选择，也是今后我国工程教育发展的新思维和新方式。

（一）新工科建设的内涵与特征

自 2017 年初教育部推进新工科建设以来，各级政府、高校和相关企业都在积极探索如何建设新工科。“复旦共识”“天大行动”和“北京指南”等系列文件的推出，对于指导广大教师正确理解新工科的内涵及特征，明确新工科的建设目标及路径选择发挥了很好的引导作用。显然，新工科不是局部考量，而是在新科技革命、新产业革命、新经济背景下工程教育改革的重大战略选择，是今后我国工程教育发展的新思维、新方式。② 其具有以下几方面的基本特征。首先，新工科是“工程+科学+人文+其他”的新型综合学科。新工科的综合性主要由当代工程的复杂性和跨学科性特征所决定，在新学科视野下的工程教育需要依托通识教育，意在培养综合化、复合型人才。其次，新工科建设以创新型工程教育理念为引导。基于新工科的综合性特征，在新工科教学中，需推行高等工程教育改革，引导高校创新工程教育人才培养模式、专业结构和教育教学方法，以综合培养的方式塑

---

① 习近平总书记系列重要讲话读本［M］. 北京：学习出版社，人民出版社，2014：65.

② 钟登华. 新工科建设的内涵与行动［J］. 高等工程教育研究，2017（03）：1-6.

造工程基础知识与通识知识兼顾、个人能力与团队协作能力兼备的新型工程人才。第三，新工科建设以培养全面发展的复合型工程人才为目标。新工科建设须围绕培育能够适应和驾驭未来的人才培养目标，通过提供体现通识教育、文理并重以及数字化特征的课程，使培养的学生不仅具有解决复杂工程问题的专业知识和技术能力，还具有全球视野、人文精神和创新能力。

（二）新工科建设助力新时代发展

现阶段，中国特色社会主义进入新时代，这是我国发展新的历史方位。在这个新历史时期，亟须大量的新型工程人才。新工科建设顺应了时代要求，聚焦国家战略、深化质量革命、推进多维融合，在助力我国由工程大国向工程强国转变的同时，也推动我国由工程教育大国向工程教育强国转变。这一重要使命为新工科建设提出新要求，主要包括以下几个方面。其一，要围绕新经济发展需求，大力发展与大数据、云计算、物联网、人工智能、虚拟现实、基因工程、核技术等新技术和智能制造、集成电路、生物医药、新材料等新产业相关的新兴工科专业和特色专业群。其二，改造传统学科专业，服务地矿、钢铁、石化、机械、轻工、纺织等产业转型升级，向价值链中高端发展。其三，推动现有工科交叉复合、工科与其他学科交叉融合、应用理科向工科延伸，孕育形成新兴交叉学科专业。目前，中国正处于新工科建设第二阶段，一方面，新工科建设还在继续深化，打破传统学科专业壁垒和人才培养模式正在形成，另一方面，从新工科到新医科、新农科、新文科等，正在形成新的创新生长点和创新动能。①

综上所述，当代工程活动呈现出规模和复杂性空前、多领域交叉渗透、全球化程度加深等新特征，新工科建设针对工程呈现出的新特征，在我国从工程大国向工程强国转变的历史时期，为实现工程高质量发展的目标，培养我国急需的新型工程人才提供助力。

二、当代新工程的新特征

当代新工程是对当今世界科技最新前沿成果更具创造性的应用，随着科技的飞速发展，当代工程活动正在发生深刻变革。知识化与信息化、综合性、复杂化以及工程影响力日益扩大是当代工程的重要特征，具体可概括为以下三个方面。

（一）工程知识化与信息化程度日益加深

现阶段，在世界范围内正在经历第四次工业革命，数据、机器互联，物联网

① 刘进，王璐瑶，施亮星，等．麻省理工学院新工程教育改革课程体系研究［J］．高等工程教育研究，2021（06）：140-145.

等数字技术发展推动各个领域的效率提升和创新发展。与技术进步紧密结合的工程成为这次革命的核心，工程知识化与信息化程度日益加深。一方面，网络工程、信息工程等数字工程在社会生活领域发挥着越来越重要的作用；另一方面，数字技术也渗透到水利、土木、电力等传统工程领域，成为工程中不可或缺的组成部分。同时，工程还通过信息和通信技术上的突破来塑造城市和产业，改变社会和政治交往方式。例如，智能手机的普及与通信技术的迅速迭代改变了人们的社交行为，大型社交媒体和新闻媒体等网络工程的普及则引发了社会和政治变革。美国社交媒体脸书的数据泄露事件就揭示出大型社交媒体在政治选举中发挥着日益重要的作用。

（二）工程边界逐渐模糊，向多领域交叉渗透

随着当代工程的规模空前增大，工程活动对经济、社会及环境等方面产生的影响也在不断加深，工程也从如何创造“人工物”向经济系统、生态系统和社会系统渗透。同时，伴随环境工程、机电一体化工程、生物医学工程、生物化学工程等新学科的兴起，工程之间的界限不断被打破，当代社会建设与发展中出现的工程，日益呈现多学科、跨领域、精细分工与合作等特征。同时，还有一些新型的工程由多项工程组合起来、服务于某一大型的计划，这与传统的具有明确边界的工程项目也存在明显区别。此外，传统的工程主要涉及物质、几何及经济的考量，而当代的工程还要牵涉心理学、社会学、意识形态及哲学和人类学等相关领域的考虑。

（三）工程活动挑战加剧，需要全局性解决方案

随着信息技术数字化技术不断发展，当代工程全球性、跨文化的进程进一步加深。现阶段，工程已经超越了地方和国家，逐步成为一项全球性的事业。要想实现造福人类、可持续发展的目标，一项工程往往需要提出跨学科、跨国家和跨文化的解决方案。[①] 与此同时，工程所面临的挑战，包括涉及实现可持续发展目标方面的挑战，正变得更加复杂，工程风险的全球化对人类伦理和本性也提出挑战，须创建全球性愿景，跨越学科、国家和文化的隔阂，立足人与社会的长远发展，致力于实现全人类的可持续性、安全性和健康。

---

① C. D. Mote. Engineering in the 21st Century: The Grand Challenges and the Grand Challenges Scholars Program [J]. Engineering, 2020, 6 (07): 728-732.

讨论案例：国家速滑馆“冰丝带”建设工程

作为北京冬奥会唯一新建冰上竞赛场馆，国家速滑馆“冰丝带”（图 1-5）在建造过程中坚持绿色、共享、开放、廉洁办奥理念，实现了多项技术突破和科技创新，打造出了全球跨度最大的索网屋面体育馆，制作出了 1.2 万平方米的亚洲最大的“环保冰面”，实现在本次冬奥会 14 个小项的比赛中 13 次破纪录的好成绩，为世界贡献了由中国设计、中国技术、中国材料、中国制造组成的奥运场馆建设“中国方案”。

图 1-5 国家速滑馆“冰丝带”（图片来源：视觉中国）

“冰丝带”的规划建设始于 2015 年 11 月，从概念效果图到北京 2022 年冬奥会的标志性场馆建成，整个团队仅用了两年时间。“冰丝带”是目前世界上跨度最大的单层双向正交马鞍形索网屋面体育馆，在设计和施工中，团队秉承“科技、智慧、绿色、节俭”的理念，集中攻克多项技术难题，取得多个领域的技术突破：第一是大跨度索网的建造技术问题，实现了材料国产化，形成了完整的建造技术；第二是围绕 3 360 块曲面玻璃组成冰丝带形成了精良的建筑工艺；第三是通过二氧化碳跨临界直冷的制冰系统、冰池的构造、室内环境的营造等技术打造最“快”、最节能环保的超大冰面；第四是在安装国家速滑馆环桁架的同时，土建和钢结构施工同步进行，从而确保了超大工程的工期最短化；第五是通过机器人操作、传感器数据监控等智能化方法实现工程的智能建造，同时通过数据共享平台建立数字孪生系统，对场馆运行进行智能化调控，从而实现从建造到使用全过程智慧场馆。此外，“冰丝带”在建造过程中，首次应用了绿色再生混凝土，将从国家速滑馆基础灌注桩剔凿下来的混凝土桩头加工为再生骨料，用回“冰丝带”，这在国内尚属首次，树立了国内工程建筑垃圾的闭链再生应用的典范。同时，环桁架整体滑移所用的支撑体系，也可实现生命周期内反复利用。这些技术的应用，一方面可以大量利用废旧混凝土，减少建筑业对天然骨料的消耗；另一方面还可以减轻混凝土废弃物造成的生态环境恶化的问题，从而为实现工程整体绿建三星的目标打下坚实的基础。

思考题：

1. 在“冰丝带”的建造过程中，体现了当代工程的哪些重要特征？
2. 结合其他材料思考并回答，为什么说“冰丝带”让中国建造在绿色可持续发展的道路上迈上了新台阶？

本章小结

本章围绕“工程”这一核心概念，首先探讨了工程活动在不同历史阶段的发展概况及呈现的不同特征。在此基础上，围绕“物质”与“社会”两个维度，分别阐释了“工程作为创造性的物质实践”和“工程作为有风险的社会试验”这两个方面所展现的工程活动的基本特性，以及从物质和社会两个维度出发，工程伦理需要将可持续发展作为处理人与自然的基本价值取向，将风险防控作为关注的首要问题。在本章的第四节，着重介绍了工程实践的主体“工程共同体”，以及工程共同体中的重要成员“工程师共同体”，强调当代工程活动要想实现最大化的善的伦理目标，需要工程共同体各成员拥有共同的价值追求，承担共同的伦理责任。在本章的结尾，介绍了当代工程呈现的新特征以及基于工程实践的新特征，“新工科”建设对工程教育提出的新要求。

重要概念

工程　物质实践　社会实验　工程共同体　工程师共同体　新工科

练习题

延伸阅读

[1] 李正风，丛杭青，王前，等．工程伦理［M］. 2 版．北京：清华大学出版社，2019.（第 1 章）

[2] 联合国教科文组织．工程——支持可持续发展［M］. 王孙禺，乔伟峰，徐立辉，等，译．北京：中央编译出版社，2021.（第 1 章，第 3 章）

[3]［荷］路易斯·L. 布西亚瑞利．工程哲学［M］. 安维复，等，译．沈阳：辽宁人民出版社，2012.（第 1 章）

[4] 殷瑞钰．工程与哲学（第二卷）——中国工程方法论最新研究（2017）［M］. 西安：西安电子科技大学出版社，2018.（工程方法与技术方法的比较，试论中文“工程”和英文“Engineering”的理解和翻译问题）

第二章　如何理解“伦理”

学习目标

1. 能解释伦理的含义并举例说明社会生活中的伦理问题。
2. 能从效用论、义务论和德性论的角度分析伦理问题。
3. 能使用伦理推理方法分析复杂的伦理问题。
4. 能举例说明新技术和新的工程实践所涉及的伦理挑战。

引导案例：掩饰谎言的谎言——大众“排放门”

传统的柴油汽车为了处理其大量排放的氮氧化物——一种严重危害人体健康的污染物，需要牺牲燃油效率，而2008年大众公司推出的系列柴油车，宣称以先进技术克服了这个瓶颈。凭借省油、马力强劲、清洁等优势，大众的柴油车迅速成为市场宠儿。直到2014年，因为西弗吉尼亚大学实验室的一场测试，大众柴油车背后的系列谎言被陆续揭开。

谎言一：大众在多种型号（总计超过60万辆）柴油车上安装了一种舞弊软件，能根据汽车的行驶模式识别出汽车在进行排放测试，进而控制车辆以降低其他性能的方式减少排放来通过测试。而当汽车在路上行驶时，则以超出法定排放标准十几到几十倍的水平排放氮氧化物来维持燃油效率等方面的性能。

谎言二：在西弗吉尼亚大学的测试引起监管部门注意之后超过一年的时间里，大众公司采取了一系列措施来误导监管者，试图掩盖舞弊软件的存在。公司借召回排放超标的问题车辆进行检修之机进一步检查和更新舞弊软件，使它更难被发现。

谎言三：公司高管拒绝承认自己对舞弊软件的设计知情。

说谎的代价：截至2017年12月，大众公司已经为排放舞弊案付出超过300亿美元的代价（包括召回、回购、罚金等）。数名技术和管理人员被判刑①。

说谎是大众“排放门”里暴露的显著问题。从伦理的角度，谎言违背了哪些伦理原则？大众公司的行为，除了欺骗，还涉及哪些违背伦理原则的问题？

---

① Jack Ewing. Inside VW’s Campaign of Trickery [N]. The New York Times，2017-05-11.

引言　伦理规范行为

除了法律，人们的日常行为还受伦理原则的约束。工程行为进一步受到相关工程标准和工程师职业伦理原则的规范。相比法律和工程标准的明文规定，伦理原则似乎更加模糊，给我们的行为选择，以及处理法律、标准、伦理等多重规范之间的关系带来一些困惑。要解决这些困惑，首先要理解伦理的概念以及基本的伦理分析方法。工程技术人员还需要认识职业行为和工程决策中所涉及的伦理原则，因此，本章介绍伦理思考的出发点，帮助读者初步掌握伦理分析方法，以便更好地理解和评判工程行为和决策的伦理意义。

第一节　伦理的概念

一、善恶之辨

伦理学是哲学的一个分支。职业的伦理学家们（有时也称作“道德哲学家”）给伦理下了不同定义，也对“伦理”和“道德”的区别和联系提出了丰富的论述。然而伦理思考和伦理行为并不依赖复杂和抽象的概念，因为伦理学是关于社会关系的学问，是社会群体判断是非、辨别好坏的经验和原则的总结。我们不妨暂时抛开复杂的理论和抽象概念，使用一个在日常生活和工程实践中具有可操作性的定义：

伦理是关于行为对错和好坏的辨析。

日常生活中人们常常做这样的辨析，也参与关于对错好坏的讨论和争论。比如说，高校的招生录取，是应该完全依据考生的成绩，还是应该综合考虑学生的成长潜力，以及学生过去所享受的教育资源？又比如，大学生应该充分探索自己的好奇心，还是应该严格按照升学和就业的要求来规划自己的时间和精力？我们在辨析这些问题的过程中，会自然地从利弊或是非的角度给这些选项赋值。

二、什么是伦理问题

虽然伦理问题常常引起争论，但并非所有的争论或判断都事关伦理。有的游戏玩家碰到一个关卡始终过不去，扔掉鼠标怒吼一声“什么烂游戏！”这并不是对游戏的好坏对错做理性判断，也谈不上辨析，而只是一种情绪的宣泄。但是，网络上时常出现的诸如“抵制烂片”的运动，背后则可能含有伦理的辨析：有人认为投资方为了商业利益而牺牲电影的艺术品质，甚至通过不正当手段打压高质量影片的空间，是为了逐利而扭曲大众审美的错误行为。为了区分伦理问题和单纯由偏好、情绪等引起的冲突和争议，我们给出如下的界定：

伦理问题是涉及价值观冲突的问题。

价值观是一个时期内个人或集体对事物的正当性和重要性进行评判的准则。价值观可能是显性的（如社会主义核心价值观），也可能是隐性的（如一家公司在面试时暗中测试求职者的团队精神）。长期来看，价值观是可以发展和变化的。但是，在一定时期内，人们对事物正当性和重要性的评判不是随机的，也不会“一事一议”。也就是说，人们的价值判断具有相对的稳定性。

练习：下面的例子，哪些体现了伦理问题？这些伦理问题涉及哪些价值观的冲突？

- 她喜欢逛公园，而她的男朋友喜欢看电影。
- 她喜欢逛公园，而她的男朋友喜欢看电影，两人每一次约会都去电影院。
- 我知道不吃早餐对身体不好，但是为了上班不迟到，只好空腹出门。
- 他知道抄袭不对，但是今晚发现一篇课程论文作业马上到截止时间了，于是下载了一篇文章改了改语句交了上去。

三、伦理判断是绝对的吗

很多人慎重对待涉及价值观和是非的伦理问题。但伦理判断是绝对的吗？我们可以结合对一些具体行为和事物的分析来思考这个问题。在图 2-1 的坐标系里，横轴显示“好/坏”，纵轴显示“对/错”，我们可以根据对行为和现象好坏对错的判断来标注它们在坐标系里的分布：好且对的分布在第一象限，坏但是对的分布在第二象限，以此类推。一些常见的行为，比如关心他人，按照普遍的价值判断，应该落在第一象限，而恃强凌弱大概被多数人排列在第三象限。还有一些行为和现象不太容易作非黑即白的判别。例如，许多人会本能地觉得杀戮是一件坏事。但是杀戮的对错能否一概而论？滥杀无辜无疑是错误的恶行。但是，在自身或无辜群众的生命受到严重威胁的情况下击毙暴徒，会被绝大多数人认为是对的（正当的）行为。然而，假如不是在暴行发生的当时为制止暴行而击毙暴徒，而是在事后惩罚或报复性地杀戮施暴者（例如战争、死刑甚至私刑处死），这类行为的对错则引来更多争议。有人认为符合道义的杀戮（例如正义的战争）是对的，也有人从尊重生命的角度出发，认为一切能避免的杀戮都是错的。这些不同判断体现出个体间价值观的差异。

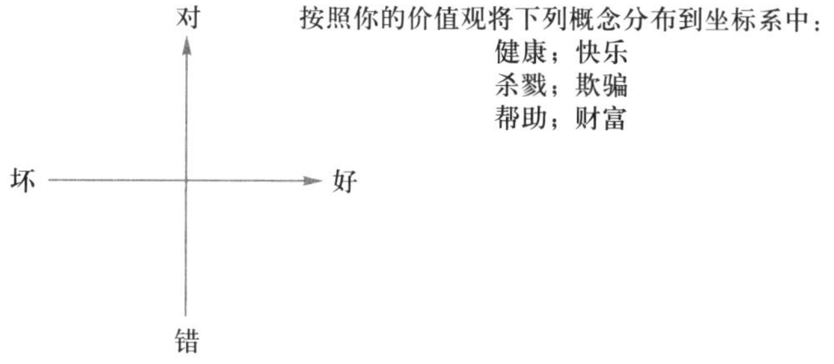

图 2-1　关于“好坏”和“对错”的坐标系练习

从不同视角出发的分析也可能带来不同的判断。大部分人把健康看作好的，但是要判断健康的对错则有些复杂。一种观点认为，人的健康部分由基因决定，部分受外部环境的影响，既然是身不由己，也就无所谓对错。然而，科学研究已经证明，个人的生活选择，例如饮食、作息、锻炼等，也会影响身体健康，所以个人对自己的健康至少负有部分责任。即便如此，也有人认为，生活方式的选择是个人自由，因此产生的健康后果也由个人承担，谈论对错未免过于苛求。不过，如果有人因为放纵自我而损害健康（例如因酗酒导致中风），不能履行对家庭的责任，是不是一种过错呢？从公共卫生的角度来看，个人把缺乏自律而导致的健康后果（如某些慢性疾病）通过医保转嫁给社会，算不算一种自私的行为？即使针对同一现象，从不同视角出发的分析也会凸显不同的价值观。价值观的多元化也是影响伦理判断的重要因素。

个体间差异和多元价值观的存在提醒我们，伦理判断不是绝对的。不同的文化，不同的时代，不同的角度，都可能会对行为和事物的好坏、对错有不同的理解。因此，伦理判断是一个辨析的过程，不是套用教条，也不是把自己的价值观强加于他人的“洗脑”。

思考：在不同情况下“诚实”的好坏和对错如何辨析？

专栏：走出伦理相对主义和伦理虚无主义

对绝对伦理判断的拒绝有可能导致两种颇有欺骗性的立场：伦理虚无主义和伦理相对主义。伦理虚无主义者拒绝承认好坏对错的客观存在。在虚无主义者看来，一切伦理规范和约束都是伪善，是既得利益阶层维护自身利益的工具和借口，是社会为了维护既有权力关系对个人自由的钳制。诚然，我们不能完全排除伦理规范所牵涉的利益关系，但伦理虚无主义错在过于极端、以偏概全。对伦理规范的全盘否定相当于为各种违背基本是非观念、为人不齿的行为发放通行证。作为个体，如果完全放弃伦理道德，就丧失了同社会进行对话与合作的基本前提。而对于集体来说，对基本规范的认可和遵守是社会有序运转的前提。英国政治哲学家托马斯·霍布斯（Thomas Hobbes）把个体间没有约束的状态称作“自然状态”（state of nature），并且指出，这是一个蛮荒、残暴的状态：任何人可以为了自身的利益和意愿无限制地侵害他人利益。霍布斯认为，战争是“自然状态”的一种模拟。可以想象，绝大多数人并不愿意生活在这种“自然状态”之中。

不同于虚无主义者，伦理相对主义者并不完全否认伦理的存在或其合理性，而是认为，所有的伦理判断都仅仅取决于个人的价值立场：你有你的标准，我有我的标准，做决策时可以各行其是，无所谓对错。相比虚无主义，伦理相对主义或许具有更强的说服力和欺骗性。前文所讨论的个体价值观差异和价值多元化似乎都能为相对主义提供佐证。然而，强烈的相对主义观点忽略了一些重要的事实。首先，绝大多数社会都接受一些基本的、共同的价值观，例如对舍己为人的赞誉、对自私谎言的鄙弃、对滥杀无辜（人或动物）的排斥等。以相对性为由去挑战或否认这些广为接受的价值观是站不住的。其次，承认伦理判断会因为进行判断的个人或所采纳的分析视角不同而有差别，并不意味着所有人、所有的视角都同等合理。在乡间路段、城市主干道和高速公路上的限速不同，体现的是“合理的行车速度依照所行路段而异”，并非“任何速度都是合理的”。同样，仅仅依靠“我觉得”去辩护自己的价值选择是不够的。面对不同的价值观，不同的分析视角，也依然有必要去辨析哪些价值观和分析视角在特定的情况下更加适用，哪些原则应该优先维护。

伦理判断既不是绝对的，也不是随意的。伦理的绝对主义、虚无主义和相对主义观点，都体现出一种回避问题复杂性，渴望简单的、一劳永逸的解答的倾向。这些观点试图用思维定式代替对具体问题和复杂情况的审慎分析和独立思考。真实世界中的伦理问题往往包含冲突和不确定。正视这些冲突和不确定需要耐心和勇气，而耐心和勇气的培养，是大学生成长的目标之一，也是工程师解决复杂工程问题的必要准备。

第二节　不同的伦理立场

对伦理问题的思考和选择是人类文明的永恒主题之一。在思考和处理伦理问题的历史中，形成了一些被广泛采纳的伦理立场。这些立场或突出广为接受的价值观，或强调分析伦理问题的特定维度。基于这些立场的伦理分析，经过一代又一代思想者的审视和发展，成为思考伦理问题的基本工具，为我们进行伦理对话提供了共同语言。本节介绍三种最基本的伦理立场，分别侧重行为带来的结果、行为所遵循的规则以及行为者本人的品格。

一、基于结果的伦理立场

产品的性能、对客户（甲方）需求的满足是工程师工作的重要目标。可以说，工程的结果是衡量工程好坏的重要指针。对结果的重视契合基于结果的伦理立场。这种立场认为，衡量行为和决策的对错，要看它所带来的结果。按照这种立场，正确的医疗决策就是为病人带来最优健康结果的决策；正确的教学选择是最有利于实现学生学习效果的选择。工程中的“优化”——增强性能降低成本，也是寻求最佳结果的过程。这些例子说明，在医疗、教育和工程等不同领域中，“最佳结果”的含义是不同的。当我们开展伦理分析时，有没有一种更加具有共性的“最佳”标准呢？近代英国哲学家杰里米·边沁（Jeremy Bentham）和约翰·斯图亚特·密尔（John Stuart Mill）认为，世人皆追求幸福、避免痛苦，两人据此发展出效用论的伦理立场。效用论认为，能够带来最大程度幸福和最小程度痛苦的选择，是伦理上最正确的选择。效用论不倡导不讲原则的功利，也不推崇“精致的利己主义者”。相反，边沁和密尔认为，考虑行为的效用时，要考虑的不是特定的个人，而是行为给世界上所有人的幸福和痛苦所带来的影响，要同等看待每个人的幸福和痛苦。这种观点，在财富和社会地位严重不平等的 19 世纪的英国，具有很强的进步意义。他们认为，伦理的目的不是维护少数特权阶层的福利，而是一视同仁地考虑所有人的幸福。

世界工程组织联合会（WFEO）的《伦理章程》宣告：“作为工程专业者，我们运用知识和技能造福世界，为一个可持续的未来创造工程解决方案。在此过程中，我们努力将服务人类共同体置于个人或任何小集体的利益之前。”《伦理章程》中的这一规定与效用论的精神相符，二者都强调不将个体或小集体的利益凌驾于全体人类利益之上。工程作为一种专业力量，首先要服务公共利益，要和特殊的利益群体保持相对独立。在道路、桥梁等公众基础设施建设中，工程决策要服务大多数用户的最大利益。效用论的原则还体现在公共交通的安全系数、路线规划等工程决策中。

效用论有其局限性。为实现所有人整体利益的最大化，依据效用论的选择有时会牺牲少数人的利益来增进全体的幸福。一些面向公众的工程设计往往针对用户中的“最大公约数”进行优化，未能充分照顾个体的特殊需求。比如公交和地铁中扶手高度的设计，参考的是乘客的平均身高，这种设计的目的是最大程度服务所有乘客，但是对身材偏高或偏矮的乘客，这种设计会增加使用的不便。

如果说扶手高度的不便是一般用户能够承受的“成本”，在其他情况下，绝对的效用论可能会违背一些基本的道德观念。伦理学家们用器官捐献的例子来说明绝对效用论可能导致的问题。在现行的法律和道德框架下，器官捐赠要么在不危及捐献者生命安全的情况下进行（比如肾脏捐献），要么在捐献者死后进行摘取（比如角膜捐献）。这些操作方式，在对捐献者相对较小或无痛苦的情况下增进受赠人的健康，从而实现总体幸福的增加。但是，按照绝对效用论的逻辑，牺牲一个捐赠者的生命来挽救数人的生命（比如健康的器官分别移植给有需要的不同病人），也能造成总体幸福的增加。显然，大多数社会的法律和伦理准则都不接受故意剥夺无辜的生命。可见效用论的立场还需要根据相应的规则加以修正和限制。

二、基于规则的伦理立场

不管是历史上，还是当前的社会生活中，人们对是非的考虑并不以行为的结果作为唯一准绳。《孟子》中“富贵不能淫，贫贱不能移，威武不能屈”的训示和古往今来诸多“宁折不弯”的英雄都体现出中国传统思想中对原则的重视经常超过了对结果的考量。这里体现的是另一种重要的、基于规则的伦理立场。这种立场认为，行为的正当性取决于它是否符合相关的伦理规则。

德国哲学家伊曼努尔·康德（Immanuel Kant）为基于规则的伦理立场奠定了基础。康德是近代西方最重要的思想家之一，在认识论、伦理学、美学和政治哲学等领域都做出了开创性的贡献。这位哲学巨匠的个人生活也体现出对规则的高度重视。康德一生恪守严格的作息规律，每天固定时间起床、工作、散步，以至于同城的居民都用康德出门的时间来对表。康德对伦理学最重要的贡献是他关于伦理规则本质的思考，这些思考形成了义务论的伦理理论。康德处理的核心问题是：什么样的规则才是好的规则，才有资格成为判断行为好坏对错的普遍准则？

为了回答这个问题，康德提出了“绝对律令”的概念，这个概念具有两种表达方式。

绝对律令表达1：根据你认为应该成为普世法则的准则来行动。

根据绝对律令，对具体行为对错的分析包含两个步骤。第一步，找出具体行为所遵循的准则。第二步，把这条准则推广为普世法则，看自己是否愿意生活在由这样的法则支配的世界里。比如有人因为睡过头上班迟到，却对上司说“路上堵车”，这个行为遵循的准则是“为了维护自我在他人心中的形象可以撒谎”。但此人能否接受这条准则的推广，即“任何人都可以为了维护自身形象而撒谎”？设身处地，多数人都不会接受这样的推广。因此，这条准则不能作为普世法则，依据这条准则为自己迟到找借口的行为不符合伦理。

绝对律令表达2：将所有人看作目的，而不仅是工具。

康德认为，人最可贵的地方在于人是世界上唯一能进行理性思考的物种，因此，符合伦理的行为应该尊重每个人的独立思考和理性选择，而不应把别人看作实现自己目的的工具。在前面上班迟到的例子中，编造“路上堵车”的借口，是通过失实的信息干扰上司的判断，把上司作为维护自身职场形象的工具，而没有尊重对方进行独立思考和判断的权利。因此，这个谎言违背了绝对律令。

我们可以借助义务论的方法来分析伦理规则的合理性。一旦合理的规则得到确立，伦理判断的焦点就转向行动者是否遵守相应的伦理规则。规则是社会和谐有序运行的基石。道德心理学研究发现，人类从孩童时期就表现出近乎天然的善意和正义感。然而，受身体、情绪、认识能力和自身利益的影响，人也时常会有违背伦理规则的倾向。可以说，自然的人同时具有善与恶的种子。然而，人的行为和选择也在很大程度上受社会的反馈，以及对社会反馈的预期的影响。在面临利己还是利他的选择时（把垃圾随意扔进垃圾箱，还是根据分类投放?），我们会考虑他人的评价（这种评价有时通过垃圾回收站志愿者的反应来表达），也会考虑其他人会如何行动（如果我主动排队，后来的人是不是也像我一样遵守秩序?）。广为人知的伦理规则为社会成员的行动提供稳定的反馈（不管有没有志愿者值守，我都知道社会要求我进行垃圾分类），也帮助我们更有效地管理对他人行为的预期（银行柜台会根据拿号次序服务客户）。

伦理规则分为普适规则和特定规则。前者（如尊重他人）约束所有社会成员，而后者是针对特定群体的附加约束，只适用于相关的群体。工程师协会的伦理章程就是针对协会成员或专业工程师的特定规则，它表述的是工程师在开展专业工作时需要承担的、超出普通社会公众的责任。例如，世界工程组织联合会的《伦理章程》3.1款要求工程师“通过工作增进全社会的生活品质”。在日常生活中，我们鼓励人们造福社会，但并没有以此要求所有社会成员。之所以对工程师提出额外要求，是因为工程师拥有常人所不具备的专业知识和技能，并且受到客户和公众超出常人的信任。换句话说，工程师在其专业领域内享有普通人所不具备的决策权和自主权。伦理章程为规范这些权力的使用设立了规则。

义务论也面临局限性。伦理规则不是精确设计的产物，规则之间的自洽性没有充分保障，在实践中会出现伦理规则相互冲突的情况。在相互冲突的规则面前如何选择和取舍，义务论没有给出完备的答案。康德本人也认识到这种矛盾，并且就此提出了一个难题：假如一个杀手拿着凶器来到我的门前，询问我的室友是否在家，扬言要进门杀害我的室友。此时，如果室友就在房间里，门口的我该如何回答？这个例子中的“我”面临两难选择：选择如实相告可能会危及室友，要保护室友则要说谎——诚实和保护生命两条原则在此发生冲突。康德认为，即便在这样极端的情况下，也应该选择如实相告。康德的解释比较复杂，但其核心观点仍基于“绝对律令”：因为说谎不能推广为普世所接受的法则，即便在这样特殊的情况下，说谎也是违背伦理的。这样的回答或许让人错愕，也有读者认为康德的思想过于执拗，对原则的坚持近乎迂腐。然而，我们可以自问，在这个假设的例子中，是康德不知道以实相告可能带来的严重后果（室友生命危险），或者不关心室友的安全吗？显然不是。相反，康德的例子传达了两个重要的提醒。第一，伦理选择是有局限的，符合伦理的选择不一定带来皆大欢喜的结果。因此，在依据自己所知的原则行动的同时，我们也需要时常反省这些原则的局限性。第二，我们不应该根据得失而选择性地坚持或违背伦理原则。在充分了解相关信息，考虑各种后果的情况下坚持原则，才能体现行为者的伦理担当。作为能独立思考的理性人，我们不能也不该把伦理选择的责任或行为的后果推卸给他人，而必须直面自己的责任。

三、基于品格的伦理立场

前面介绍的两种伦理立场都侧重行为本身而淡化对行动者主观意志的考虑，这似乎与我们的伦理经验或“伦理直觉”不符。在日常生活中，人们进行伦理判断时往往会考虑当事人的品质。人们说某些行为“缺德”，描述的也是行为者的品格缺陷。直觉告诉我们，进行伦理评价时不应该忽略当事人，因为不同的人在考虑结果、应对规则时，可能会作出不同的选择。基于品格的伦理立场考虑的正是行动者的品质和主观选择。

对品格的思考具有悠久的历史。以孔子为代表的儒家思想和古希腊哲学家亚里士多德的《伦理学》都把重心放在人的品格或美德上，强调做“有德性”的人，两位思想家也被看作伦理学说中德性论的代表。德性论认为，伦理的关键在于行为者的品质，具有高尚品格（或“德性”）的人往往作出高尚的选择，而自私狭隘的人则难免作出自私自利或损人利己的选择。区别于效用论或义务论所采纳的“一事一议”的评判方式，基于德性论的分析重在辨析行为者一贯的品格修养。其理由是，综合评价某人的品格比考虑此人在单个的具体情形中作出的选择更可靠。一个诚实的人在绝大多数情况下会实话实说，纵使此人偶尔因为特殊情况而说谎，也比一个缺乏诚实品格的人更值得信任。

德性论认为，品格是人经过长期训练而形成的习惯倾向，而德性（或美德）指的是一个人通过教育和自身修为所形成的，满足社会期望、促进公共利益的行为习惯。东西方的德性论思想都把人看作不断发展变化的主体，因而都强调，对个人品格的最终评价取决于人一生的所作所为。德性论指出了伦理的另一个重要特征：通过教育和自身的努力可以提高个人或群体的伦理素养。个人可以通过持续的自省和修为发现和践行更加正确、更加向善的选择，而社会集体可以通过包容、耐心、开放的对话、探索和相互激励，创造一个更有善意、具有更高伦理水准的共同体。正如孔子所言：“德不孤，必有邻”（《论语·里仁》）。可以说，德性论是一种乐观的、对人类的持续进步抱有希望的伦理立场。

亚里士多德认为，德性是使个人更好地履行自身角色使命的品格。一个人可能承担多种社会角色，可能是父母、友人、员工和公民，相应的美德则是帮助自己更好地为人父母（例如平等）、与朋友交往（例如忠诚）、完成工作（例如尽责）和维护社会公平（例如同理心）的品质。这个例子说明，虽然德性体现的是个人较为稳定的习惯倾向，但它并不是僵化的，而是依据个人的不同角色以及各个角色所承担的责任而定的。教师在授课时因材施教，体现的是关心学生的美德，而在批阅考卷时一视同仁，则体现出公平的美德。工程师经常被看作高度客观甚至中立的群体。事实上，工程决策中有很多彰显工程师美德的例子。工程中的规则往往只决定工程性能的下限，而美德可以激励工程师主动提高工程性能的上限。2020 年国家最高科学技术奖获得者之一的王大中院士，几十年奉献于安全核能技术的研发，不仅带领团队建设符合当时安全标准的核能技术，还主动探索具有前沿性、大幅提高安全性能的新一代高温气冷堆核电技术，为安全和清洁能源的生产提供了新的选项。

德性论的局限部分地源自人性的复杂和不可预测。我们或许可以观察到某些人外在的“一贯”品格，但是人们内心的真实动机和微妙的心理变化是很难准确理解、评价和预测的。托尔斯泰的小说《主人与仆人》中，自私的商人安德烈维奇因为急着去买一块廉价的土地，又傲慢地忽视经验老到的帮工尼基塔的意见，使得两人被困在雪夜里。安德烈维奇抛下尼基塔骑马逃命，却因为迷路又回到了原地。最后时刻，安德烈维奇却选择牺牲自己，用身体呵护和挽救了冻僵的尼基塔。按照德性论，安德烈维奇并没有舍己为人的“习惯”或美德，但托尔斯泰指出，人性中善良的一面，即使平日里埋没在世俗的追求之中，也可能在特定的时刻被唤醒。

四、伦理智慧：品格、规则和后果的综合平衡

表 2-1 总结了基于结果、规则和品格的三种主要的伦理立场。这些立场在原则上为分析伦理问题提供了不同的视角。然而，在面对实际的伦理问题时，该怎样选择相应的立场来开展分析呢？让我们先考虑另一个与结果、规则和行动者品质有关的例子：一场精彩的足球赛事包含哪些元素？可能有人想到明星球员的精彩发挥，擅长进攻和防守的球员各自展现独特的风格和精湛的球技。有人重点关注比赛的结果，享受进球带来的刺激，喜欢酣畅淋漓的大比分。当然，不能忽视的还有比赛的规则，因为裁判的公正执法是精彩赛事的保证。可以说，精彩的足球赛是（球员）品格、结果和规则的结合。与此相似，在面对伦理问题时，我们也常常综合考虑行为的结果、行为所遵循的规则以及行动者的品格。面临伦理选择时，我们可以自问：这些选项会带来哪些利弊？有哪些相关规则约束我们的选择？这些选择体现我怎样的品格？伦理智慧体现在对不同伦理立场的综合考虑和运用当中。

表 2-1 主要伦理立场

分析重点	代表学说	代表人物
结果	效用论	边沁；密尔
规则	义务论	康德
品格	德性论	孔子；亚里士多德

让我们试着综合几种伦理立场来考虑一个虚拟的案例。汽车超速行驶是酿成交通事故的主因之一。随着汽车智能化水平的不断提升，通过即时定位和远程通信技术，工程师有可能根据各个路段的限速标准设计一种“不能超速”的汽车。从伦理的角度思考，该如何评价这个技术上可行的设计？表 2-2 列举了基于效用

论、义务论和德性论的立场支持和反对这种设计的理由。

表 2–2　不同伦理立场对限速设计的考虑

	基于效用论	基于义务论	基于德性论
支持限速设计	减少事故，保证更多人安全	交通规则	尽责、担当
反对限速设计	在面临逃生、急救等紧急情况时可能贻误生机	仅在具有专业胜任力的领域执业	信任、谦逊

从优化结果（效用论）的角度，我们会很自然地想到这种设计可能减少交通事故和伤亡，增进人们的生命安全和健康。这是支持限速设计的理由之一。但是，强行限速的汽车可能在特定情况下增加司机和乘客的安全风险。在面临自然灾害、紧急医疗需求甚至被歹徒追击等突发情况时，超速行驶可能是更安全的选项，而限速设计可能增加乘车人的危险。从义务论的立场出发，一个明显支持这种设计的理由是，汽车在限速范围之内行驶是交通规则的要求，限速设计只是通过技术手段强化了交通规则的执行。然而，很多工程师协会的伦理章程规定“协会成员仅在其具有专业胜任力的领域执业”。汽车的设计者是否具有充分的专业资格来决定交通规则的执行？“跨界执法”的限速设计涉嫌违背工程师的职业伦理规则。德性论鼓励行动者超越现有规则框架而主动弘扬善的价值观。现行的伦理规则并未要求汽车的设计者为司机的行为负责。用技术手段干预驾驶行为，体现出设计人员对行车安全充分“尽责”的美德，也反映出设计人员的担当。但是，这种选择可能和其他美德的要求发生冲突。例如，设计者对司机本人安全驾驶的信任，也是一种美德。将使用产品的决定权交给用户，也体现出设计者谦逊的美德，而限速设计和信任、谦逊之间存在冲突。

前面的例子说明，伦理立场不是公式，我们不能指望机械地调用伦理立场来推导出正确的选择。伦理立场的主要功能是为我们进行伦理分析提供更丰富的视角。用开放和包容的方式让不同的观念、原则和立场参与对话，这本身也是一种伦理选择。通过倾听和对话，在充分考虑各种立场的基础上谋求共识，既是伦理智慧的体现，也是获取和积累伦理智慧的方式。伦理智慧既可以通过个体的努力来增长，也可以通过社会的集体选择来积累和传承。一个社会往往具有一些相对公认的伦理准则，而这些准则是在集体对话中逐渐形成和演变的。女性在 20 世纪才比较广泛地获得工作的权利。工程伦理在 20 世纪 70 年代之后才逐渐成为工程教育的正式内容。这些社会伦理准则的演变背后，是一代又一代人通过耐心而持续的对话推动社会重新认识相关的问题。对当前和未来的工程师来说，当新兴技术或新的行为方式带来人们未曾面临的伦理挑战时，积极、广泛地参与对话是推动理解、增进共识和形成有效伦理规范的重要途径。

第三节 应对伦理问题

应对伦理问题，从根本上说需要把握各种不同的伦理立场和伦理理论，在工程实践中推进品格、规则和后果的综合平衡，展现伦理智慧。同时，还需要在此基础上，继续进行伦理敏感性的培养和伦理能力的提升。

一、伦理敏感性和伦理能力

伦理敏感性是感知伦理问题的存在和严重性的能力。作为一种综合素养，伦理敏感性的养成不仅要求相关的伦理知识，也要求相应的伦理能力。这些能力大致包括以下五个维度：

· 伦理分析技能，指的是对事实、价值、利益等相关伦理问题进行分析的能力；

· 伦理创造性，指的是根据（相互冲突的）价值观和相关事实，提出和评估多种行为选项的能力；

· 伦理判断技能，指的是基于伦理理论、职业伦理要求和日常道德标准判断是非好坏的能力；

· 伦理决策技能，指的是在伦理理论框架下，以伦理反思为基础做决策的能力；

· 伦理论证技能，指的是从伦理的角度为个体行为进行辩护，以及讨论和评估其他相关的工程和非工程人员行为的能力。①

伦理敏感性体现了个人对社会责任和职业责任的认识和担当。以伦理敏感性为基础进行伦理推理和决策的能力，是职业伦理素养的重要组成部分。②

---

① Ibo Van De Poel, Royakkers L. Ethics, Technology, and Engineering: An Introduction [M]. Oxford: Wiley-Blackwell, 2011.

② 张恒力，许沐轩，王昊．工程伦理中“道德敏感性”的评价与测度 [J]. 大连理工大学学报（社会科学版），2018，39 (01)：15-22.

当前社会生活的方方面面日益依赖技术的研发和使用。技术所拥有的光环效应常常给工程师的价值判断带来困难。对伦理问题缺乏敏感是一些重大工程出现问题、导致严重后果的关键诱因之一。如何提高工程师的伦理敏感性，帮助他们识别复杂工程中的伦理问题，是形成符合伦理规范的工程决策的关键。爱因斯坦曾在加州理工学院的讲话中呼吁青年学生："如果你们想使自己一生的工作有益于人类，那么，你们只懂得应用科学本身是不够的。关心人的本身，应当始终成为一切技术上奋斗的主要目标；关心怎样组织人的劳动和产品分配这样一些尚未解决的重大问题，用以保证我们科学思想的成果会造福于人类，而不致成为祸害。在你们埋头于图表和方程时，千万不要忘记这一点。"①

二、伦理困境和伦理原则

伦理困境②主要指两种甚至多种常见的、积极的伦理原则之间存在冲突的情况。在伦理困境中，不管行动者采取哪个选项，都可能违背一些值得珍视的伦理原则。显著的伦理困境可能涉及说谎、杀戮等较为明显的违背一般伦理原则的情况，而潜在的伦理困境（比如环境污染问题）往往隐身于事实背后，需要通过对事实的比较和分析来明辨相关的价值冲突和利益冲突，进而形成相应的伦理判断。工程师常见的伦理困境包括忠于雇主和忠于职业伦理章程之间的冲突，或对自己与家人的责任和工程师的社会责任之间的冲突等。在本章介绍的基于结果、规则和品格的伦理立场之外，应用伦理学家基于职业环境中常见的伦理困境，总结了一些适合实践的"伦理原则"。其中，下列四条常用的伦理原则有助于应对工程活动中常见的伦理困境。

第一，公众的安全、健康、福祉至上原则。公众的安全、健康和福祉，是许多工程师专业协会伦理章程的首要原则，如美国国家职业工程师协会（NSPE）《伦理章程》强调"把公众的安全、健康与福祉放到至高无上的地位"，世界工程组织联合会的《伦理章程》强调"促进并保护社会和环境的安全、健康和福祉"。这些规定都强调了工程师在推进技术发展和创造人工物品时，必须以维护人类的安全、健康和福祉为根本目标，突出工程师的神圣使命和义务要求。工程师推进技术发展和创新的首要责任是降低工程风险，甚至是消除风险，最大限度地保护

---

① ［美］爱因斯坦．爱因斯坦论科学与教育［M］．许良英，李宝恒，赵中立，等译．北京：商务印书馆，2016.

② 伦理困境作为伦理问题最为突出的内容，在工程实践中展现的问题更为凸显和尖锐。因此，下文重点介绍解决伦理困境的原则和方法。

公众安全；技术的发展也不能以损害或牺牲人类健康与福祉为代价，去维护少数人的利益或技术诉求。同时，当其他原则与本原则产生冲突时，必须果断放弃其他原则。

第二，知情同意原则。对用户和公众来说，在充分理解一项行动可能带来的风险和收益的情况下自愿参与，就表明对这项行动的认可和接受。知情同意原则最初在医疗领域使用，在第二次世界大战之后成为被试者参与人体实验的主要原则。① 例如，使用人体进行临床药物试验，需要在媒体上公布相关信息和被试者的知情同意。在生物医疗领域之外，知情同意未必是法律的硬性要求，但也是一条重要的、广泛采用的伦理原则。美国工程伦理学家麦克·马丁认为，工程也是一项社会实验，而所有人类都是这一实验的参与者，因此，公众的知情同意应成为重大工程项目的相关要求之一。② 当公众在不知情、不同意的情况下不自觉地成为大型工程项目的实验品时，就容易引发争论、反抗或抗议，酿成社会风险。美国福特汽车公司在20世纪70年代所生产的平托汽车（Pinto）就是一个忽略公众知情同意的典型案例。福特公司推出了一款存在火灾隐患的汽车，却没有把这种风险告知消费者。最终福特公司被消费者告上法庭，被判处巨额的罚款和赔偿金。

第三，风险和收益公平分配原则。工程中的社会矛盾常常源于不公平的风险和收益分配。当收益最大的群体将风险转嫁给其他群体时，就容易引起公众的不满情绪，造成矛盾。风险和收益的公平分配具体体现在两个方面。一是风险面前人人平等。每一个个体所面临的风险都应该同等考虑，不搞区别对待。然而，绝对的风险平等往往只是理想状态。在工程实践中，我们更经常强调同等的风险标准，而不是追求每个人面临完全等同风险的结果。比如，在涉及垃圾处理的一系列PX项目的相关案例中，PX项目带给当地居民、工程师、项目承包商以及投资人的风险并不是均等的。项目所在地附近的居民和参与项目的工程师可能承受因项目施工和运行而带来的环境和健康风险，而项目的承包商和投资人却可能以较小风险的代价获得高额收益。风险和收益公平分配的第二个体现方式是收益的公平分配。对收益的预期会在一定程度上影响个人和集体对风险的接受度。在保障知情同意的基础上，增强决策的参与度和透明度，有利于疏解公众对工程风险的焦虑，增加对工程价值的理解和信任。

---

① Whitbeck C. Ethics in Engineering Practice and Research [M]. Cambridge: Cambridge University Press, 1998, 227- 232.

② Schinzinger R, Martin M W. Introduction to Engineering Ethics [M]. Boston: McGraw - Hill, 2000: 72-79.

第四，预防原则。面对可能存在的，还未能完全被科学证实的危险，也必须采取预防措施。预防原则源于 1992 年在里约热内卢举行的第一届联合国可持续发展大会上签署的《里约宣言》，其最终表述是“为了保护环境，各国应根据自身能力广泛应用预防方法。当面临严重的或不可逆的伤害威胁时，不能把缺乏完整的科学确定性作为推迟成本效益评估去防止环境退化的理由”①。瑞典伦理学家柏·萨丁（Per Sandin）认为，预防原则包含四个方面：如果这里（1）有威胁，（2）是不确定的，那么（3）某些行为（4）应该是强制性的。②

预防原则已经被应用在关于转基因技术和纳米技术的讨论中。1998 年，欧盟对新的转基因生物发出了事实上的禁令。今天，纳米颗粒已经被广泛应用于电子产品、体育用品等领域，但是这些技术隐含潜在的危险：纳米颗粒的毒性可以通过细胞培养测试、动物测试或其他小颗粒进入人体，而我们对其不可降解的潜在危害还不是十分清楚。预防原则要求我们对风险因素不确定的技术进行更加严格的审查与评估，对可能的风险和危害有充分的认知和预防。

三、伦理推理方法

（一）伦理周期

伦理推理是一套对复杂伦理问题进行识别、分析和决策的结构化思考策略。荷兰工程伦理学者波尔（Ibo Van De Poel）等提出了一套名为“伦理周期”的伦理推理方法。③

伦理周期（The Ethical Cycle）包括五个步骤。

1. 伦理问题的表述

对事件中所涉及的伦理问题进行清晰和准确的表述是伦理分析的基础。一个好的伦理问题的表述需满足三个条件：① 必须清楚地说明问题是什么；② 必须说明谁应该采取行动；③ 问题的伦理属性需要清楚地表达。

2. 问题分析

在提炼出伦理问题之后，进一步描述它的相关要素，包括：① 利益相关者及各自所代表的利益；② 与伦理问题相关的价值观；③ 相关事实。

---

① 《里约宣言》第 15 项原则。

② Sandin P. Dimensions of the Precautionary Principle [J]. Human and Ecological Risk Assessment, 1999: 5 (5) 889- 907.

③ Ibo Van De Poel, Royakkers L. Ethics, Technology, and Engineering: An Introduction [M]. Oxford: Wiley-Blackwell, 2011.

3. 行动选择

行动者面对伦理问题时有三个常见的选项。① 非黑即白策略，即只考虑是否采取行动。② 合作策略，即通过咨询利益相关者，寻找解决伦理问题的可替代性方案。③ 吹哨策略（举报）。举报往往是最后的选项，因为它通常给员工个人和组织带来高额成本。然而，在某些情况下——比如当公众的安全或健康受到威胁，而没有其他可行的方案时，举报是不可避免的选项。

4. 伦理评估

这个步骤评估前面形成的各种选项在伦理上的可接受性。开展评估时可以参考正式和非正式的伦理理论框架。正式的理论框架包括本章介绍的基于结果、基于规则和基于品格的伦理立场等。此外，行动者还可以考虑一些非正式的伦理判断方法，如基于伦理直觉的方法（首先选择直觉上最可接受的选项，再对这个选项进行辨析）和基于常识的方法（根据常识和经验来衡量各个选项）等。

5. 反思

从不同的伦理分析立场出发，不一定得出相同的结论。因此，在作出初步选择之后，应该进一步思考该选择可能带来的结果。这种反思有助于在不同选项之间作出充分的对比和审慎的选择。

（二）伦理周期的应用：魁北克大桥倒塌案例分析①

加拿大魁北克大桥倒塌事件已经过去逾百年，但至今仍是工程伦理领域重要的案例。受此事件启发的“工程师之戒”的授予活动，成为加拿大工科学生毕业仪式的重要部分。“工程师之戒”提醒工程师不但要重视工程的质量，而且要随时铭记和彰显工程师职业的神圣责任。

专栏：加拿大魁北克大桥倒塌案例概览

1887 年，加拿大魁北克大桥的建设被提上议事日程，魁北克地区的一些商人和政治家成立了魁北克桥梁委员会，并推动加拿大国会通过提案，将委员会并入魁北克桥梁公司（QBC）。

1903 年 QBC 与凤凰城桥梁公司达成意向，由后者免费为魁北克大桥进行可行性研究和前期的筹备工作。作为交换，凤凰城桥梁公司得到了魁北克大桥

① 魁北克大桥案例是工程伦理课程中学生根据伦理周期理论进行分析的典型案例，在此感谢刘珂彤、宋爽、梁烨、孙葛、杨立群、伍国林、贾玉玲、刘一兵、王腾、杨堃、赵珣、朱静怡等同学的辛苦付出。

的建设合同。由于 QBC 的总工程师 Edward Hoare 此前从未负责过跨度超过 80 米的桥梁，公司又聘请了当时著名的桥梁建筑师 Theodore Cooper 对工程的设计与施工进行监督。

在凤凰城桥梁公司最初提交的设计方案中，主跨净距为 487.7 米，但是 1900 年 5 月，Cooper 将桥梁的跨度延伸到了 548.6 米。Cooper 修改设计的理由是：(1) 降低深水中建造桥墩的不确定性；(2) 降低冰塞影响；(3) 节省桥墩费用。

当建设过程进入 1907 年夏天时，QBC 的现场工程师 Norman McLure 注意到桥梁主结构构件的变形不断增加。McLure 多次向 Cooper 反映这一问题。起初，这些报告没有引起 Cooper 的重视，而 McLure 也没有足够的勇气向 Cooper 充分说明问题的严重性。Cooper 就此事发电报询问凤凰城公司，后者回函称变形在材料买来时已经存在，Cooper 对该回复并不满意。

8 月 27 日，由于对结构变形的担心，工地领班停止了施工，经过 QBC 总工程师 Edward Hoare 的说服和保证之后，工地恢复了施工。不久后，McLure 最终确认了工程安全存在问题。他再次写信给 Cooper，并且在 8 月 29 日与 Cooper 会面商议。这次会面之后，Cooper 也意识到工程存在严重问题，并发电报给凤凰城公司，要求施工方不能再往桥面增加荷载。然而，Cooper 并没有直接向工地通报这个指令，而答应给工地发电报的 McLure 却把这件事忘了。

Cooper 的电报在 8 月 29 日 13：50 到达凤凰城公司，但没有立即引起重视。15：00 左右，QBC 公司总工程师 Edward Hoare 看到电报并立即召集了会议，但是会议决定第二天再讨论问题的解决方案。

然而，就在 1907 年 8 月 29 日 17：30，魁北克大桥南部悬臂和中心部位发生坍塌，并在 15 秒内全部坠入圣劳伦斯河。桥上作业的工人 86 人中有 75 人丧生，11 人受伤。该事件成为当时世界上最严重的桥梁工程事故。

下面运用伦理周期进行案例分析。

1. 伦理问题的表述

根据相关的工程主体，本案例中可能涉及的伦理问题大致如下：

从桥梁公司 QBC 的角度：

· 因为凤凰城公司承诺免费调研，就把合同授予该公司是否合理？

· 聘用没有设计过跨度超过 80 米桥梁的 Edward Hoare 作为总工程师是否合适？

从工程师的角度：

· 总工程师 Edward Hoare 在没有同类桥梁设计经验的情况下，在工地领班下令停工后劝说其复工的做法是否负责？

· 桥梁建筑师 Theodore Cooper 对凤凰城公司的回函不满，却不继续追究，之后在确认施工有安全隐患的情况下没有直接向工地发报，是否涉嫌失职？

· Norman McLure 在最早发现问题时不敢向主管提出充分警告，而在 Cooper 最终作出调整的指令后，McLure 却忘记发电报给工地，这些行为体现出什么问题？

从施工人员的角度：

· 停工后，面对 Edward Hoare 的说服和保证，在问题没有得到解决之前，工地领班应该怎么做？

2. 问题分析

工程师在这次事件中扮演着重要角色，具体来说：

总工程师 Edward Hoare 此前从未负责过超过 80 米跨度的桥梁，却选择说服工地领班恢复施工。在收到 Cooper 的电报之后，Hoare 在讨论会上没有果断决策，没能及时避免桥梁倒塌。Hoare 的选择，可预见的好处是服从安排，可能提高自身和公司的名誉，例如恢复施工可以保证项目如期竣工，增加公司收益。但问题是，因为其自身经验不足，没有充分考虑恢复施工所带来的严重安全风险，又错误地在会上决定隔天才实施干预，最终酿成大桥倒塌的悲剧。

QBC 作为工程的管理单位，在项目过程中体现出一系列更加复杂的问题：第一，为了免费的可行性研究和前期准备而直接与凤凰城桥梁公司签署合同。第二，在凤凰城桥梁公司对 Cooper 没有提供满意回复时，未做进一步调查。这些选择可以预见的好处是，两家公司的经济利益得到保障，但实际结果却是项目的灾难性失败。

对工地领班而言，虽然其职责是工程方案的具体实施，但也不应机械、盲目地执行指令。

3. 行动选择

表 2–3 具体呈现案例中主要的工程主体基于三种策略可能的行为选择。

表 2–3 魁北克大桥工程主体策略分析

行动方	非黑即白策略	合作策略	举报策略
总工程师 Edward Hoare	1. 因相关经验不足，不接受此项目总工的任务。 2. 在劝说领班复工之前，查清实际情况	寻求工程师协会的帮助，共同对桥梁的建造进行设计，保证桥梁的安全	

续表

行动方	非黑即白策略	合作策略	举报策略
桥梁建筑师 Theodore Cooper	1. 当凤凰城桥梁公司对材料的变形没有提供令人满意的解释时，继续追究此现象的原因。 2. 在确认施工风险后直接向工地发报停工	与参与项目的工程师充分沟通	不建议此选项，因为它通常会给员工个人和组织带来巨大的成本
魁北克桥梁公司（QBC）	在凤凰城公司汇报桥梁建造进度时，全面考察，收集更全的数据	在建造桥梁时雇用第三方公司对桥梁的建造进行客观评价，避免出现瞒报问题	
凤凰城桥梁公司	在得到材料变形的报告后，进行仔细的核查	1. 与材料制造商共同勘察桥梁情况，及时对材料变形问题进行研究并给出解决方案。 2. 与桥梁工程师及监督员及时沟通	
现场巡视员 Norman McLure	1. 体现担当，找出充分证据去说服 Cooper。 2. 及时发电报给工地	寻求工程师协会的建议，将桥梁的情况如实告知协会，通过众多工程师的建议来劝说 Cooper 停工	
工地领班	及时停工	1. 寻求当地工会的帮助，共同抵制开工要求。 2. 与桥梁工程师及监督员多沟通	

4. 伦理评估

从基于结果（功利主义）的角度来看，总工程师 Edward Hoare 催促工地开工的行为，可以缩短工期，为公司带来更大的利润，而桥梁建筑师 Theodore Cooper 提出将桥梁的主跨长度大幅增加，也可以间接提高自己的成就和声誉。然而，这些选择可能带来“最优结果”的前提是工程安全顺利地完成。Cooper 在没有对新方案进行充分论证的情况下，盲目相信过去的经验，不容许他人进行质疑的做法不符合工程伦理规范的要求。

魁北克桥梁公司（QBC）同样出于利益最大化的考虑与凤凰城桥梁公司合作，以合同换取前期的免费服务，这样的选择似乎符合互惠原则。但是，从责任伦理的角度，QBC 没有对凤凰城桥梁公司和 Cooper 的工作进行充分监督，没有履行应尽的职责。而凤凰城桥梁公司出于对自身利益的考虑，第一时间选择撇清责任，将矛头指向材料供应商，没有履行对工程质量的责任。

现场巡视员 Norman McLure 在与上司的意见不一致时，放弃了客观事实的要求而选择服从权威。同样，工地领班在短暂停工之后，也忽视了“施工安全”的首要责任。

可见，无论是从结果还是责任出发，都应该把工程的安全置于工期、成本等考虑因素之前。

5. 反思

这场事故不是单纯的个人失误，而是众多责任主体错误的叠加所导致的惨剧。以上分析显示，每个工程主体都没有充分履行相应的职业责任。设计师出现技术失误。工地领班没有坚持自己的决定。工程巡视员在发现问题时，没有及时充分地沟通。魁北克桥梁公司（QBC）过分看重短期利益，在桥梁建造过程中又缺乏对施工单位的有效监督。

基于以上分析，可行的解决方案如下：

对工程师来说，除了提升个人的专业能力和素养，还应加强项目团队的配合，经常交流、及时沟通，确保更加高效优质地完成工作。

对桥梁公司来说，在项目早期评估阶段，应多找几家公司进行咨询，严格考察可行性研究和前期准备。在桥梁设计过程中，可以成立专家组，从不同角度考虑方案的合理性，及时解决难题。当项目出现问题时，应该高度重视和及时评估。

在工程规范方面，不能简单照搬以前的经验，而应该由监管部门对项目进行监督和管理。在施工过程中引入第三方监管机构，不仅审查方案的可行性，也监督施工过程，防止出现违背道德和法律的行为。

第四节 新工程与新的伦理问题

一、科技革命与新工程

科技革命是产业变革和技术进步的先导和源泉。新的科学发现和技术突破往往引发各个学科领域的集群性、系统性的突破，并且在强大的经济社会需求牵引下，驱动传统产业升级换代和新兴产业快速发展，使社会生产力实现周期性跨越。① 我们熟知的第一次科技革命以蒸汽机的大规模使用为标志，用机械化取代了手工劳动，使人类从农业社会进入工业化时代。第二次科技革命以电力技术和内燃机为标志，使人类社会步入电气化时代，满足了人类更加多样化的工作和生活需求。第三次科技革命以计算机和互联网为标志，大幅替代了简单的脑力劳动，推动人类进入信息化时代。而我们身处其中的第四次科技革命，以人工智能和生物医药为标志，将推动人类进入新的工程科技时代。新一轮科技革命所呈现的四个特征有可能长远地改变人类的生存和发展方式。

（一）融合

新一轮科技革命的加速演进推动了各学科领域的深度交叉融合，也促进了具有原创性的基础研究和具有引领性的研究成果不断涌现，在人工智能、生命科学、新能源、新材料等基础领域孕育了革命性的突破。大数据、云计算、人工智能等新一代信息技术与智能制造技术、现代物流等领域相互融合的步伐也进一步加快，推动传统产业加速向数字化和智能化转型，极大地提高了生产效率。科技创新和产业发展更进一步推动全球经济社会发展的深度融合。

（二）突破

在信息科技领域，以芯片和元器件、计算能力、通信技术为核心的新一代信息技术正处于重要突破的关口，而人工智能、大数据、云计算、区块链等新兴技术成为数字化转型的重要驱动力，极大地推动了相关学科领域的发展。例如谷歌的 AlphaGo 在第十三届全球蛋白质结构预测竞赛中击败了所有的人类参赛者，成功地根据基因序列预测了蛋白质的三级结构。在生命科学领域，随着研究者对基因、细胞、组织等对象的多尺度研究不断深入，基因组学、合成生物学、脑科学、干细胞等领域的突破性进展有望全面提升人类对生命的认知、调控和改造能力。颠覆性技术的不断涌现将从根本上改变技术路径、产品形态和产业模式，带来新产品、新需求和新业态，催生新的经济增长点。

（三）整体性

新的科技革命为经济和生活带来的改变是全息的、整体性的。“互联网+”“智能+”等概念使经济活动更加灵活智慧，催生出一系列新业态和新模式，并深刻改变了人们的生活、工作、学习和思维方式。从无人驾驶到智慧交通，从直播带货

---

① 白春礼．科技革命与产业变革：趋势与启示［J］．科技导报，2021，39（02）：11-14.

到智慧物流，从5G通信到数字货币，从网络扶贫到数字乡村，数字经济的加速发展，为经济发展开拓了新空间，为产业升级提供了新动力。各种智能终端、可穿戴设备不断推陈出新，远程办公、远程教育、远程医疗等快速发展，家政机器人、养老机器人和情感陪护机器人等概念日渐为公众所熟悉，推动了经济社会全方位的数字化转型。

（四）风险

当前，网络信息安全、生物安全和核安全等科技安全问题日益凸显，全人类所面临的公共卫生、气候变化、环境污染、粮食安全、能源安全等共同挑战愈发严峻。很多问题相互影响，形成复杂的系统性问题。这些全球性、系统性的风险和挑战深刻影响着全球每一个国家和每一个人。例如新冠疫情给全球带来史无前例的改变，使人类面对未曾经历的健康风险。在今天和未来，我们需要共同应对重大传染性疾病等全球挑战，共同管控科技伦理和科技安全领域的重大风险，推动和完善全球科技创新的治理体系，在使用工程科技为全人类趋利避害方面不断努力。

新的工程时代既是重塑传统概念框架、思维方式、生产方式和生活方式的时代，也是对人类文明的未来进行全面思考和探索的重要时代。新的工程技术所引发的伦理问题往往更复杂、更隐蔽、更特殊也更加根本，在大幅改造世界的同时，也使得高度的风险始终伴随人类社会。一方面，在现代社会中，工程的实施范围更广、规模更大、涉及的领域更多，所造成的风险也更加长期和复杂。从工程项目的“内部要素”来看，工程所包括的立项、设计、实施和运行等多个阶段都涉及专业性很强的科学原理的运用和技术的集成。从“外部关联”的角度看，工程不仅与科学、技术密切相关，而且与社会、经济、环境、生态和伦理紧密联系。因此，无论从“内部”还是“外部”视角，工程活动都涉及诸多风险因素。另一方面，消除工程事故的影响可能需要很长的时间。[①] 例如切尔诺贝利核电站事故，不仅影响受害者本人，还通过遗传影响之后的一代或几代人。工程风险的潜在性和长期性等特征，不仅造成风险评估的困难，也可能引起工程师与管理者对于风险的认识存在分歧，导致风险责任的落实界限不清。

二、新兴工程伦理问题

新兴工程技术的应用可能导致复杂的伦理问题。例如，基因编辑婴儿、头颅

① 赵文武，廖巍，戴年红．工程安全与工程安全人才培养［J］．中国安全科学学报，2006（01）：71-75.

移植等存在重大伦理争议的事件已经引起国际社会的广泛关注；围绕转基因技术的持续争论已经影响到该领域的发展；人工智能的快速发展和大规模应用可能带来信息安全、数据隐私、算法歧视，以及人工智能是否具有权利等一系列伦理问题。

传统伦理问题指那些长期存在，从古到今，甚至在未来也不容易得出圆满解决方案的伦理问题。无论工程技术创新中如何管控风险，也不管工程技术为人类带来多大福利，这些伦理问题会一直呈现在人类面前，是人类在确立自身的价值和意义时要回答的根本问题。传统的伦理问题可能涉及人性善恶的辩论，或关于“诚实”“正义”的定义等。现代伦理问题则随着新技术的开发运用而诞生，常常涉及人与自然的关系、人类自身的前途命运，以及对新技术不均等的占有可能引起的社会不公等问题。

新兴的工程所涉及的伦理问题在整体上呈现出四个特点：

（一）工程科技的融合催生出前所未有的、更加复杂的伦理难题

从工程科学技术自身的发展特征看，各类高新技术的融合成为热点，生物技术、机器人技术、信息与通信技术和认知技术成为新一代会聚技术（NBIC），技术间的融合正成为主流的发展趋势。由此引发的生命伦理、网络伦理、人工智能伦理、机器人伦理、虚拟现实伦理和大数据伦理等新兴领域的伦理研究也成为学术热点。同时，各个应用伦理研究领域之间的交叉也成为主要的研究方向。比如说，智能技术和生物技术的融合所产生的基于智能的生物技术和基于生物的智能技术正在挑战人之为人的许多根本概念。这些问题加剧了对人类未来的担忧，推动了关于“人的自然本性之未来”的讨论，也启发了其他相关领域，如合成生物学伦理等重新思考关于人本身、科学技术和自然三者间关系的基本问题。对这些伦理问题的思考不仅涉及传统的道德哲学，而且广泛触及人类学、自然哲学和技术哲学等领域，从而引发了新一轮的伦理学革命。

（二）价值关注的焦点从客体性价值转向主体性价值

有关新兴工程科技伦理的关注重点正从客体性价值——客观的工程技术实施对象，转向主体性价值即和我们自身息息相关的价值选择。传统技术的目标是改造自然，而新兴工程技术的改造对象不仅包括自然，也包括人类自身。主体性价值关注的是人类自身的价值，因而也重点关注那些影响到人类主体性地位的尖端科技。比如，人工智能的发展引发了 AI 是否会伤害人、取代人或超越人的讨论。

基因编辑技术引发了什么是人类，人是否可以被设计，以及生命的本质是什么这些深层次思考。

（三）鉴于新兴工程专注实践、快速应用的特点，工程伦理呈现出更强的前瞻性

以经典的伦理理论为基础的伦理研究，重在对科技活动的目的、行为方式和后果的分析。然而，对那些难以预测，同时又可能快速走向应用的工程科技，以往的伦理研究总体上滞后于科技发展，属于“事后”的研究。新兴的工程伦理更加侧重在新的科学进展进入应用阶段之前，率先发现和解决可能产生的伦理、社会和法律问题，超越了过去在事后对结果进行阐述和评述的方式。这些趋势体现出社会对科技发展方向的敏锐关注与合理制约。

（四）基于国际格局的发展趋势，新兴工程伦理体现出更强的战略意义

当前，科技的全球化推动了世界各国在工程创新领域的飞速发展，催生出一批新的关键技术。而伦理是保障这些关键技术顺利发展和适当运用的重要手段：只有符合人类公认的基本伦理规范的新兴工程技术才能得到长期的研发和应用。从国际科技格局的发展趋势看，科技伦理将成为国际科技竞争中的一个重要因素。在全球的科技界日益强调多元文化背景的今天，我国的工程科技人员也需要基于本土文化的学科体系和话语体系，对服务国家需求和国家利益的科技发展进行合理的阐释和维护。

面对潜在、复杂、整体性的伦理问题，可以参照“技顺乎道”“技进乎道”“技达乎道”三条原则进行有效应对。①“技顺乎道”，是指一切工程科技实践都应该以符合人类基本道德原则为前提和归宿。“技进乎道”，是指工程科技的实践本身能够不断切近道德伦理求善的目标。而“技达乎道”，是指在工程科技实践中达到求真与求善的高度统一，并将审美的因素纳入整体考量，促进工程科技实践中真善美的统一。

与前面三条原则相应，工程科技工作者应追求道德无害、道德为善和道德完善三种境界。任何工程科技实践都必须首先避免给人类社会和自然带来伤害，这是新工程伦理的“底线要求”。在此基础上，任何工程科技实践都应致力于造福人类和社会文明的改进，这是新工程伦理的“普遍要求”。最后，工程科技实践的最高追求应该是人类自身及其社会文明的完善。

---

① 万俊人．理性认识科技伦理学的三个维度［N］．光明日报，2022-02-14（15）．

讨论案例：载人空间站①

1986年，我国把载人航天技术列入国家高技术研究发展计划。1992年，中共中央确定了我国载人航天技术围绕发射载人飞船、航天员出舱和空间站建设“三步走”的发展战略。经过几代人的努力，我国成为全球第三个具有独立开展载人航天活动能力的国家，目前已经启动“三步走”战略的第三步：载人空间站工程。

空间站的建设面临研制周期长、系统复杂度高、风险控制难度大等挑战。其中，关键的挑战之一是对航天员安全和健康的保障，因为太空环境对长期驻留空间站的航天员可能造成眼球、脑组织、肌肉骨骼系统的损伤和精神障碍。要保障航天员的安全和健康，需要采取特别的技术手段对太空环境进行防护。然而，这些防护措施需要的资源较多，无法通过现有的运载火箭技术运送至近地轨道，因此全面的防护可能和空间站的工程目标相冲突。

在解决这些挑战的过程中，载人空间站的设计者坚守了航天员生命安全的红线，同时，基于对国内外空间站技术和太空环境的了解，作出了在工程条件约束范围内，尽可能采用新技术，在保障安全的前提下优化工程目标的决策。

最终，空间站设计者克服了航天员安全和空间站工程目标之间的“零和博弈”，通过对新技术的审慎选择，在尽可能少占用资源的前提下有效增强了空间站对太空环境的防护，充分保障了航天员的安全与健康，支持航天员更好地完成在轨驻留任务。同时，空间站工程目标的实现，使得空间站在成本受控的前提下产生更多惠及社会公众的成果。

思考题：

1. 载人空间站工程体现出哪些复杂工程所涉及的伦理问题？
2. 如何从结果、规则和品格的角度分析空间站设计者的工程选择？

---

① 方东平，等．工程管理伦理——基于中国工程管理实践的探索［M］．北京：中国建筑工业出版社，2022.

本章小结

本章介绍了伦理的概念、基本的伦理分析立场，以及处理复杂伦理问题时应该考虑的主要原则和可以采纳的分析方法。工程科技在我们日常生活中扮演着日益关键的角色。工程师常常面临具有高度挑战性、复杂性和不确定性，同时又可能产生深远影响的伦理选择。另外，工程师的选择和工程实践也可能深刻地影响和重塑社会伦理规范。使命当前，未来的工程师们不仅需要审慎面对自身的伦理责任，也应考虑结合自身的专业特长，推动公众对工程技术前沿所涉及的伦理问题形成更深刻的认识和理解。

重要概念

伦理　伦理问题　伦理立场

结果　规则　品格

伦理敏感性　伦理周期　新兴工程伦理

练习题

延伸阅读

[1] [美] 詹姆斯·雷切尔斯，斯图亚特·雷切尔斯. 道德的理由[M]. 5版. 杨宗元，译. 北京：中国人民大学出版社，2009.（第6-9章、第12章）

[2] Ibo Van De Poel, Royakkers L. Ethics, Technology, and Engineering: An Introduction [M]. Oxford: Wiley-Blackwell, 2011.（第5章）

第三章　如何做“好工程”

学习目标

1. 通过本章学习，掌握评价“好工程”的多个维度。

2. 通过本章学习，掌握“好工程”的基本伦理原则，并能够在实际案例中进行分析与应用。

3. 通过本章学习，紧跟国家的政策方针，深刻理解“新工程”与“新创造”背景下的“好工程”。

引导案例：“摩西低桥”

“摩西低桥”的案例是由美国技术哲学家莱登·温纳（London Winner）在其论文《人工物有政治吗?》（Do artifacts have politics?）中提出来的。“摩西低桥”（图3-1）指的是在纽约旺托州立公园路上的两百多座天桥。1927年，罗伯特·摩西（Robert Moses）主持规划建设了旺托州立公园路这条纽约第一个通向长岛的公路。两年之后这条长达5英里①的公路通车，同时宣布琼斯海滩开放。温纳发现，尽管摩西不断宣称琼斯海滩是一座公众海滩，然而他规划通向琼斯海滩的旺托州立公园路却相当奇怪地设计了两百多座独特的天桥。这些被称为摩西低桥的天桥高度只有9英尺（约合2.7米）高，与地面非常贴近，以至于12英尺（约合3.7米）高的公共汽车无法从它下面通过。在20世纪二三十年代的纽约，黑人和低收入群体往往没有小汽车，他们只能望“桥”兴叹；上层和中产阶级拥有自己的小汽车，能够穿过天桥尽情享受海滩。温纳借用摩西的一个工程师——西德尼·夏皮罗（Sidney Shapiro）的观点：“摩西限制了使用公园道路的方式，制约了穷人和中低层家庭享用州立公园。也是这个原因，他否定了建设一条长岛铁路分支到琼斯海滩的建议。现在，他开始限制公共汽车的通路，命令夏皮罗建设横穿公园道路的天桥。这些桥过低以至于公共汽车无法通过。”②

上述由莱登·温纳所提出的摩西低桥案例，引发了一个值得思考的问题，即“技术是否具有政治性?”在案例中，摩西将自己的社会阶级和种族偏见渗透到天

---

① 1英里≈1.609千米。

② 王阳．摩西低桥与技术产品政治性［J］．科学与社会，2011，1（03）：62-71.

图 3-1 摩西低桥（图片来源：中新网）

桥这种建筑中，天桥的高度隐含了一种不平等的政治陈述。当我们穿过摩西低桥前往琼斯海滩，也许觉得这些天桥除了高度有些低以外并未和美国其他的天桥有何不同。但是，当我们把这些天桥和温纳的解释结合在一起，就可以直观地感受到这些天桥的政治含义。温纳所提出的摩西低桥案例体现出技术的实施者可以将其政治意图通过某种技术去实现，以建立一种符合其价值观和政治利益的公共秩序。也就是说，在技术的建构过程中已被人为地嵌入了政治性。这种政治性所造成的社会影响取决于技术的实施者，而非技术本身。这是温纳关于技术外在政治性的解说。但长期以来，人们都秉持着“技术工具主义”的观点，认为技术具有中立性，同政治没有关联，工程师没有必要牵涉政治。由此，温纳所提出的“技术具有政治性”的观点受到许多人的质疑和讨论，对于技术产品政治性的新理解同样也加深了对长期以来技术中立观点的质疑。

引言　工程负载价值

本章主要围绕如何做“好工程”展开，在第一节中首先介绍何谓“好工程”，这里主要讲授评价工程的多个维度，包括经济维度、社会维度、伦理维度等，多个维度的视角共同构成了“好工程”的评价标准。在本章的第二节中，重点介绍“好工程”的基本伦理原则，包括以人为本原则、社会公正原则、和谐发展原则。以人为本原则要求充分保障人的安全、健康和全面发展，防止为了商业需要而损害人的安全、健康和全面发展。社会公正原则要求尊重和保障公众的基本权利，注重不同群体间资源与经济利益分配上的公平正义。和谐发展原则要求工程实践不仅要遵循自然规律和社会发展规律，还应当追求人与自然、人与社会、人与人之间的和谐共处，追求美好、和谐的未来。在本章的第三节、第四节和第五节中，分别详细讲授以人为本原则、社会公正原则、和谐发展原则的具体内涵和践行过程，并且以多个案例说明违背这些原则的表现是什么。这三个原则具有内在的逻辑性，坚持以人为本原则是守住底线的要求，坚持社会公正原则是实现公平的要求，坚持和谐发展原则是追求卓越的要求。本章的第六节讲授“新工程”与“新创造”背景下的“好工程”，重点回答“新工程”如何成为“好工程”和“新创造”如何造就“好工程”这两个问题。

第一节　何谓“好工程”——评价工程的多个维度

广义的工程概念认为工程是一群人为达到某种目的，在一个较长时间周期内进行协作活动的过程，工程大多是大型的、复合的技术活动。工程活动不仅需要满足多方面的目的，而且涉及多个利益相关者的参与协作。因此，工程活动负载着不同的价值。比如：经济价值（工程作为第一生产力的一个重要因素）、科学价值（工程制造的科学仪器、设备、基础设施等为现代科学研究提供了支撑）、政治价值（造福人类的工程建设有助于提升国际话语权）、社会价值（工程建设可以改善人们的生活，提高社会生活质量）、文化价值（工程活动为文化活动、文化传播、文化事业提供了条件）、生态价值（节能、降耗、绿色、环保、低碳的工程活动有助于建设生态家园）。综上，作为一种实践活动，工程往往负载着多种价值，体现为一种综合性的工程价值体系。工程的价值负载可以分为正负两个方面，不同价值之间的权衡取舍和协调优化过程凸显出了工程伦理的重要性。由于工程实践活动负载着多重价值，所以对于一个工程是否是“好工程”的评价维度也是多方面的，包括哲学的维度、技术的维度、经济的维度、管理的维度、社会的维度、生态的维度、伦理的维度等。本节内容整合了以上维度，重点从经济、社会和伦理三个维度出发，探讨“好工程”的评估标准具体包含哪些因素。

一、经济的维度

从经济维度评价工程主要考量工程的经济价值和工程的经济状况两个方面，经济效益往往是工程评价的重要指标。一方面，很多工程能够立项并得以实施，主要是会带来显著的经济效益。深入分析“摩西低桥”案例可知，该工程能够得到大部分人支持的一个主要依据就是这些天桥的建造能够带来极大的经济效益。

按照预期，天桥的成功建造使得人们可以轻松驾车前往长岛琼斯海滩，这将带动当地旅游业的发展，带来巨大的经济利益。尽管工程的实施还必须充分考虑社会、生态等多方面因素，但经济利益无疑是激发人们开展工程活动的重要动力。另一方面，对耗资巨大、影响广泛、管理复杂的工程实践来讲，如何以尽可能小的投入获得尽可能大的收益是需要仔细核算的问题。经济性既涉及微观层次的工程成本最小化问题，也涉及宏观层次的工程价值最大化问题。微观层次的问题主要集中于工程本身的经济成本效益分析，宏观层次的考虑则把工程纳入更大的市场、社会等框架内进行考量。近年来，工程经济学中的微观效果分析逐渐同宏观的社会效益研究、环境效益分析更紧密地结合在一起。

二、社会的维度

从社会维度评价工程主要考量参与工程的利益相关者之间的协作，该维度注重评价社会效益，如政治、文化、教育、可持续发展的需要。工程实践具有广泛的社会性。一方面，工程需要众多行动者的集体参与，在具体的工程项目中这些行动者形成了为实现特定工程目标而紧密关联在一起的工程共同体。是否能够为工程的顺利实施相互协作，取决于如何处理这个网络中不同的社会关系，因此，工程建设项目体现了人与人之间的各种关系。另一方面，从事工程实践的工程师构成了特殊的社会群体——工程师共同体，并以不同类型的专业协会的形式存在。在这个共同体中，工程师们拥有相近的目标，探索并遵循共同的职业准则和行为规范。此外，工程过程也关系到不同的利益群体，有些利益相关者直接介入工程过程之中，有些虽未直接参与工程活动，但却是工程实施或完成之后产生的实际效果的承担者。工程项目不仅仅是技术工程项目，同时也包含了许多社会因素。因此，在开展工程项目建设时，除了考虑经济效益之外，还必须考虑工程项目对就业和环境等社会因素的影响。

三、伦理的维度

从伦理维度评价工程主要注重以人为本、公平正义、保护环境等方面的要求。伦理的维度探讨的是人们如何“正当地行事”，这不仅是理论问题也是实践问题，不仅需要从过去的历史中学习，也需要面对新的现实问题发现新的更好的行事策略与方法。而且值得注意的是，在具体的工程实践中，伦理问题都表现出一定的特殊性，与具体的工程情境密切相关。工程活动中不能缺失伦理维度，工程事故从其直接表现来看往往被归结为经济问题、技术问题或管理问题。事实上，所有这些问题的背后都隐含着内在的伦理问题，没有与伦理脱离关系的工程。工程活动所涉及的不仅是人与自然的关系，而且也涉及人与人、人与社会的关系。因此，工程活动内在地包含着许多深刻、重要的伦理问题。但是，工程的伦理维度却常常被忽视，导致了工程活动中的伦理缺位。作为一种社会实践活动，工程必然包含着伦理维度，在工程实践中不可避免地会涉及道德价值、问题和决策的研究。在工程活动中，伦理维度和经济、技术、环境、社会等维度相互渗透、相互纠缠，应当注意不同维度之间的矛盾、冲突、排序和协调的问题。

第二节　“好工程”的基本伦理原则

一个“好工程”应当遵循基本的伦理准则。基本的伦理准则是工程建设领域必须遵守的职业规范，是对工程师的行为所设定的标准，既是道德义务的自我约束，又是法律规范的他者约束。同时，基本的伦理准则也是“好工程”的执行建议与声明。掌握这些基本伦理准则的重要作用在于，通过对工程建设的规范，保证工程的整个建设和实施过程符合社会伦理。国际上出台了一系列关于工程伦理的基本准则。1977 年，美国职业发展工程师协会（Engineers Council for Professional Development，ECPD）将“关注公众安全、健康与福祉”作为工程伦理六项准则的首要规定。20 世纪 70 年代以后，美国机械工程师协会又将“环境保护”这一原则引入伦理规范之中。受其影响，英国呼吁诚信履行职责、关注公众利益；法国要求工程师行为必须维护公共利益；芬兰要求工程师为国家和人类整体服务；澳大利亚认为工程师对公众福利、健康与安全负有责任；加拿大重视公众福利的地位作用。在我国，工程伦理准则主要包括五个方面：以人为本，工程建设首先考虑人的利益要求；关爱生命，尊重人的生命权；安全可靠，充分考虑产品的安全性能；关爱自然，保护生态环境，实现可持续发展；公平正义，反对各种不正当竞争。这些工程伦理准则中所蕴含的对人本身以及自然和社会因素的考量，也是工程伦理领域中对“好工程”的基本伦理要求，因此本节将其概括为以人为本原则、社会公正原则与和谐发展原则。

一、以人为本原则

以人为本原则是指应当充分保障人的安全、健康和全面发展，要体现“人不是手段而是目的”（康德）的伦理思想，防止为了商业需要而损害人的安全、健康和全面发展。康德在《道德形而上学原理》中说道：“你的行动，要把你自己人身中的人性，和其他人身中的人性，在任何时候都同样看作是目的，永远不能只看作是手段。”以人为本原则是底线，守住底线是“好工程”的第一项基本伦理原则。

（一）以人民的利益为根本

以人为本原则是工程伦理中的核心原则和价值向度，强调工程实践活动要将人自身的价值作为出发点和归宿，将人视为主体和目的。需要指出的是，这里的人不是作为单个个体而存在的个人，而是指以人民群众为代表的群体。以人为本的工程伦理原则意味着，工程建设要以人民群众的切身利益为根本，提升人民的生活水平。

（二）反对“以物为本”的观念

“以物为本”的价值理念是工具理性在工程实践活动中的显现，这种传统的发展观念将“物性”置于首要的位置，遮蔽了人自身的存在价值和意义，同时也是造成工程实践活动中伦理缺位的根本性原因。凸显价值理性的“以人为本”则是对传统“以物为本”发展观的解构和超越，为工程实践活动引导了积极的人本价值向度。同时，对“以人为本”价值观的践行并不意味着对物的彻底摒弃，而是使物为人所用，发展物的目的最终指向人。因此，要通过将人本身作为出发点和归宿来完成工程伦理的解蔽。

（三）关爱生命的重要性

以人为本原则要求关爱生命，这是工程伦理的根本依据，要求工程实践活动要始终将人的生命置于首要的位置。工程师必须尊重人的生命健康权，不得支持以毁灭人的生命为目标的项目研发，不能从事对人的健康有危害的工程设计和开发，这是对工程师所提出的最基本的道德要求。关爱生命的原则意味着在工程建设中要将人的安全因素考虑在内，以高度负责的态度对待人的生命和健康，并充分考虑活动的安全指数和劳动保护措施，要以对人类无害为前提进行生产活动。此外，工程实践活动中也要体现出“人道主义”的精神，要提倡关怀人、爱护人和尊重人，主张人格平等，做到以人为本，明确人是最高的价值追求和社会发展的最终目的。

二、社会公正原则

社会公正原则是指尊重和保障公众的基本权利，注重不同群体间资源与利益分配上的公平正义，还要兼顾工程对不同群体的身心健康、未来发展等方面的影响。遵循社会公正原则的目的是实现公平，实现公平是“好工程”的第二项基本伦理原则。

（一）尊重和保障基本权利

社会公正原则作为处理工程与社会关系的基本原则，要求在进行工程实践活动的过程中要尊重和保障每个人的基本权利，包括生存权、发展权、财产权和隐私权等。要把“尊重生命，安全第一”放在首要的位置，贯彻到工程活动的始终，作为社会公正原则中的底线要求和最低道德标准。同时，要注重人的平等价值和普遍尊严，把人放在首位，牢记一切工程活动的出发点和落脚点始终是人。

（二）注重资源和利益的分配公正

工程作为变革自然的人造物是一个综合集成了科学技术、经济管理、社会伦理生态等各方面要素的整体。资源和利益的分配作为工程活动中的重要一环，同样需要遵循公正的原则。在工程领域内需要践行的分配公正原则主要指的是，在进行工程实践活动的过程中要保障个人基本的生存和发展需要，对于工程活动所负载的成本、风险和利益要在不同的利益群体间进行合理的分配和分担，而对于在实践过程中处于不利地位的个人或群体也要予以适当的帮助和补偿。需要注意的是，实现基本的分配公正是一个复杂的过程，公正也是基于具体的社会情境而言的，不存在绝对的公正。

（三）推动工程活动中的公众参与

传统的工程活动在决策和管理等环节往往缺乏公众参与，导致存在诸多难以调和的矛盾与冲突。为了改善这种现象和贯彻公平正义的原则，就需要推动工程活动中的公众参与，建立相关者的利益协调机制，让公众参与到工程实践的决策、管理和实施的全过程中。一方面，要保证公众对工程活动内容的知情权，做到知情同意。另一方面，号召相关群体参与到工程实践的决策和运作过程中，保证程序的公正。

三、和谐发展原则

和谐发展原则是指工程实践不仅要遵循自然规律和社会发展规律，还应当追求人与自然、人与社会、人与人之间的和谐共处，追求美好、和谐的未来。和谐发展的根源在于追求卓越，追求卓越是“好工程”的第三项基本伦理原则。

工程活动往往依托于一定的社会环境和生态环境。一方面，在实践过程中会受到环境的制约，另一方面，也会对社会环境和生态环境造成影响。因此，在进行工程活动时需要遵循和谐发展的原则，树立整体主义和可持续发展的大局观，站在社会整体和生态整体的视角来对工程实践进行思考，对其可能带来的利益和风险做出评估。人类在进行工程实践的过程中，如果超出了自然环境本身的承载力，则会对整个自然生态造成威胁，给人类社会带来风险。由于工程活动往往依托于自然界中的物质资源，工程本身所具有的这种“自然属性”，不可避免地会给自然环境带来一系列影响。因此，在开展施工建设的过程中需要将生态因素考虑在内，处理好工程建设和生态保护二者之间的关系，以提升工程整体的综合效益。

一个良性的生态环境就是一项工程的保护伞，如果在工程项目的实施过程中能够遵循和谐发展原则，保护区域的生态环境，那么良好的生态环境则可以反过来促进工程的整体效益提升，达到二者的良性循环，从而促进社会的可持续发展，推进人与自然的和谐共生。此外，在进行工程实践活动时，要贯彻可持续发展的理念，真正将生态环境保护融入工程建设之中，在追求经济效益的同时注重对环境因素的考量及保护，通过绿色施工承担起保护环境的社会责任。一个“好工程”中应当体现其“绿色理念”，即对自然与人文的保护和重视。

第三节 守住底线：保障公众安全与健康

在工程中，守住底线意味着应当保障公共安全与健康，主要体现在工程设计、工程实施和工程使用这三个环节中。

一、工程设计中如何保障安全与健康

工程设计中的伦理问题主要表现在工程项目的方案设计和决策上。在工程方案设计和决策的过程中，如何才能守住底线，确保安全和健康？如果设计和决策受到来自政府主管部门、企业主管部门或行业权威的影响或压力，可能导致违背伦理原则，损害公众利益。工程设计中影响安全与健康的表现主要是：工程设计中的生态环境问题、工程设计中的安全问题、工程设计的可持续性问题。

（一）工程设计中的生态环境问题

随着经济的高速发展和城市化水平的提高，出现了越来越多的工程建设项目。但是，许多工程设计由于周期长、规模大等特点，会对周边的生态环境造成显著的影响，进而威胁人的安全与健康。因此，在现代工程设计中尤其需要注重工程设计带来的生态环境问题。工程设计中的生态环境问题不仅仅是自然环境问题，

也包括社会环境问题。从自然环境问题来看，人与自然息息相关，人类生活在自然界的生态系统中。人类对自然所犯下的错误，最终会反噬人类自身。因此，在工程设计中需要注意对自然环境的保护，坚持绿色发展理念。从社会环境来看，随着城市化的发展，很多工程设计是在城市中进行的，对于周边的居民和社会环境会造成较大的影响。例如噪声、雾霾和水污染等，都会影响人们的健康和安全。因此，工程设计要考虑到对周边社会生产生活的影响。

（二）工程设计中的安全问题

工程设计是人类改造自然的社会活动，总是离不开人的参与。在复杂多变的社会环境和存在隐患的自然环境中，工程设计随时面临着安全问题的考验。因此，在工程设计中关注安全问题是每一个设计者的责任和义务，关注工程设计中的安全问题就是保障人的安全与健康。工程设计中的安全问题可以分为两方面。一方面，设计者需要考虑工程人员在工程实施过程中的安全问题。例如，在工程设计中，设计者可以通过淘汰落后的技术和工艺，针对自然环境和社会环境中可能造成危险的因素做好防护措施，以免工程人员的生命和健康受损。另一方面，设计者需要在可预测范围内，保障设计客体使用过程中的安全问题，以尽可能避免危险的发生。保证工程质量，避免工程对使用者安全与健康的伤害是设计者的首要社会责任和义务。

（三）工程设计的可持续性问题

近代以来，随着工业化和城市化的推进，很多工程设计仍然采用高耗材、高耗能的方式进行。由于缺乏对环境承载力和社会可持续发展的考虑，很多自然资源在工程设计中遭到毁灭性的破坏，并最终影响到人类自身的发展。例如，塑料袋的发明在当时是一项创举，但是由于缺乏对于环境和资源的可持续性考量，在如今却造成了严重的“白色污染”。在意识到对环境的破坏之后，人们逐步走向对塑料袋回收利用的可持续发展之路。此外，除生态自然领域，工程设计的可持续性问题也体现在社会环境中。由于城市化进程的加快，很多工程设计要考虑未来城市发展的需要，为城市的进一步发展留下一定空间，否则将会限制人类社会的可持续性发展。

案例：三门峡工程中的设计失当

事故回放：

三门峡水利枢纽位于黄河中游下段，流域面积68.84万平方千米，是新中国在苏联专家组指导下兴建的一座以防洪为主综合利用的大型水利枢纽工程，被誉为“万里黄河第一坝”。该工程1957年始建，1961年运行，2003年8月因渭河流域发生“小水大灾”事故从而引发争论。受三门峡水库高水位运行影响，渭河下游长期泥沙淤积严重，致使洪水含沙量过高，水流速度变缓，因而小水酿成大灾。（见图3–2）

(1) (2)

图3–2 三门峡大坝泄洪现场及全貌

（图片来源及文字参考：视觉中国、黄河网、新华网、中国网、新浪网）

事故原因：

该工程的设计很大程度上依赖于苏联专家的帮助，在进行工程设计时实地考察不足，未重视黄河流域泥沙淤积严重的问题，导致该工程建成后出现泥沙严重淤积的弊病，并对周边环境和民众产生了不利影响。工程设计不当的具体原因可归为以下四点：一是设定指标过高。三门峡工程最终实现的低坝排沙远未达到初期指标。二是指导方针有误。一方面，作为该工程高指标基础的“蓄水拦沙”方针，因运行方式不当而被迫做出调整，致使该工程原定大多数设计目标落空。另一方面，工程规划存在排沙设施缺失、下泄流量过小等缺陷，这些基础问题无法通过运行方式的改变彻底弥补。三是泥沙处理失当。专家组并无泥沙处理经验，且设计时实地考察不足，泥沙问题未充分纳入考虑，这导致工程初期设计与后期整改都很难解决泥沙淤积问题。四是轻视环境负效应。专家组在设计时并未重视该工程相关环境问题，致使工程对环境造成严重损害。

事故反思：

1. 进行工程设计之前应怎样做好充分的实地考察与全面的理论预设工作？

2. 如何在工程设计中精准把控工程本身的伦理问题、社会效益、环境效益等？

二、工程实施中如何保障安全与健康

工程实施中可能会出现某些工程技术人员随意更改设计方案、在施工中偷工减料、降低质量、不合理地缩短工期等现象。在工程实施过程中，如果遇到来自企业主管和同事的压力，你能否坚持伦理原则？工程实施中影响安全与健康的表现主要是：工程实施中的人员问题、工程实施中的质量问题、工程实施中的监理问题。

（一）工程实施中的人员问题

人是社会物质生产的主体，在工程实施过程中少不了人的参与。但是，有很多工程建设中的工人都是临时招募来的，彼此之间缺乏有效的了解和沟通，而且他们当中的很多人对于安全的意识有待提升，因此在施工过程中有可能会因为自身疏忽造成重大事故。再加上有些管理人员和设计者难以在施工过程中严格贯彻安全生产要求，导致在现实中难以清除全部的安全隐患，工程实施过程中的人员问题就容易造成工程事故。此外，工程实施过程中的人员问题还表现在工程人员与非工程人员的矛盾中。工程人员在施工过程中，可能会与附近居民等非工程人员产生矛盾纠纷，例如施工噪声太大、施工中的扬尘等，可能会影响周边居民的安全与健康。因此，施工单位必须要提前估算好工程的影响，落实安全生产责任和加强工程人员的安全教育。

（二）工程实施中的质量问题

工程技术与人类的经济活动和社会活动密切相关。在工程实施过程中，参与工程建设的各方很可能从自身经济利益出发，出现偷工减料、违反工程施工和验收规范、逃脱工程质量监督等降低工程质量的行为。工程实施过程中的质量问题，一方面对于施工单位，尤其是施工工人具有重大的安全隐患；另一方面，对于日后的使用者会造成重大安全隐患，严重影响他人的安全与健康，产生不良的社会影响。从义务论的角度来说，工程实施过程中偷工减料、逃脱监管等降低质量问题的行为，违背了建设者应该承担的义务，不仅从伦理上应当受到批判，而且一旦触犯了法律，也必须受到法律的追究。因此，在工程实施过程中不仅要提高施工人员的伦理意识，而且要加强工程监督管理体系的建设。

（三）工程实施中的监理问题

工程监理对于提高工程质量，保证国家利益和社会公众利益具有重要作用。但是，在经济利益的驱使下，我国工程监理体系仍然存在不完善的地方。从施工单位一方来看，一些人通过某些渠道，虚假挂靠工程监理的牌子，严重损害了工程监理的信用体系，导致工程可能存在安全隐患，威胁使用者的安全与健康。此外，监理队伍整体素质还有待提高，存在学历相差悬殊和职称差别较大等问题。从业主一方来看，不合理的工期、不合理的施工队伍安排和盲目干预等原因，不利于工程监理工作的开展，同时也埋下了一些安全隐患，可能威胁到他人的安全与健康。为了充分发挥工程监理的作用，首先要强化监理委托程序，促进监理市场的规范化。其次，要严格监理资质管理的准入机制，减少灰色地带，不给不法分子以可乘之机。

案例：重庆綦江区彩虹桥坍塌事故

事故回放：

綦江彩虹桥（见图 3-3）位于重庆市綦江区，该桥长 140 米，宽 6 米，于 1966 年投入使用。1999 年 1 月 4 日晚 6 时 50 分前后该桥发生整体垮塌，造成 40 人遇难，14 人受伤，直接经济损失 631 万元。当日，有 30 多名群众及 22 名武警战士在桥上行走，桥体突然垮塌，桥上所有人员全部坠入綦江中，造成严重事故。该事故引发各界高度关注，重庆市政府立即开展工程质量大检查，重点整顿綦江区建筑市场，要求“吸取教训，痛定思痛，引以为戒，防患未然”。

(1)

(2)

图 3-3 重庆原綦江彩虹桥

（图片来源及文字参考：腾讯网、新华网、搜狐网）

事故原因：

一是工程质量问题：彩虹桥的主拱钢绞线锁锚方式有误，锁定不牢固且受力不均匀；主要受力拱架钢管焊接质量不合格，达不到二级焊缝标准，个别焊缝有陈旧性裂痕及气孔、夹渣；钢管混凝土抗压强度未达设计要求，且存在漏灌与空洞问题；连接桥梁、桥面和拱架的拉索、锚具和锚片严重锈蚀。

二是工程承发包不合法：该桥建设手续缺失，设计与施工主体没有合法程序与达标资格；设计方无工程专用设计章，属私人设计，且在建设过程中设计粗糙甚至随意更换方案；施工承包方为个体业主，无专业合法的市政施工资质与能力，工程建设过程严重违规。

三是监管不到位：綦江区管理部门未切实履行好监管责任，对工程建设问题随意决断，管理失职；相关质检部门对工程各项质量风险审查不到位，未在工程建设中严格监督其用工用料；工程管理者管理缺失，放任偷工减料与粗制滥造。

事故反思：

1. 好工程离不开高质量，工程从选材到施建各环节如何严格落实相关规定，保障公众的安全与健康？

2. 如何正确理解工程各监管主体在工程建设中的重要性与必要性？

三、工程使用中如何保障安全与健康

工程使用中违背安全与健康的表现是工程使用中存在着设备老化、违规操作、安全隐患严重等问题。在工程使用过程中，如果揭发和制止违规行为，可能招致企业主管和同事的排斥，有损企业形象，此时能否坚持伦理道德底线，采取必要的行动是十分重要的。工程使用中影响安全与健康的表现主要是：工程使用过程中的设备老化问题、工程使用过程中的违规操作问题、工程使用过程中的安全管理问题。

（一）工程使用过程中的设备老化问题

随着现代生产生活节奏的加快，工程在使用过程中的磨损和更新速度也在不断加快，很多工程设备面临着严重的老化问题，这也意味着现代社会对工程在使用和管理上提出了更高的要求。由于我国现有的工程安全管理水平相对落后，尤其在对设备进行管理和维修时缺乏完善的标准，加之相关投入力度不足，导致设备老化问题严重。此外，不少企业对工程相关方面的安全意识淡薄，缺乏对工程的定期维护和检查，在工程设施老化之后不能第一时间发现和更换，导致在使用过程中存在重大安全隐患，威胁人们的安全与健康。为此，在工程使用过程中，有关单位一方面需要注重工程设备的安全管理，另一方面要安排专门人员定期进行维护，发现问题及时上报，及时处理。

（二）工程使用过程中的违规操作问题

工程完成之后离不开人的使用，但是随着现代工程设备的多样化和复杂化，工程使用过程中的违规操作问题也越来越突出。一方面，工程设备的精密性和多样性要求操作人员必须具有更高的素质和更丰富的使用经验。但是，许多单位安全意识淡薄，缺少对工程设备操作人员的事先培训，甚至是临时招募而来，导致设备操作者缺乏相应的经验和安全意识，工程设备使用的规范性和安全性难以保证。另一方面，许多施工单位对工程设备的监管不力，导致工程设备在使用过程中出现磨损和老化，产生安全隐患，进而威胁到人的安全与健康。因此在使用过程中，有关单位需要提前对工程设备的操作人员进行岗位培训，增强操作人员的安全意识和规范性，并合理安排工时和施工进度，科学、合理、规范地使用工程设备。

（三）工程使用过程中的安全管理问题

在工程使用过程中，管理方面的因素也是造成安全事故的重要原因。工程使用过程中的安全管理问题主要分为两方面。一方面，工程使用过程中的管理人员安全意识淡薄，许多工程管理者只关注工程设计和实施中的安全性，却轻视了使用过程中的重要安全隐患，对于使用过程中的风险认识不足。另一方面，使用过程中管理制度不完善。制度是管理工作开展的重要依据，完善的制度是安全管理工作顺利开展的必要条件。但是，很多单位忽视对工程安全管理体系的建设，安全管理责任难以落实到人，工程缺乏定期的维修和检查。另外，工程使用中的管理缺乏灵活性和整体性。工程使用过程中的自然环境和社会环境可能会发生变化，因此相应的管理措施和规定也应进行调整。有些工程，例如水电工程与自然联系紧密，其使用过程中的管理需要与自然和社会整体协调统一。

案例：天津滨海新区爆炸事故

事故回放：

8·12天津滨海新区爆炸事故是一起重大生产安全责任事故（见图3-4）。2015年8月12日22时51分，位于天津市滨海新区天津港的瑞海公司危险品仓库发生火灾爆炸事故，造成165人遇难，8人失踪，798人受伤，304幢建筑物、12 428辆商品汽车、7 533个集装箱受损。截至2015年12月10日，依据《企业职工伤亡事故经济损失统计标准》等标准和规定统计，事故已核定

(1)

(2)

图 3-4　天津滨海新区爆炸现场

（图片来源及文字参考：央视新闻、中国政府网、中新网、搜狐网）

的直接经济损失达 68.66 亿元。

事故原因：

一是工程共同体的伦理缺失：工程共同体各方在工程规划设计、运营管理、监督审查等环节不同程度地马虎大意、轻视问题，缺少必要的伦理思考。首先，瑞海公司在未取得必需手续时，贸然决定在政府已规划好的物流用地区域立项危险货物堆场改造项目。其次，天津规划局项目规划许可工作失察，滨海新区规划和国土资源管理局也未能严格履职，严重违反了天津市总体规划和滨海新区控制性详细规划。最后，天津化工设计院违规提供施工设计图文件，设计存在严重错误，在发生事故后还违规修改原设计图纸。

二是危险品仓储问题：天津东疆保税港区瑞海国际物流有限公司是天津海事局指定的危险货物监装场站和天津交通运输委员会港口危险货物作业许可单位，其仓储业务中的商品多是危险及有毒气体。天津市海事局曾通报其多起违章装箱行为，这与事故发生不无关系。

事故反思：

1. 工程使用主体人员如何强化安全意识和安全生产能力？
2. 企业管理者如何在追求经济效益时最大程度保障工程使用安全？
3. “以人为本、安全第一”的思想如何在工程使用中严格落实？

第四节　实现公平：兼顾利益相关者合理诉求

在工程中，实现公平意味着兼顾利益相关者的合理诉求。实现公平的途径主要包括社会资源合理调配、社会风险合理分担、履行相应社会责任。

一、社会资源合理调配

工程事故可能会带来巨大的经济损失和资源浪费，由此引发社会资源如何公正分配的伦理问题。社会资源的合理调配、优化与整合关乎各方利益相关者的诉求，合理分配不同群体间的利益是关系社会公平的一个重要方面。社会资源主要包括人力、物力、财力、场地空间等有形资源，以及技术、知识、组织、社会关系等无形的资源。其中，人才、资金、政策是社会资源进行整合的重要方面。

（一）优化配置人才资源

在工程领域，人才资源是社会资源中最重要的一方面。在工程的决策、规划设计、实施和使用这四个方面，工程人才始终发挥着不可替代的重要作用。工程师、工人、投资者、管理者都属于工程人才，可以将其看作工程共同体。一个“好工程”就必须要善用各类工程人才资源，发挥工程共同体的作用。知人善任，了解人才的优势和劣势，将其安置到适合的位置。工程建设的各个阶段都需要大量优秀人才的共同参与。工程的各类人才从来都不是单打独斗，而是需要紧密联结在一起。一个“好工程”的成功落地离不开各类人才的努力。

（二）优化配置资金资源

资金资源是工程各环节实施的支撑。财力是工程实践中不可缺少的。一个“好工程”必须要明确工程活动的各个环节所占的资金比重以及各个环节所用资金的合理范围，关注到工程各环节的需求以及资金去向。资金分配以公平公正为第一原则。工程内部的效益分配要关注到各个工程共同体的利益需求。工程资金分配绝不仅仅是工程内部问题，还需要政府的监督管理。政府对工程资金来源、使用和分配都有监管职责，防止各种徇私舞弊、偷税漏税以及转移公款等问题的出现。

（三）优化配置政策资源

一个“好工程”的成功落地离不开政策的支持。政府在工程实践中担负多项责任，包括引导、服务、监督等。政策资源是工程活动的风向标。政府相关部门的行为会对工程活动产生重要的影响，特别是政府相关部门所颁布的工程制度和政策等将直接影响到工程的最终结果。政府相关部门通过颁布和实施相应的工程制度，为工程建设提供制度保障。政策对工程的投资者、管理者、工程师、工人和其他的利益相关者具有强大的导向作用。工程各个环节的实施要切实符合制度的要求，同时要依据制度规定约束工程共同体的行为，为社会公平提供制度保障。

案例：“华夏第一祖龙”事件

事件回放：

2007年3月，河南新郑市始祖山上的一座大型水泥建筑引起各界关注。该建筑号称“华夏第一祖龙”，已建成的龙头高29.9米，龙身预计全长21千米，计划投资达3亿多元（见图3-5）。郑州祖龙实业有限公司声称要在龙身镶金嵌玉，龙腹内建设娱乐设施，打造观光、旅游、休闲的“一条龙”服务。1996年，该公司首次向政府提出“华夏第一祖龙”项目，2002年该项目动工，次年就因缺乏相关手续被迫停工。该项目的违规建设造成了大面积的林地损坏以及后发性的水土流失和环境污染问题，引发了社会关注与争议。2007年3月30日，新郑市政府公布对“华夏第一祖龙”项目的处理结果：要求该工程停止建设，重新进行科学评估，补全相关必要手续，并接受有关部门依法查处。经国家环保局与林业局考察，认为该项目“未批先建”，不得在始祖山建立永久性设施。

(1)

(2)

图3-5 “华夏第一祖龙”龙头及全貌

（图片来源及文字参考：中国政府网、《大众日报》、搜狐网、新浪网）

事件原因：

一是项目方在手续不全的情况下违规进行建设。该项目在开工时，未办理必要的土地、规划、环保审批手续，仅凭一纸旅游局的招商引资协议就贸然进行大规模工程建设，属于“未批先建”的项目典型。

二是项目伦理考虑不足，严重浪费社会公共资源。项目的设计规划及施工建设环节都盲目追求未来经济效益，欠缺对社会效益与环境效益的考虑。

最终不仅对林业资源、土地资源等社会公共资源造成浪费，也未能实现其初期经济设想，大规模资金投入也石沉大海。

事件反思：

1. 大型工程如何兼顾保质保量与最低资源损耗？

2. 公共资源属社会群体所共有，理应为整个社会群体提供机会而非为少数人提供特权。工程建设如何在“锦上添花”的同时实现“雪中送炭”？

二、社会风险合理分担

工程活动中的社会风险源自工程事故的可能性，工程事故是指已经造成恶果的工程事件，如建筑物坍塌、环境污染、航天飞机发射失败等。工程事故有时会带来社会生活的局部意外瘫痪，由此引发社会风险如何合理分担的问题。

（一）工程活动会引发哪些社会风险？

工程活动所引发的社会风险包括社会经济、生态环境、历史文化等方面。在社会经济上，一些工程活动在国民经济和社会发展中往往占据重要地位，可能会影响到整个经济建设和社会发展。工程活动可能给社会经济带来的风险具体包括：目标群体的生活水平恶化、征地拆迁补偿费用过低或补偿不及时、就业机会减少带来收入水平降低、收入差距过大，等等。在生态环境上，由于工程是一项对自然环境施加影响的复杂的大规模的实践活动，生态系统的平衡以及生物多样性可能会被破坏。在历史文化上，工程活动也存在破坏古物遗迹、以牺牲文化遗产为代价的风险。

（二）为什么会有社会风险？

根据风险社会理论，当人类试图去控制自然和传统并试图控制由此产生的种种难以预料的后果时，人类就面临着越来越多的风险①。就其本质而言，社会风险是一种导致社会冲突，危及社会稳定和社会秩序的可能性，换言之，社会风险意味着爆发社会危机的可能性。② 产生社会风险的要因主要是人。不论是个人、群体还是组织，其从事的行为不当、过失、故意等，均可对人的生产与生活造成危害和损失。多种原因均可导致社会风险，特别是与人民群众利益密切相关的重要政

① 赵延东．解读“风险社会”理论［J］．自然辩证法研究，2007（06）：80-83+91.

② 田鹏颖．社会工程：风险社会时代的重要哲学范式——兼论哲学研究范式的历史转向［J］．科学技术与辩证法，2007（04）：80-83+112.

策、重大决策、重大改革措施、重大工程建设项目、重大活动等。①

（三）社会风险与工程风险的关系

工程风险是工程活动中尚未发生但存在隐患的状态，是工程事故的诱因。任何工程活动都不可能是绝对无风险的，但需要将风险控制在一个合理的、安全的范围内，避免工程事故的发生。如何管理及规避工程运行期间的社会风险，是保障工程得以正常运行的关键之一，也是在工程运行过程中必须要面对和解决的问题。工程活动并不仅仅是改造自然活动的自然工程，还是受到社会因素制约的社会工程，社会中的许多因素，包括政治、经济、文化等都会对工程活动带来影响。同时，工程活动本身所固有的不确定性以及潜在风险，可能会由于规避不当，从而给社会经济、生态环境、历史文化等带来巨大危害。由此可见，工程与社会的相互作用不可避免地会带来社会风险。

（四）如何合理分担社会风险

由于我们无法做到彻底避免工程活动引发的社会风险，所以我们能做的就是合理规避和分担社会风险，将社会风险产生的可能性以及损失降到最低。在实施工程活动时，要遵循客观规律和践行以人为本的原则，注重可持续发展。除了考虑经济效益以外，还必须将工程项目对文化、环境等因素的影响考虑在内。具体而言，要关注利益相关者的诉求，尤其是针对弱势群体的关注，以保证公众对于风险的知情权。有些利益相关者虽未直接参与工程活动，但却是工程实施或完成之后产生的实际效果的承担者，如何处理这些利益关系，促进利益相关者对工程建设的有效参与，优化工程建设实施方案，是规避和合理分担工程社会风险的重要工具和手段。

案例：印度电网瘫痪事故

事故回放：

2012 年，印度北部和东部地区 7 月 30 日和 31 日连续发生两次大面积停电事故（见图 3-6）。首先导致了包括首都新德里在内的整个北方电网的崩溃，影响供电负荷 3 567 万千瓦，交通、供水等系统一度陷入瘫痪状态。随后

① 朱德米，平辉艳．环境风险转变社会风险的演化机制及其应对［J］．南京社会科学，2013（07）：57-63+86.

东部和西部电网的电力支援使得部分地区电网在当天迅速恢复供电。事故导致全印度28个邦中的20个邦断电，共影响供电负荷约50 000 MW，超过6.7亿人口受到了停电的影响，相当于整个欧洲的人口。停电持续了三天，直到8月1日印度全国供电系统才完全恢复。突如其来的断电导致交通陷入混乱，全国超过300列火车停运，首都新德里的地铁也全部停运，造成旅客大量滞留，公路交通出现大面积拥堵，一些矿工被困井下，银行系统陷入瘫痪，一度给印度的金融交易带来障碍。印度发生的停电事故，覆盖了一半以上的国土，直接影响6亿多人的生活，是整个南亚国家11年来最严重的停电事故。

(1)

(2)

图3-6 印度电网瘫痪场景

（图片来源及文字参考：搜狐网、蜂鸟网）

事故原因：

一是印度电网网架薄弱，事故前线路大量停运进一步削弱网架结构。线路停运大幅削弱了印度电网的网架结构，为大停电事故的发生埋下了隐患。

二是低频减载未能充分发挥作用。印度电网中普遍配置了低频切负荷装置，但印度中央电力企业如国家电力公司为缩减电网维护成本，低频减载投入普遍不足。因而在电网频率大幅下降时，未能及时切除足量负荷。

三是体制存在弊端，国家/区域电力调度中心不具备统一调度职权。印度电网管理借鉴美国模式，国家电力调度中心在各个邦超负荷用电情况下只能通过电监会下达处罚通知，没有权力和适当方法限电，即使是在电网安全紧急情况下，也没有调控权对系统进行调整和控制，极易出现大的安全稳定事故。

事故反思：

1. 以上案例中引发了哪些社会风险？为什么会带来这些社会风险？

2. 针对案例中所引发的社会风险，如何做到合理承担？

三、履行相应社会责任

工程活动的主体应当履行相应的社会责任，工程活动的主体包括政府、企业、工程师或工程师共同体，各类主体应当履行其相应的社会责任。德国哲学家汉斯·尤纳斯所倡导的"责任伦理"，就是强调充分考虑到技术可能后果的责任、对可能受技术影响的未知人群的责任、对人类命运和社会进步的责任。

（一）工程活动中的政府社会责任

政府在工程活动中要承担对社会的责任。政府可能是整个工程活动的投资者、管理者或者利益相关者。政府可以通过多种方式对工程的规划、建设、检验等环节施加影响。政府政策的制定需要兼顾各方利益，广泛征集各方面的意见，引导工程活动和工程人员的行为。政府要发挥监督与评估作用，加强质量监督与评价。不仅要在施工阶段进行监督，同时也要将设计和决策阶段纳入监督范围，且对工程活动中的各类人员进行监督，防止徇私舞弊、偷工减料问题的出现。通过政府的引导和监督，使相关人员关注到工程活动各类利益相关者的需求，实现公平。

（二）工程活动中的企业社会责任

广义上来看，企业社会责任（corporate social responsibility，CSR），是指企业应该承担的由社会谈判所形成的关于现代产品质量的社会协议义务，是企业基于自身形象考虑而对社会利益相关者的友好回应①。工程活动中的企业不能只以利润为重，除了对企业股东负责之外，也应该对其他的利益相关者承担一定的责任，实现经济利益和社会公平的动态平衡。企业应关注到工程的质量品质，关心人的劳动权利，实现环境保护等。

（三）工程活动中的工程师社会责任

工程师在工程活动中的个体伦理责任不等于职业责任。职业责任是工程师履行本职工作时应尽的岗位（角色）责任，而伦理责任是为了社会和公众利益需要承担的维护公平和正义等伦理原则的责任。工程师的伦理责任一般说来要大于或重于职业责任，有时候甚至可能与职业责任相冲突。如果工程师所在的企业做出了违背伦理的决策，损害了社会和公众的利益，那么简单地恪守职业责任就会导致同流合污，而尽到伦理责任才能够切实保护社会和公众的利益。

工程师在工程活动中的共同伦理责任是指工程共同体各方共同维护公平和正

---

① 刘诚．企业社会责任概念的界定［J］．上海师范大学学报（哲学社会科学版），2006（05）：57-63.

义等伦理原则的责任。承担共同伦理责任的目的在于：从工程事故中反思伦理责任方面的问题，提高工程师群体的社会责任感和工程伦理意识，形成工程伦理文化氛围。

案例：大连港“事故池”

事故回放：

大连港7·16事故的发生为其开创了“负责任创新”港口建设典型范例的新时代。2010年7月16日，大连港附近一条输油管道在作业中发生爆炸，导致大量原油泄漏，严重污染海域环境（见图3-7）。为避免此类事件的再次发生，实现经济效益、环境效益与社会效益的兼顾，大连港于2011年成立专家组立项研究海港事故池工程。经过实践探索，大连港于2013年在“负责任创新”理念指导下成功建设了新型围堰式油化品事故池，走出了一条具有创新性、实效性且严格对社会负责的港口建设新路。

(1)　　(2)

图3-7　大连港“7·16”爆炸现场及事故原油泄漏现场

（图片来源于及文字参考：腾讯新闻、新华网）

事故原因：

一是事故主体各方社会责任的缺失与相关管理的缺位。一方面，事故相关主体存在违法生产危险物品“脱硫化氢剂”、违规承揽加剂业务、违规进行加剂操作等问题。另一方面，事故中签订的原油硫化氢脱除处理服务协议未经必要的安全审查，施工主体对这一危险作业也未及时提出合理的实施方案与必要的风险规避意见，各环节各主体都存在监管工作缺失的事实。

二是大连港原油罐区缺少事故池设计。在“负责任创新”理念指导下，大连港2013年新建的事故池具有“三纵”“三横”的事故水应急系统，可在类似事故发生后尽可能阻断事故水流入海洋，从而保护海域环境。可在此之前，大连港并无这一设计，在输油管爆炸后，无事故池阻拦原油，因而造成了严重的环境污染。

事故反思：

1. “负责任创新”如何理解？“负责任创新”对工程建设有哪些益处？该如何落实这一理念？

2. 工程主体需要考虑的社会责任包含哪些方面？

3. 如何看待自然环境与社会责任的关系？

第五节 追求卓越：让工程更好地造福社会

追求卓越是工程活动的最高境界，它不仅通过工程的方式创造出更多造福人类的人工物，而且可以使社会大众尽可能地规避风险、享受福祉。从工程环节上看，在工程设计、工程建造和工程维护过程中都应当追求卓越。

一、追求卓越的工程环节

（一）工程设计中如何追求卓越？

工程设计是工程活动的核心与开端，它包括人造物的设计部分，以及建立和规划人造物独特工程架构的过程。工程设计将所有工程活动联结成一个整体，是最能体现工程师工作内容的活动，构成了工程的本质。可见，工程活动要更好地造福社会首先要从追求卓越的工程设计开始。

在传统意义上，工程设计主要致力于实现人工物的使用价值、经济价值、美学价值等，但却缺少对道德价值和人文关怀的考量。因此，除传统意义上对实用性、经济性、美学性等价值的追求，在现代社会中的工程设计应该进一步丰富其伦理意蕴，以达到追求卓越的最高境界。首先，追求卓越的工程设计应当以服务大众为设计目的。在春秋战国时期，部分思想家便已经注意到工程设计中的服务大众的伦理关怀。儒家提出技术要“以仁为本”，孔子曾讲“志于道，据于德，依于人，游于艺”，孟子批评白圭“以邻为壑”的治水方式。此外，墨子学派主张“兼利天下”，批评公输盘制造云梯帮助楚国攻打宋国。其次，追求卓越的工程设计是要考虑自然资源的有限性，确保可持续发展的设计。我国著名水利工程都江堰，其建造材料皆来自自然界的竹子、沙石和木材，并就地取材，其布置灵活简单，不会对当地生态造成不利影响，也便于后期的修理与完善工作。① 最后，追求卓越的工程设计还应当是造福社会的设计。以京沪客运专线为例，全线影响区域内就分布着900多个居民区、学校、医院等噪声敏感点。如何将对社会组织和场所的影响降到最低，最大化达成造福社会的目标是设计师的重要诉求。②

（二）工程建造中如何追求卓越？

工程建造是工程活动的必要环节，它直接决定了工程活动的好坏。要推动工程建造在实践中达到追求卓越的境界，应该采取合理途径，掌握必要的方法。

首先，工程建造要“精益求精”。先秦时期道家的“庖丁解牛”，就是注重技术活动中操作者与工具的和谐，追求“技艺”更高境界的表现。工程建造追求卓越是一个由量变到质变的过程。因此，在工程建造上追求卓越，就是要细化和完善各项标准，追求更高水平的规范化、程序化和标准化建造。其次，工程建造要“与时俱进”。生产力决定生产关系，经济基础决定上层建筑。工程建造也并非是一成不变的，只有在历次科技革命中及时地抓住时代机遇，才是工程建造不断追求卓越的表现。随着新一轮科技革命的兴起，工程建造也应该从传统的工业文明向信息文明、生态文明迈进。最后，现代工程建造追求卓越更要融入伦理因素，管控和规避风险。工程建造最重要的特点之一是系统化程度高，这也意味着其中包含诸多需要协调管理的因素，工程风险会贯穿工程建造始终。西方近代以前以及近代初期的科学技术与工程伦理，注重功利主义伦理学，强调科学技术与工程为人类造福。尽管注意到了为绝大多数人谋福利的宗旨，但比较忽视对生态环境和社会文化的影响。“征服自然”的口号最初具有伦理意义，但后来却带来了未曾预料的副作用。而中国古代强调“以道驭术”，包括用伦理道德制约技术的发展，崇尚节俭，反对奢侈浪费和“奇技淫巧”，主张工程技术要有利于社会稳定和国计民生。可见，管控风险和协调多种因素之间的关系，也是工程建造追求卓越过程中不可缺少的一环。

（三）工程维护中如何追求卓越？

所谓工程维护是指人类为了保证已建成人工物处于正常工作状态而进行维护、

---

① 付成华，王兴华，刘健，等．都江堰工程对现代水利工程的伦理启示［J］．四川建材，2021，47（10）：178-180+184.

② 王进，彭妤琪．工程设计的伦理意蕴——基于中国高铁设计的分析［J］．昆明理工大学学报（社会科学版），2018，18（01）：25-31.

保养、改进等活动的总和。工程维护是工程活动的事后环节，它是人类对所属工程活动负责任的表现，也是保障人民生命和财产安全，以及推动工程造福社会的必要保障。对工程维护的重视与革新，是人类工程活动追求卓越的重要表现之一。

在工程维护中追求卓越，首先要建立行之有效的维护管理制度，并保障维护管理制度的延续性。以都江堰水利工程为例，自秦朝建成之时都江堰就已经设立了相应的维护管理体制。直至新中国成立后，其维护管理体制形成了以国家为主导，统筹协调各级区域的综合管理方式。正是由于都江堰维护管理方式的延续性，保障了都江堰自建成以来的实用性不减。其次，在工程维护中追求卓越还要推动维护管理理念与时俱进。任何伟大的工程都不是一劳永逸的，随着时代和观念的转变，工程的维护和管理也会发生变化。例如都江堰水利工程在2000多年的运行维护中经历了不断改进、完善功能、扩大效益的过程，不断总结、完善、发展历朝历代治水先贤的治水思想，体现出与时俱进、追求卓越的特点。最后，工程维护与现代技术的紧密结合也是追求卓越的必经之路。一方面，工程维护的管理体制并不是固定不变的，它需要依据具体情境和实际情况而变。另一方面，随着人类工程活动经验和技术的不断丰富，工程维护也要不断吸收现代管理体制和现代维护技术的有益方面进行补充。如都江堰水利工程在1974年以后，于外江口建造永久性水闸取代杩槎实现围堰和泄洪等。

二、追求卓越的实践方法

（一）工程伦理的实践有效性

要保证工程伦理在实践中产生实际效果，应该采取合理途径，掌握必要的方法。这里需要涉及三个环节：解释环节、操作环节和对话环节。

1. 解释环节

将伦理原则与工程实践具体情况相结合，使相关人员了解工程伦理问题的性质和具体表现。这里的核心问题是促进“职业视角”与“社会视角”的融合。一方面，向工程技术人员指出单纯“职业视角”的局限性，发现其中的问题，运用工程伦理原理对具体问题进行分析；另一方面提供观察问题的“社会视角”，使工程技术人员了解工程伦理问题可能产生的后果和社会影响，以及解决工程伦理问题的方法。通过解释达到理解，需要工程师和伦理学家的共同努力。

2. 操作环节

将工程伦理原则、道德规范与工程实践具体环节相联系。（1）努力在工程设计环节充分考虑工程伦理因素，使工程“嵌入”积极的伦理价值，降低工程实施和使用过程中的工程风险。(2) 重视道德直觉在工程实践中的引导作用。通过工程技术的深层体验与伦理原则的深度沉思，培养工程实践中的伦理敏感性与道德想象力，做出及时而有效的道德决策。(3) 了解相关的工程伦理知识和案例，善于说服和劝导相关的工程技术人员，唤起道德良知。(4) 熟悉相关的工程管理知识和法律法规，利用必要的社会资源支持符合工程伦理原则的实践活动。(5) 积极寻找符合工程伦理要求的工程技术替代方案，努力实现经济效益和社会效益的协调。(6) 克服各种阻力，有效防范可能出现的打击报复行为。

3. 对话环节

对话环节包括工程师、伦理学家、公众及其他利益相关者之间的对话，目的在于加深相互了解，提高“解释”和“操作”环节的准确性，协调相互的利益关系。基于商谈伦理学，工程伦理学的对话包含三种不同层面：职业、舆论与制度。职业层面的对话在工程技术人员之间进行，致力于保证具体工程项目中利益分配的公正。舆论层面的对话在工程技术人员与公众和媒体之间进行，致力于从社会舆论层面对工程实践开展实时监督。制度层面的对话在工程技术人员和管理人员之间进行，致力于通过制度化途径为公众利益的有效实现提供制度保障。

案例：荷兰鹿特丹港二期工程

案例回放：

荷兰的鹿特丹港被称为“欧洲的门户”，是欧洲至关重要的货物集散中心、最大的炼油基地和最大港口，也是国际贸易中心和国际航运枢纽（见图 3-8）。鹿特丹位于北海和莱茵河口，具有得天独厚的地理位置，且气候适

(1) (2)

图 3-8 荷兰鹿特丹港

（图片来源及文字参考：视觉中国、搜狐网、搜航网）

宜，港口四季不冻，可全年通航。近年来欧洲经济出现疲态，鹿特丹港的货运量却在稳步上升，这得益于鹿特丹港对“负责任创新”“可持续发展”等理念的严格落实。2008 年鹿特丹港在马斯平原港区启动了二期建设项目，投入 30 亿欧元，于 2013 年中期顺利完工。这一工程进一步提高了自动化操作水平，使该港区的年操作容量进一步攀升。与此同时，该工程各环节都充分考虑各方面伦理问题，将各利益相关方对此工程的伦理思考与意见落到了实处。

案例分析：

1. 解释环节：马斯平原港区二期项目在规划设计初期就充分考虑了工程可能带来的一系列伦理问题并力图最大程度规避问题。项目以“对环境友好，使人类宜居”作为出发点，希望项目在实现港口优化的同时，确保改善港区居住环境，最大限度保障居民利益，实现了“职业视角”与“社会视角”的兼并融合。

2. 操作环节：马斯平原港区二期项目在建设过程中将工程伦理的考虑落实到了各个具体建设细节当中。例如，建设中为确保环境效益，以铁路和水运交通代替公路交通，从而减少二氧化碳排放。

3. 对话环节：鹿特丹港栖息的鸟类死亡问题引发了“地球之友”组织的不满，迫使该工程暂停建设。为协调相关利益方意见，鹿特丹港组织了包含政府机构、非政府组织方及港口管理方的圆桌会议，以协商对话方式听取各方意见并达成框架协议。

案例思考：

1. 工程建设中的对话环节应在工程的哪一阶段开始进行？

2. 工程伦理的实践有效性需要多方的努力与合作，不同利益主体各自应如何确保效果最优化？

（二）工程伦理的“知行合一”

工程活动从根本上看是人类发挥自身主观能动性改造客观世界的活动。工程活动要达到追求卓越的境界，离不开对工程活动主体追求卓越精神和能力的培养。要保证工程师在工程伦理实践中追求卓越、精益求精，应该采取合理途径培养工程师的“知行合一”能力。“知行合一”是明代思想家王阳明的主张，他的“知行合一”具有特定含义，主要强调伦理意识和道德行为的统一。这里“知”特指伦理意识，即“良知”；而“行”特指道德行为，即在实践中体现伦理意识。伦理意识一定要落实在道德行为上，才是真正的“知”；而行为一定要体现道德的要求，才是真正的“行”。

显然，“知行合一”的“合一”指的是“知”与“行”融为一体，要提高伦理意识必须通过道德实践（“致良知”中的“致”就是“行”），因此道德教育必须通过道德实践，增强道德体验，培养道德情感，提升道德境界，最终达到“良知”，即“直觉的知识”。因此，追求卓越的工程伦理教育分为四步。第一步，传授工程伦理知识。通过课堂教育传授工程伦理知识，是工程伦理教育的第一步，也被称为“嵌入式途径”。课堂上，预先讲授工程伦理学的理论基础、伦理原则、行为规范、评价标准，以及工程技术实践中的具体问题，并且要用典型案例说明问题。第二步，引导工程师形成自觉的伦理意识。在传授工程伦理知识的基础上，还需要引导工程师形成自觉的伦理意识。包括引导工程师学会在具体的工程技术事件中识别出伦理道德问题，引导工程师明确工程技术人员在工程实践中的道德责任，引导工程师了解工程技术人员在工程实践中的一般性道德规范和特殊性道德规范，引导工程师学会对工程技术发展中出现的新情况进行伦理反思。第三步，培育工程师的道德情感。道德情感是对伦理原则和道德规范的一种敬重感，是自觉的伦理意识的深化。工程伦理教育中的道德情感培育，体现为使工程师具备强烈的社会责任感、正义感和道德良知，对违背工程伦理的不良倾向极为反感。第四步，使工程师具备实施道德行为的能力。工程技术活动中面临的伦理问题是复杂的、多样化的，实施道德行为有可能面临各种风险，包括个人可能受到打击报复、处理一些违背工程伦理的现象会遇到各种社会阻力、由于涉及某些利益相关者而受到排斥和孤立，等等。如何使工程师学会用机智巧妙的方式实施道德行为，既能够保护公众利益和国家利益，又能维护好个人的切身利益，这是至关重要的，也是工程伦理教育追求卓越的关键环节。

第六节　“新工程”与“新创造”背景下的“好工程”

一、“新工程”如何成为“好工程”

“新工程”是人们运用现代科学知识和技术手段，在社会、经济和时间等因素的限制下，为满足社会某种需要而创造新的物质产品的过程。“新工程”具有科学性与高科技化、目的性与社会性、综合性与集成性、不确定性与风险性、方案的择优性与评价的多维度等特征，已经远远超出了纯经济、纯技术的范畴，更是一项越来越复杂的社会活动。为满足基础设施工程建设的需要，我国开展了大量的工业活动和工程活动，与之相伴的工程事故、伪劣工程等问题也时有发生。因而，要想使“新工程”成为经济维度、社会维度和伦理维度等各方面完善的“好工程”，需要从其特征入手进行完善。

（一）科学性与高科技化

科学和技术发展有助于造就“好工程”。一方面，现代社会不断更新的技术成果和不断深入的工程学研究为各项工程活动的开展和“新工程”的造就提供了重要的知识基础和科学理论指导。另一方面，高新技术的突破和发展为各项工程活动的开展提供了技术支持，这些技术和工具可以扩展工程活动的经验，帮助工程技术人员和利益相关者识别和评估工程技术中的潜在问题，从而造就“好工程”。例如，虚拟现实技术可以支持和提升工程技术人员的道德想象力和价值敏感性。

（二）目的性与社会性

“新工程”是目的性强、社会性强的活动，工程活动的目的是造福于人类，满足社会发展的某种需要。工程活动往往会对整个社会的经济、政治、生态和文化的发展和变化产生深远的影响和作用。因而，一项“好工程”必然是对经济、政治、生态和文化等社会各方面有益且可持续发展的工程。

（三）综合性与集成性

“新工程”是一个复杂的体系，涉及多个利益相关者（直接利益相关者和间接利益相关者）与要素（技术、设备、资金等）。因而，一项“新工程”要想成为“好工程”，就需要尽量对各利益相关者和多种要素进行综合的优化和集成。

（四）不确定性与风险性

“新工程”的综合性与集成性使得工程活动不可避免地带有不确定性和风险性。这种不确定性贯穿整个工程活动的始终，这种风险性是潜在的和未知的。因而，一项“新工程”要想成为“好工程”，就需要尽量降低工程中的不确定性与风险性。

（五）方案的择优性与评价的多维度

一项“好工程”需要有效益最大化的方案，同时也是一个综合评价最优的工程。一方面，一个工程项目往往具有多个实施方案和实施路径，一项“好工程”必然选择效益最大化、协调度最高的方案。另一方面，如前所述，工程活动的评估也涉及经济、社会和伦理等多个维度。因而，“新工程”要想成为“好工程”，必然在工程设计的早期阶段就对工程项目进行多维度的综合评估，不仅能够预测工程项目的潜在后果，而且还将其反馈到工程项目的设计和开发过程中。

二、“新创造”如何造就“好工程”

“新创造”是指具有着眼于未来的前瞻性、公众参与的审议性、敏捷的响应性的创造。要造就“好工程”，需要对工程技术文化进行“新创造”，对社会监督进行“新创造”，对工程人才和工程伦理教育进行“新创造”。

（一）前瞻性：工程技术文化的“新创造”

富有中国特色和结合中国实际的“新创造”是造就“好工程”的必要条件。对工程技术文化进行“新创造”需要从两个方面把握。一方面，需要对中国传统文化中的合理成分进行创造性转化和创新性发展①。中国特色，不是简单地回归中国的传统文化，把中国古代的思想宝库照搬过来，而是要挖掘、提炼中国传统文化中的合理成分和现代价值，并对其进行创造性转化和创新性发展，从而使古老的中国思想智慧具有一种现代形式。另一方面，需要对中西方工程技术进行比较，挖掘二者发展阶段、文化传统和思维模式等方面的异同点，总结工程技术文化发展的经验和教训，在比较中发展中国工程技术文化。

（二）审议性：社会监督的“新创造”

加强大众传媒和社会舆论等社会要素对工程技术活动的监督对于“好工程”的造就具有重要意义。一方面，社会监督的“新创造”在客观上促进了工程技术人员科技伦理意识的养成，同时也提升了公众的科学文化素养，从外部推进“好工程”的建设和发展。另一方面，社会监督可以使公众广泛参与到科技伦理问题的判断与反思中，使得工程建设活动引入多方观点，在推动工程建设活动更加综合全面的同时，也促进和提升了工程活动的民主、公平和正义。

（三）响应性：工程人才和工程伦理教育的“新创造”

高质量的工程科技人才和优质的工程伦理教育模式的“新创造”有助于提升工程活动过程中对各种问题与变化的响应性。德才兼备的高质量工程科技人才是一项工程成为“好工程”的重要保障，而德才兼备的高质量工程科技人才的成长成熟离不开工程伦理教育的发展完善，这也是我国新时代工程教育改革创新的重要攻关方向。工程伦理教育能够将科技伦理的观念和理论转化为科技工作者自我的道德意识，进而指导其工程实践活动。我国工程伦理教育不断发展和完善，为“好工程”的造就培育和输送了一批批优秀的工程技术人才，在推动我国经济建设

---

① 张志会，王前．关于技术哲学的国际视野和中国特色的思考——王前教授访谈录［J］．哲学分析，2017，8（03）：162-172.

和社会发展的同时，也使得我国在成为工程强国的道路上不断前进。

讨论案例：南水北调

南水北调工程是我国的战略性工程，主要包含三条线路。东线工程以江苏扬州江都水利枢纽为起点，中线工程以汉江上游丹江口水库为起点，西线工程尚处于规划阶段，还未开工。南水北调工程首次设想源于1952年毛泽东视察黄河时提出的一个想法，经过一系列详尽调查与认真规划，2002年12月工程正式开工。南水北调工程预计建设时间40~50年，建成后可实现448亿立方米的调水规模，可解决700多万人的饮水问题。截至2022年年初，已投入使用的中线、东线工程已累计向北京、天津、河南、河北、山东调水500亿立方米，1.4亿人从中受益。如今，水利部在完善和维护东线与中线工程的同时，也将根据实际情况分期开展西线工程的建设。南水北调工程的建设，充分展现了工程对于社会效益、经济效益、生态效益的全面兼顾，是工程伦理在理论与实践上的双重落实。

思考题：

1. 结合本章内容，你认为南水北调工程符合“好工程”标准吗？具体体现在哪些方面？
2. 通过了解南水北调工程的建设过程，分析该工程在各个环节是如何兼顾社会、经济、生态效益的？
3. 结合本章知识与案例内容，请思考南水北调工程是如何在工程设计、工程建造、工程维护的不同环节追求卓越和造福社会的？

本章小结

评价一个工程是不是“好工程”需要从经济、社会、伦理等多个维度去考虑，它们共同构成了“好工程”的评价标准。从伦理道德来看，“好工程”的基本伦理原则，包括以人为本原则、社会公正原则、和谐发展原则。以人为本原则要求充分保障人的安全、健康和全面发展，防止为了商业需要而损害人的利益。社会公正原则要求尊重和保障公众的基本权利，注重不同群体间资源与经济利益分配上的公平正义。和谐发展原则要求工程实践不仅要遵循自然规律和社会发展规律，还应当追求人与自然、人与社会、人与人之间的和谐共处，追求美好、和谐的未来。其中，坚持以人为本原则是守住底线的要求、坚持社会公正原则是实现公平的要求、坚持和谐发展原则是追求卓越的要求。从实践层面看，“新工程”如何成为“好工程”和“新创造”如何造就“好工程”，离不开工程活动的三个方面。在工程设计、工程建造和工程维护中，工程师对卓越境界的追求，也离不开人们运用现代科学知识和技术手段，推动工程技术、体制、管理、伦理原则等方面与时俱进。

重要概念

好工程　以人为本　伦理原则　新创造　知行合一

练习题

延伸阅读

［1］Smith Nicole M，Zhu Qin，Smith Jessica M，et al. Enhancing Engineering Ethics：Role Ethics and Corporate Social Responsibility［J］. Science and Engineering Ethics，2021，27（3）.

［2］王前，朱勤．工程伦理的实践有效性研究［M］. 北京：科学出版社，2015.（第3-5章）

［3］Heidi Furey，Scott Hill，Sujata K. Bhatia. Beyond the Code：A Philosophical Guide to Engineering Ethics［M］. London：Routledge，2021.（第6章）

［4］赵延东．解读“风险社会”理论［J］. 自然辩证法研究，2007（06）：80-83+91.

第四章　如何成为卓越的工程师

学习目标

1. 从职业的角度了解和把握工程师的“卓越”要求内涵。
2. 了解并熟悉工作场所中的利益冲突的特点及其防范原则。
3. 了解并熟悉工作场所中的角色冲突的特点及其防范原则。
4. 从工程师职业的角度理解“德才兼备，以德为先”。

引导案例：在“唯一”中创造出“第一”

港珠澳大桥是桥、岛、隧一体化的世界级交通集群工程，东接香港，西连珠海、澳门，总长近55千米，设计使用寿命120年，总投资超过1 000亿元，是我国继三峡工程、青藏铁路、南水北调、西气东输、京沪高铁之后的又一重大基础设施项目，堪称“世界级工程”。其中，中交联合体承建的岛隧工程，包括1条5.6千米的深埋沉管隧道和2个10万平方米的外海人工岛，是整个项目中实施难度最大的部分。特别是近6千米的深埋沉管是当今世界上综合难度最大的沉管隧道。面对顶级难题，总工程师林鸣表现出中国建设者的严谨与自信——要用中国人自己的勇气和智慧，在“唯一”中创造出“第一”。

2017年5月2日，港珠澳大桥6.7千米深海沉管隧道，距离最终合拢仅剩最后的12米。在安装海域的指挥船上，林鸣和同事们都在焦灼地等待着，最终接头的吊装沉放“安装成功”，却出现了横向最大偏差17厘米、纵向偏差1厘米的手工测量结果。在林鸣看来，要实现世界水平工程，就不能容忍任何瑕疵。2017年5月3日，港珠澳大桥沉管隧道接头再次对接，两小时内，林鸣下达了700多次口令，不断调整精度，在连续工作38小时后，E29、E30沉管终于焊接形成整体。测量显示，东西向偏差0.8毫米，南北向偏差2.6毫米。至此，6.7千米的沉管隧道永久结构胜利贯通，更创下了6 000吨级别毫米级的对接精度以及滴水不漏的世界工程纪录。

引言　德才兼备方可造福社会

修齐治平、立德修身是中华民族的优秀传统。从墨子的“士虽有学，而行为本焉”（《墨子·修身》）到三国时期的“士有百行，以德为首”（《三国志》）；从司马光的“才者德之资，德者才之帅”（《资治通鉴·周纪一》）到曾国藩的“德需才辅，才需德主”（《曾文正公全集》）；从新中国成立伊始的“我们各行各业的干部都要努力精通技术和业务，使自己成为内行，又红又专”①到新世纪初的“培养和造就科技人才要注重德才兼备”②。可见中华民族传承至今的人才标准是“德才兼备、以德为先”。

从人才的角度讲，在朝向新时代阔步迈进的当代中国，判断工程师的“卓越”标准依然是德才兼备。所谓德，就是要求工程师必须将社会公德、职业道德和个人道德统一于自身，具体来说，就是要有家国情怀和使命担当，有强烈的职业责任心和社会责任感；所谓才，就是才能，就是要求工程师必须有扎实的理论基础、丰富的工程实践以及必要的社会交往能力。

在第四次工业革命风起云涌的当今世界，工程师面临的主要挑战不仅来自新技术的快速更新与迭代，更多的来自“非工程”方面——如何正确认识和对待技术、工程、人与自然的关系、与社会的关系以及与自身发展、社会发展的关系等问题。这就要求工程师除了必须具有较全面的专业知识和较高的专业才能，还应该具有较强的社会责任意识，能够关心并能通过自己的职业活动正确影响国家和社会的发展，而不仅仅满足于做一个只埋头干活的专业技术人员。意大利著名诗人但丁有句名言：一个知识不全的人可以用道德弥补，而一个道德不全的人却难以用知识弥补。作为职业工程师，“有才无德会坏事，有德无才会误事，有德有才方能干成事”③，以德御才，德才兼备，方能以己所学、以己所能、以己所长造福社会。

---

① 毛泽东文集（第七卷）[M]. 北京：人民出版社，1999：309.

② 江泽民. 论科学技术[M]. 北京：中央文献出版社，2001：60.

③ 习近平谈治国理政（第四卷）[M]. 北京：外文出版社，2022：505.

第一节　工程师的职业角色

工程师是近代之后兴起的社会职业，也是伴随着工业革命的兴起而出现的一个新兴的社会群体。像医生、律师、会计师和其他需要特殊知识与专业知识以胜任工作的人一样，他们通常将自己视为专业人士（professionals）。从历史上追溯，“职业”（profession）最早的含义涉及一个人对宗教秩序的立誓活动——“公开声称”成为某一特定类型的人，并且承担某一特殊的社会角色，这种社会角色伴随着严格的道德要求。而在中文的语境里，“职业”与“行业”似乎难以区分。

一、工程行业与工程师职业

“行业”“产业”和“职业”都是从经济与社会的维度关注“物”的功能与消费，所不同的是，“行业”和“产业”的视角中缺位“人”的作用，而“职业”则是以“人”为核心来看待“物”。

行业是指按生产同类产品或具有相同工艺过程或提供同类劳动服务划分的企业或组织群体的集合，它是以产业的思维关注“物”及其功能与消费。根据国家统计局2017年发布的《国民经济行业分类》（GB/T4754—2017）①，我国现有14个专业工程行业大类，包括房屋建筑工程、冶炼工程、矿山工程、化工石油工程、水利水电工程、电力工程、农林工程、铁路工程、公路工程、港口与航道工程、航空航天工程、通信工程、市政公用工程、机电安装工程。14个专业工程行业大类下细分若干具体工程行业类别，比如煤矿工程、核化工及加工工程、铁路隧道工程、燃气热力工程、机械工程、电子工程等。

职业把社会中的人们以“集团”或“群体”的形式联系起来，而这个职业“群体”从一开始就是有一定目的或一定意图并担任一定社会职能的。从这个意义上说，职业是一种社会组织的形式。广义上讲，职业是提供谋生手段的任何工作，并公开地宣称将以道德上允许的方式服务于道德理想。但是，“职业”在工程领域中的意义，涵盖了高深的专业知识、独立的判断、自我管理和协调一致的服务，并让工程师这一“职业”表现为遵循伦理章程中明确表达的公共善的工作形式。

① 参见国家统计局网站。该标准参考联合国统计委员会制定的《所有经济活动的国际标准行业分类》（2006年，修订第四版，简称ISIC Rev. 4）编制，与ISIC Rev. 4的一致性程度为非等效。该标准对“行业”的定义为“从事相同性质的经济活动的所有单位的集合”。

我们可以看出“工程师”的基本职业特征是：必不可少的专业知识和技能，自主进行职业判断，强调职业的道德使命、责任与理想。

在工业革命的初期，工程师要么作为工匠的角色出现，要么受政府的军事机构和经济单位的业主雇用；19 世纪，学徒制的盛行让“工程师”进入企业的科层制结构。在 20 世纪早期的美国，工程师的角色代表了职业理想与商业要求之间的妥协，于是，在职业理想与商业要求之间，工程师们开始寻求建立统一的职业社团来寻求职业独立和自主，以抵制商业力量对工程职业的影响。工程职业社团的形成、职业标准的设立以及强调职业道德使命的伦理章程的建立，标志着工程职业的正式兴起。

二、职业共同体及其自治

埃米尔·涂尔干（Emile Durkheim）认为，社会分工直接产生职业，职业共同体产生于人们共同参与的活动、交往、关系和委身的事业中。① 职业共同体对外代表整个职业，向社会宣传本职业的重要价值，维护职业的地位和荣誉；对内，职业共同体制定执业标准，通过研究和开发促进职业发展，通过出版专业杂志、举办学术会议和进行教育培训，增进从业人员的知识和技能，提高专业服务水平，并且协调从业人员之间的利益关系（例如，历史上美国工程师协会曾经规定不允许工程师参与竞争性招标，不得批评工程师同行的工作表现等）。

专栏：职业共同体的功能

职业共同体的形成为职业自治（professional autonomy，也可译为“职业自主”）提供了现实条件。自治（autonomy）是职业的根本特性——当某种职业掌握着其成员的招募和资质，并通过设定恰当的实践标准来定义或者调控职业服务的性质时，也就是建立职业的行为规范和技术规范时，就形成了这个职业的自治。其中，行为规范强调的是“社会机制”，相应地，技术规范则强调职业共同体的“自我机制”。特定行业的职业共同体强调本行业的特质以区别于其他行业，强调

① ［法］埃米尔·涂尔干. 社会分工论［M］. 渠东，译. 北京：生活·读书·新知三联书店，2000.

行业内部成员的特质以区别于非本行业成员。在具体行业的特质方面，自治意味本行业涉及一个专门的知识领域、本行业的职业共同体坚持利他主义而非追逐私利、有自身的伦理章程和准入门槛，并为社会提供服务。

三、从自治走向治理

“治理”概念的兴起源于人们对两个极端的管理理念的不满：传统的管治理念过于看重自上而下的控制；自治理念又过于强调自主与自律，忽略他律。迄今为止，“治理”的概念并没有一个准确的定义。20 世纪 90 年代初，“治理”概念引入中国学界。在中国共产党第十八次全国代表大会报告中，第一次正式采纳了“治理”这一术语，并不断探索具有中国特色的治理理论与实践。

基于中国的治理实践，治理有五种基本含义：第一，治理的对象是问题或难题。当我们说“某某治理”时，显然我们是把“某某”问题作为治理的对象。例如，环境治理，显然，治理的对象是环境问题；当我们说“气候治理”的时候，治理的对象不是气候本身，而是导致气候变暖的生活方式与生产方式——人类的生活和生产活动导致的碳排放增加所造成的气候变暖。第二，参与主体的多元性。一个组织的内部问题，显然属于管理的问题。一个组织的外部问题，其自身是无法解决的，这就涉及参与主体的多元性。第三，过程的协商性。治理的过程涉及利益冲突或者利益不一致的各方主体，治理强调的是，在磋商的过程中达成一致。第四，法治、德治与权治的结合。法治与德治实际上是两个极端：以法律和法规为核心的法治是强制性的法律要求，德治则是一种基于道德的自愿性服从行为；而权治指的是政府行政部门和各类社会组织制定的规章制度和政策，这些规章制度和政策是介于这两者之间的，在一定的范围内，它们既具有强制性，又具有自愿性。第五，以善治为理念。治理是基于人类命运共同体的理念而展开，坚持“人民中心论”治理理念，以实现共同的善。工程的社会治理指的是对工程所引发的社会问题进行治理，它主要包括（1）工程社会治理的三元框架：法治、德治与权治，（2）工程治理的四维时代：政府—行业—企业—公众。

职业自治的实质映射了治理理念。在职业自治过程中，职业的高度专业性话语产生了恰当的工作身份、行为和实践，其中也隐含控制性和受控性这种双向逻辑：一方面，对外宣布本职业在专业领域的自主权威，包括职业内部制定的职业规范以及非书面形式的“良心机制”；另一方面，职业共同体所实施的行为受职业以外的社会规范的牵制，这些社会规范包括政府或非政府规章、法律制度、社会习俗。前者所体现的是职业内部的力量，对职业自主地自我管理，即自律；后者所体现的是职业的管理手段，对社团的外部互动和应对，即他律。这两个向度的管理构成了职业治理的内容。

工程社团是工程各行业的职业自我管理或治理的组织形式。工程共同体的职业治理融合他律与自律要求，它以工程社团为现实载体，通过制定职业的技术规范与从业者的行为规范方式，实现对工程职业及其从业者的科学治理和社会治理。其中，技术规范一定程度上保证了职业团体的权威性和自我管理权力；行为规范主要通过职业社团的内部规章制度和宗旨体现出来，这些职业的规章制度在某种程度上相当于职业伦理规范。工程职业伦理章程以规范和准则的形式，为工程师从事职业活动、开展职业行为设立了“确保服务公共善”的职业标准。通过工程职业伦理章程的规范规约，工程师就会在职业活动中主动避免伦理困境，履行章程中载明的各种职业责任，促进负责任的职业行为。

第二节 工程师的职业工作

传统的工程师“职业”概念包含了两方面的基本内容：一是专业技术知识，二是职业伦理；而现代社会赋予工程师“职业”以更多的内涵，诸如组织、准入标准，还包括品德和所受的训练以及除纯技术外的行为标准，它包括工程师在其各项工作中必须遵循的法律法规、规章制度、准则及规范等。

公众的安全、健康、福祉被认为是工程带给人类最大的善。20 世纪 70 年代，“将公众的安全、健康和福祉放在首位”被确立为工程师从事职业活动的基本价值准则，西方绝大多数工程社团的职业伦理章程以外在的、成文的形式强调工程师在服务和保护公众、提供指导、给以激励、确立共同的标准、支持负责任的专业人员、促进教育、防止不道德行为以及加强职业形象这八个方面的具体责任，以他律的形式鼓励工程师在其职业工作中做正确的事，积极履行职业责任，做优秀的工程师。

一、合规建设

管理学上有个行为准则叫“做正确的事”和“正确地做事”。前者指的是决策正确，后者指的是执行方式正确。所谓“正确”，指的是不仅要符合法律、法规和政策，同时也要在道德层面是正确的。我们可以从两组概念上加以理解：一是“结果”和“过程”。“做正确的事”就是结果应该是正确的，“正确地做事”就是做这件事情的过程是正确的。二是“目的”和“手段”。目的是合法的，道德上是正当的，同时实现这个目的的手段也应当是合法的、道德上是正当的。所以，总的来说，为了实现正确的结果或者目的，实现这个结果或者目的的过程和手段也必须是正确的；不择手段地去实现一个结果或目的，就不是正确地做事。

做正确的事首先表现在合规建设。“合规”指的是，企业的经营管理及其员工的从业行为符合有关法律法规、国际组织规则、监管规定、行业准则、商业惯例和道德规范，以及企业依法制定的章程及规章制度等要求。这些法律法规、规则规定、准则规范统称为“合规规范”。合规实际上是现代企业的治理手段，合规建设就是建立健全各种规范，并在各项工作中加以贯彻执行。合规的主体是企业和员工，而不仅仅是企业。

行为规范建设是合规建设的一个部分。大部分的世界500强企业都有自己的行为规范。2017年，国家标准化管理委员会发布了ISO 19600《合规管理体系指南》。2018年，国资委印发了《中央企业合规管理指引》，首先在大型央企中进行试点。

诚信（integrity）① 是合规建设的基础，更是国内外企业合规建设的高频主题词（见表4-1）。对员工而言，“诚信”体现出个人对组织文化的认同以及对职业的荣誉感、自我奉献等方面的行为，复合表现为趋向于践履公共善的德性品质。不仅如此，“诚实（诚信）”还反映了个人在其职业生活中不畏强势、不凌弱势，既坚持正道和公义，又勇于承认疏忽和错误的信念，使得它在美德的意义上突出强调了个人须忠诚地坚守自己的职业理想并拒绝妥协。

表4-1 部分世界500强企业行为规范建设主题词

企业（简称）	行为规范建设主题词
丰田汽车	创造产品与服务，推动社会进步与发展
英国石油	指引你做出正确的决定
苹果	负责任创新，赋能于人，保护环境
优立普华	以诚信为生，做正确的事
空中客车	诚信经营
松下电器	更好的生活，更好的世界
英特尔	高度的诚信
陶氏化学	注重诚信、尊重他人和保护地球

① “诚实”与“诚信”基本上是同义词，“诚实”侧重的是对真的追求，“诚信”不仅要满足对真的追求，而且要满足可信赖的要求。

续表

企业（简称）	行为规范建设主题词
联合利华	诚信、尊重、责任和开拓
辉瑞制药	恪守诚信
美国航空	正直、诚实和绝对奉献
霍尼韦尔	诚信行事
西班牙 ACS 建筑	以诚信、职业水准和尊重的态度行事
必和必拓	持久、诚信、尊重、卓越、简明、责任
甲骨文	在所有商业交易和与他人交往时选择诚信的道路
艾伯维	诚信给人以灵感

行为规范是帮助企业和员工正确行事的指南。企业的生产经营活动是复杂的，企业不可能针对所有的行为制定出规范标准。在行为规范没有做出规定的方面，企业和员工应该怎么做？部分世界 500 强企业提供了一些供企业员工使用的自我诊断程序。当我们对一件事情是否正确存在疑虑时，可以先进行自我测试。比如，艾伯维是一家跨国生物制药公司，它提出了“六步快速自我测试法”。① 这是否合法？② 这是否符合公司的政策和程序？③ 这是否符合公认的行业惯例？④ 这是否彰显对我们诚信文化的尊重？⑤ 这是否有助于促进我们的绩效和目标？⑥ 如果我的行为被公之于众，我是否会感到自在？六步快速自我测试，最终的落脚点在第 6 步，也就是每个人的道德判断。自测的结果分三种情况：第一，如果所有问题的答案都是“是”，那么就请这样做，你的决定很可能是正确的。第二，如果有问题的答案是“否”，那么就请不要这样做，因为这有可能会给你本人、公司和公众带来风险。第三，如果对某个问题的答案没有把握，那么请和你的经理、道德与合规办公室、公司的法务部或其他可供联系的部门进行讨论。

二、技术标准、社会责任标准与伦理标准

合规，即合乎规范。从字面上来理解，合规首先要有“规”，即制定规范[①]或标准，然后按规范或标准做事，这就是“合”。合规，泛指企业在运行过程中遵守一系列规范和标准，具体包括产品质量、生产安全、环境标准、社会责任标准等，涉及承担社会责任、环境责任、反腐败、反垄断、反欺诈、反不正当竞争等内容。

① 我们通常所说的规范，也就是“标准”。“规范”是一种约定俗成的说法，而“标准”则是更为官方的说法。

专栏：标准的定义及含义

在具体的工程职业实践诸环节中，技术标准是由企业为了内部使用、由职业社团和贸易协会为了产业范围内的使用而建立起来的，它在一定程度上保证了职业社团的权威性和自我管理权力。技术标准是科研、设计、工艺、检验等技术工作以及商品流通中被共同遵守的技术依据，一般分为基础标准，产品标准，方法标准和安全、卫生、环境保护标准等。技术标准也可被规定为法律和官方规章制度的一部分，例如港珠澳大桥关键技术整体编入中国公路学会标准，并“走出去”服务我国“一带一路”倡议①。工程社团也会制定职业技术标准，其目的是保护公众免受不称职的职业人员的伤害，它要求工程师在数学、物理科学、工程科学、设计以及其他与工程实践相关的科学方面的能力要达标。

《中华人民共和国公司法》第五条②明确规定“公司从事经营活动，必须遵守法律、行政法规，遵守社会公德、商业道德，诚实守信，接受政府和社会公众的监督，承担社会责任”，企业社会责任第一次写入我国法律。企业社会责任（corporate social responsibility，CSR）指的是企业在以赚取利润为主要目标的同时需要对除了股东以外的其他社会成员承担的社会义务。其他社会成员包括企业员工、供应商、消费者、政府以及社会公众等。目前占据主流的企业社会责任标准有 SA8000 社会责任认证标准、GB/T14000-ISO14000 系列标准、联合国全球协议、国际劳工协议和 OECD 公司治理结构原则。2015 年 6 月 2 日，中国国家质检总局和国家标准委联合发布了社会责任系列国家标准，包括《社会责任指南》《社会责任报告编写指南》《社会责任绩效分类指引》。社会责任系列的行业标准包括《企业社会责任管理体系要求》（T/HBCSR DB13/T 2516-2017）、《水泥企业社会责任准则》（T/CCAS 001-2018）、《建筑业企业社会责任评价标准》（T/CCIAT 0002-2018）等。

伦理标准更多的是由各工程社团职业伦理章程所设定、以职业道德准则和行为规范的形式表现出来的评价工程师职业道德责任履行的共同标准，也可以理解

---

① 港珠澳大桥关键技术将整体编入中国公路学会标准［EB/OL］. 中国科学技术协会网站，2018-10-26.

② 《中华人民共和国公司法》1993 年年底颁布，其中第五条于 2005 年修订时增加“承担社会责任”。

为工程职业对伦理的集体承诺。在实践操作层面上，基于对工程师职业活动中产生风险的防范，世界上大多数工程职业伦理章程可以被看作是一种禁止性的伦理标准，章程里的大多数内容是对禁令的陈述。可是，与法律的强制性不同的是，伦理标准的重要性并不仅仅依赖于它对“工程师不应该……”的强制，而是表达了在工程师中被认为是最高的、共同的道德标准，在这个意义上，伦理标准也表达出职业共同体对工程师个人职业行为、目标及理想的承诺与激励。

合规建设虽然有利于企业社会责任体系和可持续发展，有利于企业形成稳健有力的合规文化，但“合规是及格线”，是企业良好运营、员工做好职业工作的最低标准要求。企业及其员工需要在合规的基础上建立起从合规到卓越的发展价值观，对职业工程师来说，就是践行工程师职业伦理规范，并在践行的过程中涵育职业活动的实践智慧。

三、工程师的职业修养

合规规范作为企业运营及其员工职业活动的“底线标准”，无法在根本上触及人类工程职业行动及生活的终极目的，尽管就某个职业行为而言，目的意味着行动的结果；但职业行为、工程实践与人的生活的目的更根本地蕴含着人类对追求“好的生活”的可能性价值意义的深刻理解，也正是在这一层面，“卓越”得以确立为现代工程师职业伦理的价值根基，“成为卓越的工程师”才可被解释为工程师职业生活价值追求的最终根据。

在职业领域内，工程师职业伦理规范以制度的方式规约了工程师“应当如何行动”，并明确了工程师在工程行为的各环节所应承担的各种道德义务。具体来说，工程师责任包含三个层面的内容，即个人、职业和社会，相应地，责任区分为微观层面（个人）和宏观层面（职业和社会）。责任的微观层面由工程师和工程职业内部的伦理关系所决定，责任的宏观层面一般指的是社会责任，它与技术的社会决策相关。对责任在宏观层面的关注体现在国家相关的法律法规①及各工程职业社团的伦理章程基本准则中——它们都把“公众的安全、健康和福祉”作为进行工程活动优先考虑的方面。

工程师职业伦理规范为工程师的职业活动提供了合规标准，这些标准或多或少都意味着强弱不一的行为约束，其“工程师应当……”的话语系统指示工程师在具

① 比如《中华人民共和国安全生产法》《建设工程质量管理条例》《建设工程安全生产管理条例》《注册监理工程师管理规定》等。

体的职业情境下“能够做什么”或者“应当做什么”。但是，仅仅满足合规要求的工程师只能称为“合格的”工程师，因为“把工作做好”并不总是意味着能带来期望中的好的职业行为后果，尤其在现代工程活动中，任何行动的结果依赖于许多不确定的因素，既有环境的因素和个人情感、感觉和欲望的影响，也有在合作中他人的行为的作用。不仅如此，对合规规范“路径依赖”并不总是有利于工程师在特定职业情境下对自身承担的责任做到清醒而完全的认知，甚至逐渐失去对“如何成为卓越工程师”的系统性理解的努力——因为合规规范倾向于为职业工程师指定如何行动的决策程序，而非提供“做得好”更要“活得好”的价值动力。

“卓越”意指“优秀突出”；同时，它还作为一种人类向善的品质，也被表达为美德——做出优异的成就或杰出的业绩是在美德的引导下获得的。通俗来讲，职业美德是指人们在职业生活中应该遵循的基本道德，它是一般社会道德在职业生活中的具体体现。在规范的意义上，职业美德既表现为工程师在其职业活动中行为准则的内化，又呈现出工程各行业对社会所负道德责任和义务的郑重承诺。在德性的意义上，职业美德既表现为成就工程师的职业人格（to be），又同时体现于工程师现实的职业行为过程——职业美德以德性的力量规定工程师在具体的职业活动中“应当做（to do）什么”，确保对其职业责任的践履。

工程师的职业工作固然离不开合规规范的指导和约束，但具体职业情境对规范的制约，又往往表现为工程师在其工作过程中经过反思、认识后的调整和变通。在职业工作中，“卓越”标识的是工程师主动践履合规责任的本质行为或“能力”，借用亚里士多德的学术话语，我们可以将工程师的这种本质行为或“能力”确定为“实践智慧”（亦即明智）①。职业工作中的“实践智慧”一方面要求工程师能够在胜任工作和可能引发的工程风险之间寻求平衡，要如此，工程师就必须涵养诸如节制、自律、勤奋、真诚、节俭等美德才有可能达到“卓越”。另一方面，工程师在忙碌的职业生活中时刻体现出卓越的前提是他能始终保持个人完整性（integrity），在工程实践与职业生活中都是一个“完整的人”——“完整性本身不是一种美德，它更是一种合成的美德，（它将勇气、忠诚、诚实、守诺等美德组合成为）一个连贯协调的（美德）整体，也就是我们所说的，（形成了一个人）真正意

① 实践智慧作为一种特殊的理智德性，其意义就在于为我们计虑达到每一具体目的的正确手段，并且这种计虑要以对生活的总体良善的周全考虑为坐标。参见［古希腊］亚里士多德．尼各马可伦理学［M］．廖申白，译注．北京：商务印书馆，2003。此处对“实践智慧”概念进行引申和重新诠释，它关涉的是在职业活动中工程师的意志与行为之间的关系以及行为的正当性。

义上的性格（character）”。[①] 在工程师的职业工作中，完整性意指工程师在其职业工作中能始终保持自身人格与德性的完整无缺、不受侵蚀，在工程实践和职业生活中真实地做自己，一方面通过对当下工程职业生活的反思和对规范的再认识，将规范条款所蕴含的“应当”现实地转化为自愿、积极的“正确行动”[②]；另一方面，又主动引导工程师在具体的工作实践场景中“能够恰如其分地回应他所面对的任何状况，在种种可能性中挑出最好的那种可能性，而不是僵硬地服从某些规则或规范”[③]，鼓励工程师主动思考工作的最终目标和探索工程与人、自然、社会良序共存共在的理念，从而形成工程实践中个体工程师自觉的伦理行为模式，主动履行职业承诺并承担相应的责任。

案例：设计标准≠安全标准？

2010 年，一个有着多年从事混凝土抗压强检测工作经验的结构工程师 C 了解到，他所在的 G 城地铁公司营建的三号线北延线混凝土强度存在安全隐患，而地铁公司却宣称，该工程经设计单位验算，结构处于安全合格范围，已经验收，将如期于当年 10 月开通运营。早在去年 8 月，地铁公司委托工程师供职的 G 城建设工程质量安全检测中心有限公司检测地铁三号线北延段土建工程。工程师 C 和他的同事们在 6 个检测部位运用回弹法进行检测，按设计要求等级为 C30，但结果混凝土强度值有 5 个低于 30 MPa 的标准，只有一个地方刚合格（30.9 MPa）。工程师 C 据此做出检测结论，地铁三号线北延段抗压强度无法达到设计强度等级，存在安全隐患。检测结果出来后，G 城地铁公司退回了检测报告并回应表示：“没达到设计标准，并不代表不符合安全标准”。地铁公司的理由是，由于地铁联络通道施工场地小，工程难度大，设计单位设计时有意提高联络通道混凝土的设计强度，以督促施工单位。按照设计强度验算，安全值是明显高于工程规定的安全系数的。据此，上级要求工程师 C 重新出一份写明合格的报告。G 城建委随后公布了地铁三号线北延段联络通道混凝土强度的调查结果，指出：经过独立专家团的评估和复核，

---

① Solomon, Robert C. A Better Way to Think about Business: How Personal Integrity Leads You to Corporate Success [M]. New York: Oxford University Press, 2003.

② “正确行动”（right action）特指道德上正当或正确的行动。在合规的意义上，“正确行动”要求工程师“致力于保护公众的健康、安全和福利”“诚实、公平、忠实地为公众、雇主和客户服务”，履行职业责任。

③ 徐向东. 自我、他人与道德——道德哲学导论（下册）[M]. 北京：商务印书馆，2007：573.

专家一致认定满足安全要求，工程不需要加强或重做。因为根据国家验收标准要求，设计方的验算结果即为最终的验收依据。《建筑工程施工质量验收统一标准》（GB50300—2013）在5.0.6款中指出，当建筑工程质量不符合要求时，有多种处理方式，其中第三项处理方式为："经有资质的检测机构检测鉴定达不到设计要求，但经原设计单位核算认可能够满足安全和使用功能的检验批，可予以验收"。作为结构部检测组负责人，工程师C应当怎样做？

"个人完整性"首先要求工程师能积极反思规范的局限及其对现实的制约；其次，进一步能动地根据公共善的吁求和现实境况，选择甚至创造出合适的行动方案与行为方式，将工程师的角色责任、职业责任、社会责任与公共道德及自己的个人生活统一。上述案例中的工程师最终顶住了上级领导的压力和地铁公司的强硬态度，坚持了自己的职业判断，选择在网络媒体上发博文曝光了在建地铁项目的安全隐患。将公众的安全、健康和福祉放在首位，是工程师最重要的社会责任。

四、有德性、有灵魂与专业性的统一

用心研究工程环境，解读工程运营、工程服务和人民群众长远需求，努力将每一个工程都建设成能为社会、环境、人民带来美好体验的工程，是港珠澳大桥总工程师林鸣对自己职业工作的理解和感悟。工程师的职业工作，尤其在高新技术集成的复杂工程领域，往往涉及：① 高深的专业知识和高超的专业能力；② 对工程风险的敏感性、对工程与社会之间关系的敏感性及相应的责任意识；③ 严谨细致的工作态度、坚守专注的意志品质、自我否定的创新精神以及精益求精的工作品质，是有德性、有灵魂与专业性的统一。

工程师职业工作的专业性体现为对工程师高深的专业知识和高超的专业能力的要求，工程师职业准入制度①、职业资格制度②和注册工程师执业制度③为各行

① 工程师职业准入制度的具体内容包括高校教育及专业评估认证、职业实践、资格考试、注册执业管理和继续教育五个环节。其中，高校工程专业教育是注册工程师执业资格制度的首要环节。

② 职业资格制度是一种证明从事某种职业的人具有一定的专门能力、知识和技能，并被社会承认和采纳的制度。它是以职业资格为核心，围绕职业资格考核、鉴定、证书颁发等而建立起来的一系列规章制度和组织机构的统称。

③ 注册工程师执业制度是指在国家范围内，对多个工程专业领域内的工程师建立统一标准，对符合标准的人员给予认证和注册，并颁发证书，使其具有执业资格，准许其在从事本领域工程师工作时拥有规定的权限，同时也承担相应的责任。

业领域的工程师职业工作的专业性提供了具体而详尽的考核内容。例如，《中国机械工程学会机械工程师资格考试大纲（试行/2018 版）》是中国机械工程学会为开展机械工程师技术资格认证工作制定的考试标准文件之一，它详细规定了作为一名合格的机械工程师，除应具备工程教育专业认证标准所规定的工程基础与专业理论知识外，更重要的是其在工作后运用这些理论知识所获得的实践经验与专业技能，其具体内容包括：① 从事机械工程职业必备的基础专业知识、设计原则及方法、生产工艺；② 机械行业相关标准体系；③ 机械制造企业的职业健康与安全、环境保护的法律法规、标准等知识，以及与职业相关的法律法规知识；④ 质量管理、质量保证体系及 ISO9000（GB/T19000）族质量管理体系标准的基本知识和要求；⑤ 与智能制造发展相关的新技术知识与技能①。

相对于工程职业伦理章程这一外在的规范形式，德性更多地体现了工程师在其职业工作中“应当做什么（what ought I to do）”和“应当成就什么（what ought I to be）”行为选择和责任践履。就其形式而言，德性往往表现为工程师行为规范与职业伦理的内化，若工程师自觉认同和接受职业伦理章程的规范、准则并以此来塑造自我，那么，这一过程便影响着工程师个体德性的形成。在职业伦理章程中，对工程师的德性要求具体表现在公众福利、职业胜任、合作实践及保持个人的完整性（personal integrity）② 等方面；从职业伦理的角度来看，工程师做好工作是以胜任、可靠、聪明才智、对雇主忠诚以及尊重法律和民主程序等更具体的美德来理解的。

职业工作中“应当如何做”和“应当做什么”的有效性需要工程师德性的担保，可是若要将“应当如何做”和“应当做什么”真正落实为工程师职业工作中“好的行动”并服务于公共善，唯有将表现为职业章程外在命令形式的规范约束内化为工程师个体的“我应当”（I ought to be）③ 的自律约束，并给工程师职业工作

① 中国机械工程学会机械工程师资格考试大纲（试行/2018 版）[S/OL]. 中国机械工程学会网站，2018-09-19。

② 在威廉斯看来，个人完整性是一个复杂多样且重要的概念，它与个体生活密切相关，涉及个人与自我同一性。威廉斯认为，一个人的个人完整性是由他/她生活中根深蒂固的承诺构成的，它是个体生存的基础条件与意义源泉，一旦某个人失去了个人完整性也就失去了他/她对自己生活中同一性或个体性的掌握。参见徐向东．自我、他人与道德——道德哲学导论（下册）[M]. 北京：商务印书馆，2007：652-658。

③ 超越“工程师应当……”，并不意味着消解工程职业伦理章程的规范作用，毋宁说，它更侧重的是规范作用方式的转换。在现实的工程职业活动中，工程师“我应当”的自我形式要求同样蕴含着职业伦理章程的规范制约。

的目的性赋予价值、给工程师的职业活动赋予灵魂——工程师职业精神。从文化形态来看，工程师职业精神是一种对工作尽职尽责、追求公众福祉、注重生态可持续发展的职业伦理；对工程师个人而言，它具体指称的是严谨细致的工作态度、坚守专注的意志品质、自我否定的创新精神以及精益求精的工作品质。在港珠澳大桥总工程师林鸣的理解中，工程师职业精神被具象化为“桥的价值在于承载，而人的价值在于担当”，是为了能在“唯一”中创造出“第一”，担“责”不推、担“难”不怯、担“险”不畏。

第三节　工作场所中的工程师

工程师工作场所的特征和工程师身份的多重性以及利益诉求的多样性，决定了工程师个人必然在职场中时常处于矛盾和徘徊的困境中，突出表现为利益冲突和角色冲突。

一、利益冲突

利益冲突指的是，工程师做出职业判断的权利是否受到不正当的利益玷污，或者说，不正当的利益因素是否影响到了工程师做出正当的职业判断。

迈克·马丁（Mike W. Martin）和罗兰·辛津格（Roland Schinzinger）在其著作《工程伦理学》中这样定义“利益冲突”——工程师“有某种利益，如果追求这种利益可能使他们不能尽到他们对雇主或客户的义务”①。这个定义强调了一种假设的可能性情境，即潜在利益冲突向实际利益冲突转化的一种可能性。这种转化是否能成功，取决于工程师的“行为”。

戴维斯（M. Davis）认为，在职业活动中，当工程师对雇主、客户或社会公众的忠诚和正当的职业服务受到某些其他利益的威胁，并有可能导致带有偏见的判断或蓄意违背原本正确的行为时，就会产生利益冲突。② 这个定义强调了一种结果情境——工程师已经受到了利益的影响，并且这些影响使工程师的职业判断不利于雇主或客户。

---

① ［美］迈克·W. 马丁，罗兰·辛津格. 工程伦理学［M］. 李世新，译. 北京：首都师范大学出版社，2010：174.

② Davis M, Stark A. Conflict of Interest in the Professions［M］. New York：Oxford University Press，2001：112-128.

从杭青教授认为，“利益冲突”指的是工程师进行职业判断时，在权衡公司、社会公众以及自身利益时所遇到的困境，它不仅表现为一种潜在的可能性，而且也表现为一种结果。①

在职业环境中，工程师所追求或拥有的利益可能会干扰他做出正确的职业判断。从以上三种对“利益冲突”的概念表述可以看出，“利益冲突”反映的是工程师所应履行的责任和义务与拥有或渴求的利益之间的冲突。它有四个特点：第一，利益冲突会发生在多个利益主体之间，比如工程师与雇主、客户、社会公众。第二，利益冲突是某一特定的职业责任与某一特殊的利益之间的冲突。工程师去追求自己所拥有的利益也许会妨碍对职业责任的正确履行。第三，在利益冲突当中，工程师的职业判断②是否受到玷污是利益冲突的核心。第四，利益冲突可以分为“潜在利益冲突”和“实际利益冲突”。从可能性的角度讲，利益冲突可以称为“潜在利益冲突”；从结果的角度讲，利益冲突可以称为“实际利益冲突”。潜在的利益冲突是否会转化为实际的利益冲突，取决于工程师如何处理潜在的利益冲突；潜在的利益冲突不代表实际的利益冲突。况且，并非所有的利益冲突都是不道德的。当工程师面临某种利益冲突时，不能简单地通过放弃个人应得或已有利益来避免利益冲突。

在工程师的工作场所中，利益冲突的种类既包括个体利益（工程师）与群体利益（公司）之间的冲突，也包括个体利益（工程师）与整体利益（社会公众）之间的冲突，同时也包括群体利益（公司）与整体利益（社会公众）之间的冲突。即：第一，公司与社会公众之间的利益冲突。作为营利性的组织，公司所做出的决策遵循的都是利益最大化的原则；而当公司的这种实现自身利益的活动影响到社会公众的利益（即安全、健康与福祉）的时候，公司与社会公众之间的利益冲突就发生了。第二，工程师与公司之间的利益冲突。工程师受雇于公司，有责任以自己的职业技能做出准确和可靠的职业判断，并代表雇主的利益。但工程师与公司之间也时常会发生利益冲突，其中有两种情形：① 当雇主或客户所提出的要求违背工程师的职业伦理，或者可能危害到社会公众的安全、健康或福祉时，工程师是坚持己见与雇主或客户进行抗争，还是屈服于雇主或客户的要求，而不顾及社会公众的利益；② 当外部私人利益影响工程师的职业判断，使其产生偏见，而做出不利于公司利益的判断。第三，个体工程师与社会公众之

---

① 从杭青，潘磊. 工程中利益冲突问题研究［J］. 伦理学研究，2006（06）：42-46.

② 这里的职业判断是指工程师根据特定的条件，以知识、技能以及洞察力来处理各种不可预测的事件，做出正确的判断。

间的利益冲突。不同于其他的一般职业，工程中利益冲突的对象并不只局限于工程师个体和公司群体这两方面，还常常会涉及“公众”这一重要的利益主体。因此，公众利益是工程中利益冲突的一个重要组成部分，也是其特征之一。工程师既是公司的一员，也是社会的一员。工程师既要考虑公司的利益，也同样要为社会公众的安全、健康与福祉负责。类似的这里也有两种冲突的情形：① 当工程师面对公众利益与私人利益的选择时，就会有利益冲突的发生；② 当公司利益与公众利益发生冲突，雇主或客户所提出的要求影响到工程师的职业判断，进而使社会公众的安全、健康与福祉受到损害时，也会发生工程师与公众之间的利益冲突。

工程师该如何应对可能发生的利益冲突？保持雇主、客户与公众的信任，做“忠诚的代理人或托管人”；保持工程师职业判断的客观性。这就要求工程师尽可能地回避利益冲突。具体到工程实践情境，它包含以下五种“回避”利益冲突的方式，即① 拒绝，比如拒收礼物；② 放弃，比如出售在供应商那里所持有的股份；③ 离职，比如辞去公共委员会中的职务，因为公司的合同是由这个委员会加以鉴定的；④ 不参与其中，比如不参加对与自己有潜在关系的承包商的评估；⑤ 披露，即向所有当事方披露可能存在的利益冲突的情形。前四种方式都归于“回避”的方法。回避利益冲突的方法就是放弃产生冲突的利益。通过回避的方法来处理利益冲突总是有代价的，即有个人损失的发生。其中不同的是，“拒绝”是被动地失去可获得的利益，而“放弃”是主动放弃个人的已有利益。“披露”能够避免欺骗，给那些依赖于工程师的当事方知情同意的机会，让其有机会重新选择是找其他工程师来代替，还是选择调整其他利益关系。

防范利益冲突是合规建设的重要内容之一，几乎所有的企业行为规范都涉及防范利益冲突的条款。比如《优立普华行为准则》明确指出，“任何你的个人利益或关系会造成干扰或可能干扰优立普华利益的情况，都是利益冲突，必须予以避免”。作为工程师，如何把握职业判断不受利益冲突的影响，的确是一个比较复杂和微妙的问题。当然，利益冲突问题的解决也需要依靠完善的制度化建设。

二、角色冲突

工程师在社会生活中不可避免地扮演着多重角色，不同的角色有不同的责任、追求以及他人的期待。当工程师作为职业人员的时候，他是一个职业人；工程师受雇于企业，他还是雇员；另外工程师可能在企业当中担任管理者的角色；此外他还是社会公众的一员，是家庭中的一员，甚至是某些社会组织中的成员。不同的角色有不同的责任与义务，工程师无法同时履行所有的责任和义务，从而产生角色的矛盾与冲突，并导致了工程师所处的道德行为选择困境。

工作场所中的工程师经常会面临三种主要的角色冲突。第一种角色冲突最为常见，是工程师角色和公司雇员角色发生冲突。作为职业人员，工程师的职业理想是为社会创造福祉；同时，大多数工程师都受雇于企业，从企业领取薪水，因此需要听从企业的安排，应将企业利益的最大化放在首位。当企业的决策明显会危害到公众的安全、健康和福祉时，或者工程师能预测到这种危害时，工程师就面临着角色冲突——工程师会面临忠于职业还是忠于企业的选择，即戴维斯所说的工作追求和更高的善的追求之间的冲突。

第二种角色冲突会发生在工程师角色和管理者角色之间。工程师与管理者的职业利益不同，这使得他们成为同一组织中的两个范式不同的共同体。在企业中，技术岗的工程师和管理岗的工程师是两种工作范式：作为技术岗的工程师，主要从产品的质量和安全性去考虑问题；作为管理岗的工程师，更多的是从团队工作的效率和效益去考虑问题。身兼技术岗和管理岗的工程师在做出决策时，一定要弄清楚两个问题：首先，是处在什么样的岗位作出决策的，技术岗还是管理岗？其次，做出的决策究竟是工程决策还是管理决策？工程师若是困惑于这两个问题，就很容易做出错误的决策，美国“挑战者号”失事的悲剧就是一起典型的由于工程师角色冲突导致错误决策的案例。当企业的决策违反工程规范标准或者可能对公众安全、健康和福祉造成威胁的时候，处于管理者位置的工程师就面临角色道德冲突。

第三种角色冲突会发生在工程师角色和社会公众角色之间。除了作为职业人员和企业雇员，工程师还是社会公众中的一员，和众多公众一样要遵守一般道德。通常情况下，工程师把公共善的实现放在首位，与一般道德的价值方向一致，不会产生冲突。但是工程活动是一项复杂的社会实践，涉及企业、工程师群体以及社会公众甚至政府。工程师在促进工程成功实施过程中，协调各方目的，当工程师实践过程中的行为与一般道德要求相冲突的时候，他就陷入了角色冲突的困境中。

从性质上来看，角色冲突是一种价值冲突，它具有三个特点。第一，价值冲突反映的是不同“善良动机”之间的冲突。“扬善去恶”是社会一般道德甚至法律的基本要求，如果仅仅是在善与恶之间做选择，就不构成价值冲突。第二，从道德选择的方式看，价值冲突体现的是不同的“应然”行为之间的冲突。也就是说，A 和 B 两种行为都是应当做的，但是无法同时完成，选择执行其中一种行为，就意味着放弃另一种行为。而选择哪一种行为、如何做出选择以及依据什么原则进行选择，这就是处于价值冲突状态时会遇到的一系列问题。第三，从道德选择的预期结果和目的看，价值冲突表明的是不同价值取向、立场之间的冲突。在某些情况下，人们遵守并践履两种或更多的道德规则或责任，并且它们蕴含着不一样的道德判断。当一种价值明显优于其他价值时，工程师可以容易地做出选择；但是有时候，工程师无法以自己认为满意的方式去尊重真实的和重要的价值。

角色冲突与利益冲突是两种不同的冲突。利益冲突的核心在于，由于利益因素诱惑，使得工程师作出不正确或者不恰当的职业判断；而角色冲突中的关键是价值排序问题。在工作场所，工程师不可避免地同时扮演多重角色，不同的角色有着不同的价值排序系统。对于一种特定的角色，其价值排序是固定的；但是当工程师同时扮演多种角色的时候，不同的价值排序就会影响其行为选择，从而陷入道德选择困境。

工程师角色冲突的解决有赖于宏观与微观方面建立一套机制。宏观层面的工程职业建设，为问题的解决提供制度保证和理论基础；微观层面对工程师个体的道德心理进行关怀，培育工程师的道德自主性，为制度建立内在的道德基础。第一，职业建设为解决冲突提供宏观制度背景。工程职业需要不断完善自己的职业建设。工程职业的技术标准和伦理标准是工程职业建设的两个最主要的方面，技术标准是职业在工程质量方面的承诺，而伦理标准是对职业人员职业行为的承诺。第二，增强工程师个体道德自主性的实践。工程师并不是只会遵守规范的机器，而是有自己的独立意志、会思考和有情感的个体。道德规范没有给出必须遵守的理由，因此当制度规范缺乏道德心理根基时，就在实践中难以保证工程师道德选择的合理性。只有当工程师把规范条文内化为自己的道德原则，从内心认同接受的时候，才能自觉地产生道德行为，做出合理的道德选择。第三，回归工程实践。工程师角色冲突伴随着工程实践的整个过程，工程实践本身就是解决角色冲突的唯一途径，角色冲突产生于实践，于实践中得以解决。角色冲突的出现和解决构成了工程实践的一部分，伴随着工程实践的始终，而工程实践也就是角色冲突的不断产生和不断解决。

三、恰当的工程与管理决策

工程师与管理者的视角差异表明了角色冲突的可能性，那么，该如何理解

“应该由工程师做出的决策”和“应该由管理者做出的决策”之间的界限？对这个问题的回应必须明确工程师和管理者在组织中的职能区别。

工程师在组织中的主要职能是，利用他们的技术知识和所接受的训练来创建对组织和客户有价值的结构、产品和流程。在工程实践中坚持职业标准，特别关注安全和质量标准；在考虑任何其他需要考虑的因素之前，必须先满足安全和质量标准。因此对工程师来说，恰当的工程决策是指应该由工程师做出的或至少受职业标准支配的决定，因为它要么涉及工程专业知识和技术，要么涉及安全和健康的伦理标准。

管理者在组织中的主要职能是指导组织活动，包括工程师的活动。管理者是组织利益的守护者，主要关心组织当前和未来的福祉；在思考问题时，遵守组织标准，倾向于考虑所有相关的因素，相互权衡后得出结论。因此对管理者来说，恰当的管理决策是指应该由管理者做出的或至少由管理标准支配的决定，因为它涉及和组织福祉相关的因素，如成本、进度安排、营销以及员工的福利。恰当的管理决策不能迫使工程师做出有违技术或道德标准的行为。

我们怎么去理解“恰当的决策”？

从上面的对比分析中我们可以看出，第一，恰当的工程决策和恰当的管理决策之间的区别在于决策中占主导地位的标准和实践的不同。第二，当恰当的工程决策与恰当的管理决策发生实质性冲突时，尤其是当涉及安全（甚至质量）问题时，管理标准不能凌驾于工程标准之上。第三，工程决策通常是有益于管理决策的，或者说，管理决策通常能够从工程师的建议中受益。除了安全方面，工程师也可以在设计的改进、设计的替代方案和使产品更具有吸引力等问题上发挥重要贡献。工程师还可以预测并告知管理者产品可能带来的各种问题及可用的替代方案。当然，这需要考验工程师的想象力和沟通技能。

四、工程师的职业良心

工程师职业伦理规范不仅为工程师提供了避免利益冲突和角色冲突的可行性策略和路径，更要求工程师将防范潜在风险、践履职业责任的伦理意识以良心的形式内化为自身行动的道德情感，外化为追求卓越的职业责任、工作原则和道德底线。职业良心是工程师在日常工作中形成防范潜在工程风险、践行职责的道德自觉，并以一种强烈的内心信念与执着精神主动承担起职业角色带给他（她）不可推卸的使命——运用自己的知识和技能促进人类的福祉，并在履行职业责任时将公众的安全、健康和福祉放在首位。良心表现为工程师自愿向善的道德努力，

“我对良心负责，率性而为。”①

良心作为工程师自愿向善的道德努力，使工程师在履行职业角色所赋予的责任时不再是为了责任而履责，而成为他对工作于其中的企业履行必然义务的自觉意识。工程师职业良心以现实职业生活中的工程与人、自然、社会的伦理关系为内容，且这种伦理关系具有客观校准性与必然性，以“公众的健康、安全和福祉”为规定内容，唯有良心的炙热热情、执着精神，才能激发工程师自愿的向善行动，自我规定、率性而为；而职业良心一经形成，反过来给工程师职业责任和企业的社会义务规定内容。

良心最初首先是作为工程师对自身行为不正确（比如因为自己工作的粗心大意而给他人造成了伤害或导致无辜者的伤亡、因自己工作的疏漏使得职业团队名誉受损等）的感觉或意识而出现，即作为对自己这种行为的羞耻心而出现；当自己的行为与工作的企业约定俗成的社会义务不一致时，会受到不容争辩的最后判决性质的集体舆论谴责，从而产生羞耻意识。随着社会文明程度的提升和道德生活的丰富，这种羞耻意识沉淀为良心。良心反映了工程师对现实的工程与人、自然、社会的伦理关系的理性把握，它以确保公众的安全、健康和福祉以及努力追求和谐共在、繁荣共生的工程与人、自然、社会的伦理关系为客观内容。

具有职业良心使成为卓越的工程师成为可能，因为良心是工程师在工作场所中主动做出负责任行为选择的直接依据，是工程师“正确行动”的深层动力。首先，良心为工作场所中的工程师如何“正确行动”道德立法。其次，它检视工程师的职业行为动机是否合乎道德要求，通过对自己职业行为可能造成的后果的评估，与他人换位思考，将心比心，设身处地为可能受到工程职业活动后果不良影响的他人考虑，对自己的行为做进一步权衡与慎重选择，也即“己所不欲，勿施于人”。再次，良心是工程师职业实践向善的保证。在具体的工作场所中，工程师的行为意向、情感往往在选择时或行为之初并不能被充分体悟，而处于朦胧、潜意识状态；随着职业行为的充分展开，会使原先朦胧、潜意识的杂念变得清晰，此时良心的警觉可以及时清除杂念，明确自身职业角色和社会义务，纠正某些不恰当手段或行为方式。最后，正是因为良心的自我确信，率性而为，工程师才能在平常甚至琐碎的职业生涯中自觉地遵从向善的召唤，主动地为“公众的健康、安全和福祉”担负责任。

---

① 高兆明．存在与自由：伦理学引论［M］．南京：南京师范大学出版社，2004：317.

第四节 工程师能力标准

通俗来讲，“能力”是完成一项目标或者任务所体现出来的综合素质。经济合作与发展组织（Organization for Economic Co-operation and Development，OECD）从功能操作角度来定义“能力”——能力是知识、技能、情意态度的综合体，它是个人生活与社会发展之条件，具体评量时可着重从认知方面展开。OECD 指出，能力不只是知识与技能，它是调动心理社会资源以满足特殊情境复杂需求的能力，以达成幸福生活或健康社会。

“能力”更多地体现了工程师在其职业活动中解决工程实际问题、将知识和技能变为有效工程产出的“价值”，而这种“价值”的最大化又经常依赖于工程师个人与团队合作共事、与领导融洽沟通、拓展视野学习新技能等各种“实践”的积累以及个人职业道德的修养。因此，对工程师能力标准的探讨与设定，不仅要考虑技术、职业等方面，还应考虑伦理方面。

一、胜任力及其模型

能力（capability）是社会科学研究领域的一个重要研究对象，《心理学大辞典》将其定义为“使人能成功地完成某种活动所需的个性心理特征或人格特质”。在西方学术释义中，competency 与 capability 含义趋同，都意指“能力”，二者可同义替换。但在中文学术话语里，competency 被管理学界翻译为“胜任力”，指的是区分业绩优秀者与一般者的个人深层次特征；而 capability 则通常被译为“能力”，泛指从事某种工作所必需的潜在素质。在传统的人力资源管理观念中，人是岗位的附属；能力与岗位胜任力密切相关，是胜任工作角色所必需的知识、技能、态度、判断力和价值观的整合，并将人员的素质特征与实际岗位特点直接联系起来，突出了在实际工作中解决问题的能力。

“胜任力”这个概念最早由戴维·麦克利兰（David McClelland）于 1973 年正式提出，是指在特定工作岗位、组织环境和文化氛围中，绩优者所具备的可以客观衡量的个体特征及由此产生的可预测的、指向绩效的行为特征。“胜任力”有 5 个特点：① 是对个体特征的研究；② 与岗位密切相关；③ 与绩效密切相关，能够区分业绩优秀者与一般者；④ 受工作情景的影响，具有发展性和多样性；⑤ 其目标是使“人”与“岗”科学配搭。

目前，已有的胜任力理论模型主要有冰山模型和洋葱模型。从麦克利兰提出的“冰山模型”（见图 4-1）可以看出，知识和技能是可见的、相对表面的外显特征，漂浮在水上；价值观、态度、自我形象等自我概念，个性、品质等特质，内驱力等动机则是个性中较为隐蔽、深层和中心的部分，隐藏在水下。而内隐特征是决定人们行为表现的关键因素。麦克利兰认为，水上的冰山部分（知识和技能）是基准性特征，是对胜任者基础素质的要求，但不能区分业绩优秀者与平庸者；水下的冰山部分可以统称为鉴别性特征，是区分优异者和平庸者的关键因素。

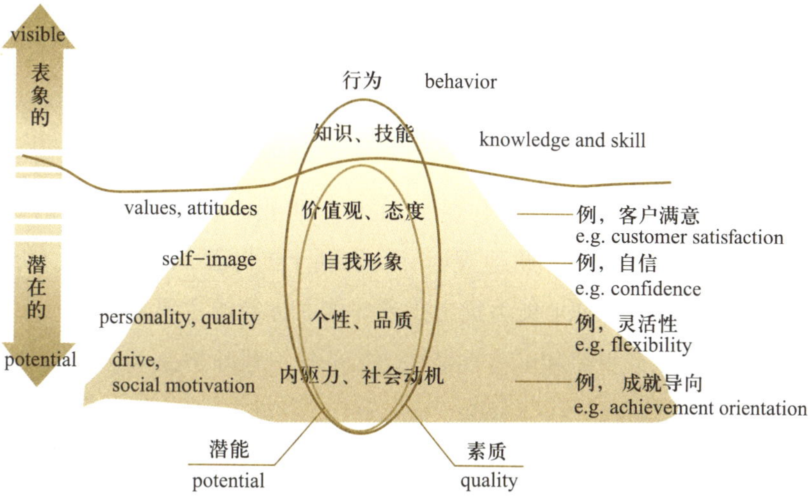

图 4-1　麦克利兰的“冰山模型”

“洋葱模型”（见图 4-2）由美国学者理查德·博亚特兹（Richard Boyatzis）

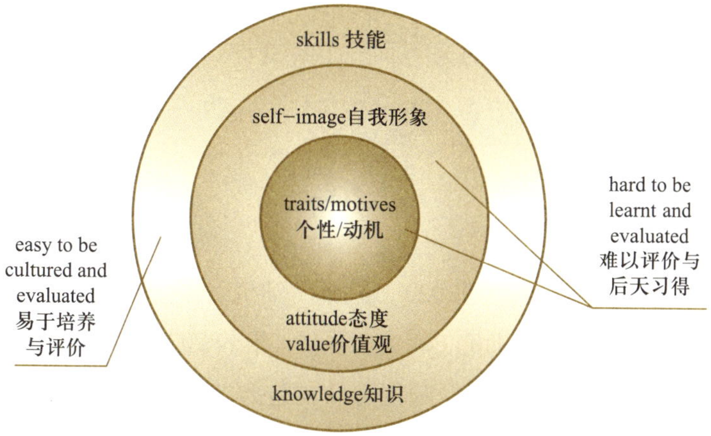

图 4-2　博亚特兹的“洋葱模型”

提出，它展示了素质构成的核心要素，并说明了各构成要素可被观察和衡量的特点。所谓“洋葱模型”，是把胜任素质由内到外概括为层层包裹的结构，最核心的是动机，然后向外依次展开为个性、自我形象与价值观、态度、知识、技能。越向外层，越易于培养和评价；越向内层，越难以习得和评价。

无论是“冰山模型”还是“洋葱模型”，胜任力理论模型的最大优点是，从岗位任务的履行情况去探讨绩优者和平庸者之间的行为特征。但是它的缺点就在于其太过于通用化，以至于它们几乎适用于所有的岗位而缺乏针对性。

二、工程师的职业能力标准

胜任力理论模型是建立在“测”基础之上的，根据工作岗位设定要求制定选聘或考核员工的标准，这些标准所反映出来的员工行为和技能必须是可衡量、可观察、可指导的。一旦换了岗位，或者岗位任务改变，应用胜任力理论模型所制定的标准就要发生相应的改变。因此针对工程师职业，职业能力标准的设定需更多地考量促进社会治理优化的价值观引导、有利于国际互认、符合人才成长规律等因素。目前，对工程师职业能力提出要求并建立标准的主要力量来自三个层面：一是工程教育专业认证组织和工程教育界，二是各工程师学会（协会），三是行业或企业。

（一）工程教育专业认证组织和工程教育界提出的工程师职业能力标准

工程教育专业认证是指专业认证机构针对高等教育机构开设的工程类专业教育实施的专门性认证。工程教育专业认证组织从工程人才的培养与发展、国际协议类型以及所涉及的人才质量标准等方面对工程师职业能力进行了特征阐述和标准制订。

专栏：国际工程联盟提出的工程师职业能力标准

2001 年，美国工程院启动“2020 工程师”研究计划，在 2004 年和 2005 年分别发表了《2020 工程师：新世纪工程的愿景》《培养 2020 工程师：为新世纪变革工程教育》等报告，指出未来工程师能力结构包含三个层次和三个维度，即基本能力、关键能力和顶尖能力，以及知识、能力和人格三个维度。基本能力主要体现在知识维度上；关键能力是维系 2020 年及其后工程专业成功的品质；顶尖能力是未来杰出工程师应具有的素质，主要体现在人格维度上。

（二）各工程师学会（协会）提出的工程师职业能力标准

当毕业生进入具体的工程行业领域成为职业工程师后，社会不仅期待他们在所从事的专业领域内运用掌握的知识和技能谋求社会福祉，也期望他们在为社会谋福祉的过程中表现出高标准的职业修养；同时，他们自身也有个人职业发展的内在需要，希望以自己的专业特长和对社会的贡献获得社会承认和尊重。基于这一现实，作为工程师自治组织的各工程师学会（协会），依据自身的行业特点和行业发展愿景，提出了工程师职业能力（素质）要求。

专栏：美国工程毕业生职业能力评估标准

美国工程学会（The American Association of Engineering Societies，AAES）和美国劳工部（the U. S. Department of Labor，USDOL）为指导工程师职场发展，联合教育、政府、企业和行业的其他专家合作开发了工程能力模型（engineering competency model，ECM，见图 4-3）。工程能力模型（ECM）根据金字塔的形状把工程能力分成了五个等级，五个等级又分为基础能力和特定行业的竞争力。工程能力模型前三层是基础能力，不针对专业性，适用于各职业；而第四层和第五层能力则是针对特殊工程领域而提出的能力要求。

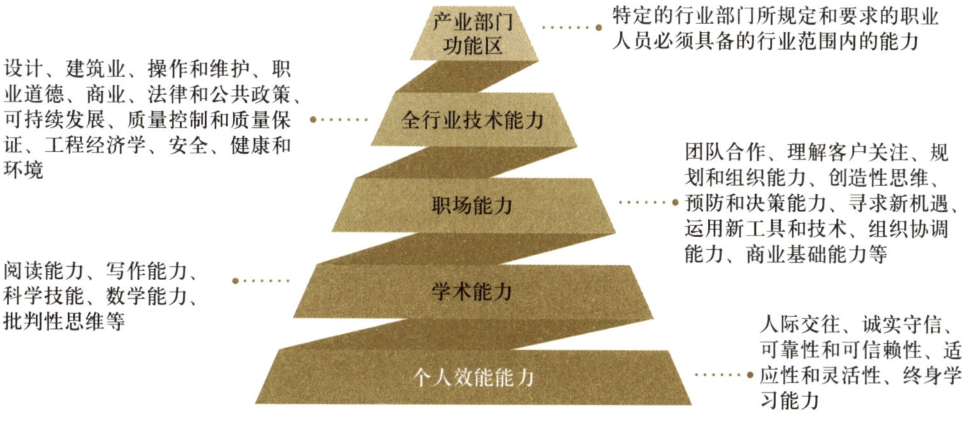

图 4-3　工程能力模型

第一层到第三层代表大多数工程企业（公司或雇主）要求的“软技能”和工作准备技能，是个人从事工程职业必须具备的基础能力。第一层是个人效能能力（personal effectiveness competencies），通常被称为“软技能”，包括人际交往、诚实守信、可靠性和可信赖性、适应性和灵活性、终身学习能力。个人效能能力体现出所有生活角色必不可少的个人属性，它是个人从事任何一项职业工作必须具备的基础性能力。第二层是学术能力（academic competencies），包括阅读能力、写作能力、科学技能、数学能力和批判性思维等。部分学术能力适用于所有行业和职业。第三层是职场能力（workplace competencies），包括团队合作、理解客户关注、规划和组织能力、创造性思维、预防和决策能力、寻求新机遇、运用新工具和技术、组织协调能力、商业基础能力等。职场能力反映出个人从事职业活动的动机和特质以及人际关系和自我管理风格，它们适用于大量的职业和行业。

第四层和第五层显示职业人员在行业范围内拥有行业资格所需的技术能力，它们尤其适用于工程行业。这些能力迁移性强，支持职业人员快速地转换岗位，可以称这些能力为特定行业竞争力。第四层是全行业技术能力（industry-wide technical competencies），包括设计、建筑业、操作和维护、职业道德、商业、法律和公共政策、可持续发展、质量控制和质量保证、工程经济学、安全、健康和环境。第五层为产业部门功能区（industry-sector functional areas），它指的是特定的行业部门所规定和要求的职业人员必须具备的行业范围内的能力。

工程能力模型（ECM）中的每一层级进一步划分成块，代表能力领域（即知识、技能和能力的群体），并对职业人员的能力要求和技术内容领域进行了规定。

（三）行业或企业提出的工程师职业能力标准

在中国科协指导下，中国标准化协会、中国机械工程学会等 10 个全国学会参与研制并于 2018 年发布了《工程能力评价通用规范》①；相继又有中国电机工程学会发布《电气工程类工程能力评价规范》、中国公路学会发布《土木工程类工程能力评价规范》、中国通信学会发布《信息通信工程类工程能力评价规范》、中国汽

① 《工程能力评价通用规范》是 2018 年 11 月 30 日我国实施的一项行业标准，它以团体标准的形式规定了工程能力评价所涉及的评价授权、评价标准、评价程序，以及工程会员核准与注册、管理与服务、自律与监管等相关要求。

车工程学会发布《汽车工程师能力标准》① 等，初步形成了“通用规范+专业规范”的工程能力评价体系。

《工程能力评价通用规范》适用于土木工程、电气工程、机械工程、铁路工程、核工程等行业领域。该标准突出能力导向，强调工程师解决实际工程技术问题的能力，同时又强调工程师的社会责任；强调工程师与同行之间的协作及对专业团队建设的贡献，强调工程师个人的职业持续发展。

专栏：《工程能力评价通用规范》

三、德才兼备，以德为先

无论是管理学视域下的企业员工的胜任力标准，还是国内外工程行业协会及工程教育界提出的工程（师）职业能力标准，不仅要求解决实际工程问题的知识与技能，还强调沟通、团队合作等方面的通用能力，以及社会责任感、职业道德和工程伦理。在 2019 年人力资源和社会保障部、工业和信息化部印发的《关于深化工程技术人才职称制度改革的指导意见》中，明确提出对工程技术人才评价“坚持德才兼备、以德为先”②。

中国文化语境下的“德才兼备”最早起源于孔子的“仁且智”（《孟子·公孙丑上》），即做人与做学问的统一，它表达了知识分子“德才兼备”最初的两个标准：一是就个体自我而言，德识共进、道德为先；二是就社会交往活动而言，群己和谐、集体优先。1957 年 10 月，毛泽东在中共八届三中全会上对当时的知识分子提出了“又红又专”的要求，“红”指的是政治上的要求，它要求知识分子要有政治觉悟，坚持无产阶级的立场；“专”指的是过硬的技术与业务能力。总的来说，“又红又专”最初代表“政治和业务的统一”。

① 《汽车工程师能力标准》突出以能力为导向，从专业能力、工程伦理、职业道德、项目管理能力、领导力五个重要维度构建了具有国际化特征的汽车工程师人才评价体系。2019 年 10 月 22 日，中国汽车工程师学会与世界汽车工程师学会联合会共同签署了汽车工程师能力标准互认协议，中国的汽车工程师工程能力标准成为全球标准。

② 人力资源和社会保障部　工业和信息化部关于深化工程技术人才职称制度改革的指导意见［EB/OL］. 中华人民共和国人力资源和社会保障部网站，2019-02-01.

案例：川藏、青藏公路建设的“两路”精神

1950 年，十几万名各族筑路军民克服高原缺氧、天险阻隔、物资匮乏等不利条件，靠着简陋的工具战天斗地、勇闯“生命禁区”，以“让高山低头，叫河水让路”的英雄气概，开始了修建川藏、青藏公路的伟大壮举。筑路大军心系党和国家期望，五易寒暑，不畏艰难困苦，完成了一个又一个“不可能完成的任务”，最终筑成“天路”，于 1954 年建成了总长 4360 公里的川藏、青藏公路，结束了西藏没有现代公路的历史，在被称为“人类生命禁区”的“世界屋脊”创造了公路建设史上的奇迹。

2014 年 8 月，在川藏、青藏公路建成通车 60 周年之际，习近平做出重要批示：60 年来，在建设和养护公路的过程中，形成和发扬了一不怕苦、二不怕死，顽强拼搏、甘当路石，军民一家、民族团结的“两路”精神。

“两路”精神集中展现了新中国工程建设者“又红又专”的精神风尚和“德才兼备、以德为先”的行为范式，是中华优秀传统文化、革命文化和社会主义先进文化在交通运输行业的折射。

在 20 世纪 70 年代末我国开始实行改革开放，邓小平要求知识分子解放思想，放开手脚，为祖国多作贡献，并进一步阐述，“红”是坚持正确的政治方向，坚持四项基本原则，自觉自愿地为社会主义服务。1982 年，“德才兼备”写入十二大党章，成为选拔任用党员干部的正式标准并沿用至今。此后，江泽民在德才兼备的基础上提出了高素质人才的新要求。1995 年 5 月，江泽民在全国科学技术大会上提出，培养和造就科技人才要注重德才兼备……要坚持党的基本路线，大力弘扬爱国主义精神、求实创新精神、拼搏奉献精神、团结协作精神。胡锦涛又在德才兼备的基础上提出“德才兼备、以德为先”的重要指示，并写进十八大党章。2011 年 7 月，胡锦涛在庆祝中国共产党成立 90 周年大会上指出，要坚持“德才兼备，以德为先”的用人标准，形成“以德修身，以德服众，以德领才，以德润才，德才兼备”的用人导向。2018 年 11 月，习近平在十九届中共中央政治局第十次集体学习时强调，“德才兼备，方堪重任”。

2016 年 11 月，中共中央办公厅、国务院办公厅印发了《关于深化职称制度改革的意见》，要求科学、客观、公正地评价专业技术人才，要突出以品德、能力、业绩为导向的评价标准体系。2017 年 2 月，中共中央、国务院印发了《关于加强和改进新形势下高校思想政治工作的意见》，在该文件中，“又红又专”和“德才

兼备”被并列提出，使得“红专”思想再次成为人才观的风向标。2019 年 2 月，人力资源和社会保障部、工业和信息化部发布《关于深化工程技术人才职称制度改革的指导意见》，提出了三条评价标准：① 坚持德才兼备、以德为先；② 突出评价能力和业绩；③ 国家标准、地区标准和单位标准三结合。

我们仍以“两路精神”来管窥和理解“德才兼备，以德为先”的职业能力内涵。“两路精神”是川藏公路、青藏公路建设者崇高品质的真实反映和高度概括，集中展现了新中国工程建设者“又红又专”的精神风尚和“德才兼备、以德为先”行为范式。没有一张完整地图、没有任何水文地质资料，能在“世界屋脊”架起“巍巍金桥”，凭的就是“顽强拼搏、甘当路石”的担当情怀。克服恶劣的地质条件，不论遇到多大的技术难题都恪尽职守、敢为人先；步行万里获取了第一手资料，攻坚克难、勇于创新，是对尽职尽责的职业精神的诠释，是对“一不怕苦，二不怕死”的奉献牺牲精神的践行。在进藏修路过程中充分尊重少数民族同胞的历史、文化、宗教信仰，时刻不忘为藏胞做好事，是对将公众的安全、健康和福祉放在首位的身体力行。

“德才兼备，以德为先”方能成为卓越的工程师。对职业工程师来说，职业能力通过正式和非正式学习、培训和经验的结合而获得，它体现为职业人员适当的知识水平、理解能力、技能以及职业态度。在第四次工业革命背景下，新时代的中国对工程师职业能力的要求不仅继续强化对科技知识的培育和智能①的提升，而且更加注重理念引领，通俗来说，就是“德才兼备，以德为先”，并赋予“德”以具体的时代要求——创新创业能力、多学科团队的协作能力、研究和创造能力、数字化能力、工程领导力、动态适应能力、全球胜任力以及工程伦理、社会意识、家国情怀、全球视野、批判性思维、跨学科和系统思维。

讨论案例：周建斌 17 年写就绿色能源答卷

生物质能源是真正的清洁能源，已成为世界公认的第四大能源库，其发展优势已形成国际共识，成为国际竞争新高地。南京林业大学材料科学与工程学院周建斌教授带领团队于 2002 年提出“农林生物质气化发电联产炭、热、肥”的创新发展理念，针对农林生物质种类多、成分复杂的特点，不惧困难、艰苦攻关，分别研发了农林生物质气化多联产技术的新工艺、新设备和高附加值产品。心系国

① 在新技术革命和产业变革的社会生态背景下，着眼于工程师个人未来的职业生活，对工程师“能力”诉求拓展为“智”与“能”两个方面：“能”是对传统“能力”的理解和进一步深化，“智”指的是通过后天的教育和培养提升人才的实践智慧，借以增强能力和技能培养的成效。

家能源战略发展，引领并推动了我国生物质能源（气化发电、供热、供暖）、生物质炭（活性炭、工业用炭、机制炭）、生物质肥（炭基肥、液体肥）等行业技术和产业的发展。

思考题：

请你根据周建斌教授团队“农林生物质气化多联产技术”从研发到实践应用的 17 年经历，谈谈你对“有德性、有灵魂与专业性的统一”的理解。

本章小结

必不可少的专业知识和技能，自主进行职业判断，强调职业的道德使命、责任与理想是工程师的基本职业特征。在职业领域内，工程职业伦理章程以规范和准则的形式，为工程师从事职业工作、开展职业活动设立了合规标准，然而，仅仅满足合规要求的工程师只能称为是“合格的”工程师。通过对当下工程职业生活的反思和对规范的再认识，将规范条款所蕴含的“应当”现实地转化为自愿、积极的“正确行动”，工程师才能摆脱对合规规范的“路径依赖”，实现职业工作中有德性、有灵魂与专业性的统一。

工程师工作场所的特征和工程师身份的多重性以及利益诉求的多样性，让工程师经常陷入利益冲突和角色冲突中。这就要求工程师须将防范潜在风险、践履职业责任的伦理意识以良心的形式内化为自身行动的道德情感，外化为追求卓越的职业责任、工作原则和道德底线。

职业能力标准为判断和评价工程师是否“卓越”提供了诸多可以考察或量化的指标。这些指标除了指向解决实际工程问题的知识与技能的多方面要素，还强调沟通、团队合作等方面的通用能力，以及社会责任感、职业道德和工程伦理。新时代的中国对工程师职业能力的要求不能仅着眼于对科技知识的继续强化，关注智能的提升，更应注重理念引领。“德才兼备，以德为先”方能成为卓越的工程师。

重要概念

职业　职业自治　职业良心　利益冲突　角色冲突　职业能力　卓越　德才兼备，以德为先

练习题

延伸阅读

[1] 李正风，丛杭青，王前，等．工程伦理［M］. 2 版．北京：清华大学出版社，2019.（第 5 章）

[2]［美］查尔斯 · E. 哈里斯，迈克尔 · S. 普里查德，迈克尔 · J. 雷宾斯，等．工程伦理：概念与案例［M］. 5 版．丛杭青，沈琪，魏丽娜，等译．杭州：浙江大学出版社，2018.（第 5 章，第 7 章）

[3] 吴启迪．中国工程师史［M］. 上海：同济大学出版社，2017.（第 4 章，第 5 章）

第五章　负责任的工程创造行为

学习目标

1. 理解工程创新中的不确定性以及工程技术人员责任的新内涵。
2. 了解负责任创新的四维度框架及其实践形式。
3. 掌握预期治理、价值敏感设计、包容创造、动态反馈等方法。

引导案例：图像识别的算法歧视与纠偏[①]

计算机视觉和自然语言处理是人工智能技术目前运用得较为广泛的领域。其中 MSFT、Face++以及 IBM 推出的人脸识别算法成为主流通用算法。很多人认为算法是数学结构性与技术可达性的结合，是纯技术性的，算法本质上不带有社会偏见。

但来自麻省理工学院（MIT）的研究人员乔伊·布兰维尼（Joy Buolamwini）等人通过对主流人脸识别算法进行研究，发现算法对特定群体的准确率相对偏低：无论哪家公司的人脸识别算法，男性面孔的识别准确率均高于女性，两者错误率差异在 8.1%~20.6%；白皮肤面孔的识别准确率均高于黑皮肤面孔，两者错误率差异在 11.8%~19.2%；所有算法在黑皮肤女性面孔上的表现最差，错误率在 20.8%~34.7%。[②] 由于算法人脸识别的准确率相对偏低，这给一些黑人女性的工作和生活带来不便，有可能成为“不平等”的源头。

为发现并纠正算法偏见问题，布兰维尼创建了算法正义联盟。算法正义联盟的工作主要包括三方面：(1) 研究，评估和呈现当下 AI 重要算法的偏见水平。如 IBM 的算法在评估深色肤色的准确率上有了大幅提升。(2) 传播，通过案例研究和用户反馈，传播消除算法歧视的理念，使更多技术开发者成为算法正义联盟的志愿者。(3) 行动，提供行业标准的规范协议。如通过发起“安全人脸承诺”，致力于解决人脸识别过程中隐私保护以及社会平等问题。

---

① 课前可观看布兰维尼的 TED 演讲“我如何和算法偏见对抗”（可在哔哩哔哩 App 或网站搜索）。

② Joy Buolamwini, Timnit Gebru. Gender Shades: Intersectional Accuracy Disparities in Commercial Gender Classication［C］. Proceedings of Machine Learning Research, Conference on Fairness, Accountability, and Transparency, 2018（81）: 1-15.

引言　工程创造与社会责任

工程改造世界，也创造世界。作为人工生成的新世界的创造者，工程师肩负着特殊的责任。一种是风险预防的责任。尽管工程实践是把人头脑中的蓝图搬到现实中来，但由于人们认识能力的有限性，工程实践往往会偏离原本的设计、计划、预期。尤其是当越来越多的技术创新被运用到工程活动中来，创新的“不确定性”有可能带来难以预料的风险。因此，对风险的重新认识和总体预防，是工程师在创造新世界时所肩负的责任。另一种是创新对应的责任。当今世界正面临诸多难题，人们希望通过科学、技术和工程活动来解决这些困难，建造一个更美好的世界。例如：寄望于科技创新获取更为先进发达的医疗手段来战胜各种疾病，延年益寿；促进经济增长，解决饥荒、能源短缺、资源匮乏、环境恶化等问题；获取更多的生存和发展空间、更为丰富的物资和新颖的产品，提高生活水平；消除贫富差距和文明冲突，维护世界和平。本章要探讨的是：工程技术人员在运用具有“不确定性”的技术创新手段来改造世界的过程中应当考虑的责任问题。

第一节　工程中的负责任创新

与一般工程活动相比，“创新”具有“新颖、复杂、不确定”等特点。在工程“创新”中，需要对我们的责任意识进行新的界定。我们以往所理解的“责任”一词，其基本含义包含两个方面：一方面的含义是，某主体被动地牵涉到已经发生的行为或活动当中，如“问责”“归责”等词语中“责”字的意思，这个方面的道德责任主要指对某行为所引起的有益或有害的后果（侧重于过失及不良后果）进行认定和评价；另一方面的含义是，某主体主动地去做某些行动，如“负责”“职责”等词语中“责”字的意思，在伦理学中与“道德义务”及“道德使命”等含义有相似之处，指的是基于内心的认同和信念的驱使来履行外在的行动。由此可见，以往人们所理解的“责任”是回顾性、分工式的。然而，“创新”中要求前瞻性、共同的责任。“负责任创新”是国内外学术界和政策界流行的一个理念，其核心要义是以前瞻、共同的新责任观来治理创新活动。

一、前瞻责任：应对不确定性

新能源、新材料、智能制造、数据技术、基因工程……这些 21 世纪的新工科正在越来越深入地塑造我们的生活。当今的工程技术人员，日益参与到新技术新产品的研发与设计过程中，成为科技创新大军中的一股重要力量。与在有限范围的实验室中做实验不同的是，当各种新技术新产品应用到工程实践中时，会对生产者、使用者、人类社会乃至自然环境产生实实在在的影响。而“创新”之“新”，就在于“前所未有”，这同时也意味着，“创新”往往具有“不确定性”。“创新”的技术和产品进入现实世界中，有可能带来意想不到的收益，也可能带来难以预料的风险。究其原因，乃是由于当代工程和技术的复杂程度越来越高，也是由于当代社会的复杂程度越来越高，并且受到人类活动影响的自然生态环境也正在变得日益复杂。

在充满不确定性的工程创新活动当中，人们的责任意识也需要有所改变。当人们说起对某事项“负责”，或者追究某人的“责任”之时，往往是从一种“回溯性”的视角来理解“责任”。所谓“回溯性”的视角，就是对已经发生的事情，根据已有的知识和信息来确定“责任”的内容和归属。工程技术人员需要对其设计或建造的工程产品、对其参与的工程实践活动承担某个方面的责任，这是基于他的行为与结果之间的因果关系，同时还包含着他对这一因果关系的认识。例如，某位工程师设计了一款纳米机器人，投放到自然水体中，对生态系统造成了破坏性的影响。当人们能够明确知晓工程师的设计意图与纳米机器人的功能以及破坏性后果之间的因果联系时，就可以对工程师进行问责、追责。然而，工程师的设计意图很可能不是为了破坏生态，而是为了保护和修复生态，但是由于技术自身的复杂性以及创新产品与环境之间互动的不确定性，使得工程师根据已有的知识未能预见其不良后果。那么，是否还可以对工程师进行问责？工程师是否要为这一后果进行负责？如果要负责，应当如何去负责？随着现代技术与社会的发展，人们对“创新”的未来效应有越来越多的知识空缺。我们不得不面对的现实是，“不确定性”会使得人们难以预判行为的全方位后果。工程技术人员是否应当出于“免责”心态而放弃“创新”呢？“负责任创新”的理念将过于保守而放弃创新的行为也视为某种意义上的“不负责任”。因为当今人类面临的许多重大问题——生态危机、环境污染、人口、经济、就业等，亟须科技创新与工程实践来提供解决方案。

由此，“负责任创新”理念倡导的是对“责任”的理解从一种“回溯性”的责任转变为一种前瞻责任，即，从关注责任的“问责”和“归责”的含义转向更为重视“关心”和“回应”的方面。“关心”的方面指的是：当工程技术人员无法准确预料“创新”技术和产品所带来的全部后果时，应当以尽量审慎的态度，怀着对有可能受到影响的各利益相关方（人、物、社会、自然等）真诚的关切来设计、建造或使用这些“创新”成果。这种“关心”的责任类似于父母对待子女，虽不能面面俱到，但可以“为之计深远”。“回应”的方面指的是：在预判可能的后果与影响时，要准备好多种应对方式；此外，还要在“创新”成果的研发和应用过程中，随着影响的逐渐出现、逐渐清晰，根据情况变化发展来不断调整设计和应对方案，尽可能地趋利避害，减小负面影响，扩大正面效益。

前瞻责任是在已有知识不足以评价和指导当前工程创新实践的情况下，带着对未来的预期和对利益相关方的关切，来担负起内容和边界都尚未明确的责任，创造性地去负责。要履行此种创造性的前瞻责任，仅仅符合既有法律法规和技术规范的要求是不够的，因为创新有可能带来一些既有规则无法处理的问题，工程人员有责任去超越现有规则，甚至创造新的规则。

二、共同责任：超越职业分工

在工程创新活动当中，人们的责任意识还需要有另一个重要转变，这就是从以往“分工明确的责任”转向强调共同责任。人们对于需要主动行使的“责任”之内涵的理解，往往基于道德责任的分工，意即，每个主体被分配到特定的角色，该主体的责任及义务就包含在这个角色之中。角色不同，责任的范围也不同，即便是范围有所重叠，边界也较为明确。每个角色只需要做好自己分内的事，各司其职，便是履行了“职责”。

这种道义论的责任观，其根基在于传统社会对个人在共同体中的角色有固定分配。许多人的职业技能、社会地位，在传统社会中都是相对固定的。传统社会结构较为简单，社会流动性也较小。当今世界随着科技发展和社会进步，个人能力越来越具有全面发展的条件，但与此同时，人与人之间在生产和生活方面的相互依赖也越来越强。随着创新技术的开发和应用，工程实践也变得高度复杂，工程项目的规模也日益增大。在工程创新的复杂互动当中，职业角色的边界在逐渐弱化。有的个人可能身兼多重角色。例如，一名水利工程师，可能既是技术专家，又是行政管理人员，同时还涉及科学研究、总体规划、工程设计、建设施工、运行维护、出版宣传及社会服务等多种不同性质的工作。当多重角色集于一身，个体的“职责”限度就难以清晰界定。甚至还会有不同的角色责任在同一个体身上发生冲突的情况。另一方面，个体的角色也会随着工程创新实践的种种新变化而流动、演变。固守基于角色的责任分工视角，就会面临责任界定的困难以及许多个体急于推脱责任、为自己免责的困境。

共同责任正是要超越这种角色之间的分工合作模式，要求不同的角色联合起来，共同地去担负责任、履行责任。在共同责任的视角下，不再有分内分外的明确边界。与工程共同体的其他成员进行沟通、与利益相关方进行协商，也就因此成为一项道德义务。这不只是做好自己分内之事的有益补充，而是共同履行责任的必要条件。

参与“技术评估（technology assessment）”是工程人员与工程共同体的其他成员进行沟通，从而履行共同责任的一种形式。技术评估不仅需要技术专家提供专业意见，同时也需要来自经济、政治、社会、伦理、文化等各个不同领域的建议和信息。许多工程项目都是多学科、跨领域的复杂、庞大系统，工程创新更是要考虑广泛的社会影响。工程技术人员既要立足专业知识，又要消化吸收非专业信息，同时还要尽力跨越专业门槛，将艰深的专业知识和技术要求以外行能够理解的方式与他人进行交流。唯有如此，才能达到知识的融通，形成一个能够进行理性决策的工程实践共同体。

参与“公共协商（public deliberation）”是工程人员与利益相关方进行协商，从而履行共同责任的另一种形式。工程创新活动影响范围甚广，不少涉及重大社会问题。这就需要信息公开和信息的充分传递。广大社会公众有权利和义务了解相关信息、参与协商、民主决策。让单一个体或少数人去为某项工程创新的集体行动的后果负责，既不道德，也不够理智。工程技术人员的责任就包括帮助公众理解工程项目和技术创新的专业知识，也包括通过倾听公众的声音来更好地了解工程创新活动的社会、环境影响。

三、四维度框架：预期—反思—包容—反馈

基于上述责任意识的转变，有学者提出一套“负责任创新”的框架，框架中包含四个维度：预期、反思、包容、反馈。这四个维度相互关联，并整合为一体。① 小到某一项创新技术或产品的研发流程，大至某个工程项目建设和使用的全生命周期，都可以依据这一框架来行动（见图 5-1）。

---

① Stilgoe J, Owen R, Macnaghten P. Developing a Framework for Responsible Innovation [J]. Research Policy, 2013, 42 (9): 1568-1580.

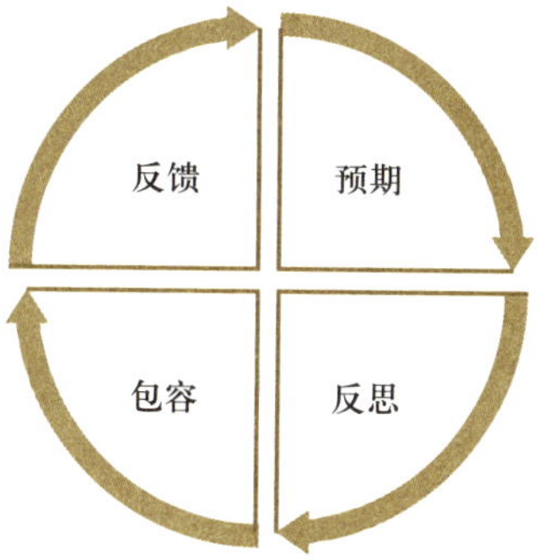

图 5-1　四维度框架

（一）预期

“负责任创新”理念倡导前瞻责任，因此，首先需要考虑的就是向前展望的维度。“预期（anticipation）”的含义不同于“预测（prediction）”。“预测”是根据已有的知识和信息尽可能准确地描绘将要发生的情形；而“预期”则是面对不确定的未来，尽量多地考虑各种各样的情况及其发生的可能性，拓展对未来的想象空间，并反过来提升人们对不同情况的应对能力。这就如同人们进行运动，锻炼身体的各项机能，并不是为了将来有一天把这些拉伸或者负重的动作运用在现实生活中，而是为了让身体具有更强的应变能力，能够应对各种不在自己预测之内的突发情况。

对工程创新活动进行“预期”，需要描述和分析创新技术或工程项目在经济、社会、环境等方面可能产生的种种效应；其关键不在于找到哪种描述更准确，而是探索、开拓未来的视野，通过在各种可能性中畅游，从技术、社会组织、个人心智等方面锻炼人们应对各种新状况的能力。

“预期”维度着眼于未来，落脚于当下。它要求工程技术人员去思考“如果……会怎样……”“还可能有什么别的样子”这类问题，去考虑创新过程中会遇到的偶然性；同时也会激励人们去积极参与建造他们想要的未来。

“预期”维度中包含着“预测”的成分。“预测”倾向于不断缩小可能性的范围，呈现一个具体的未来情形。而“预期”则需要吸收多种视角、扩大参与范围，将未来向尽可能多的可能性开放。因此，工程技术人员的“预期”实践不能只依赖专业技术知识，而是需要反思技术的局限性，与外行公众进行交流协商，吸纳更多不同视角的成员来参与讨论。

（二）反思

“反思”维度要求工程技术人员对自己的行为、举动和自身所处的状况进行思考，并依据思考的结果来适当地调整、改变自己的行动。在一些复杂、宏大的工程实践当中，工程技术人员有可能产生渺小感、乏力感乃至麻木感，认为尽职尽责只不过是机械地遵循技术规范或者项目指令要求，从而成为一个被动的执行者。“反思”维度要求唤醒责任主体的能动性，让人们意识到自己作为工程创新活动的决策者、执行者，在工程中需要且能够进行各种抉择。而这些抉择的理由和依据也需要责任主体在充分理解、判断之后采纳或者拒绝。对行动的反思、对目标的反思、对行动与目标之关系的反思、对规范适用性的反思、对能力局限性的反思，都是这一维度对工程技术人员提出的责任要求。

“反思”维度既需要落实到个体行动者层面，也需要落实到制度机构层面。组织、机构和团体应当建立增进反思能力的机制。例如，不少专业团体制定了行为准则（Codes of Conduct，CoC）。这些准则不是某些具体的技术标准，而是对该团体及其成员的社会责任的说明，带有行会自律的性质。通过制定、宣扬、参照这些行为准则，可以让专业技术人员重温“服务社会、造福公众”的初心和使命，对照自身的行动，提升反思意识和能力。

同时在个体行动者和制度机构这两个层面建立“反思”能力，意味着超越道德责任的简单分工。以往，包括工程技术人员在内的许多人都认为工程活动工作只遵循专业技术规范，无关伦理道德；即便工程中包含价值取向，某些技术创新会带来伦理方面的影响，也是应该交由专门的伦理学家来发现、思考、解决这些问题。“负责任创新”框架中的“反思”维度要求扩大并重新界定工程技术人员的职责，让“本职工作”与范围更广的“社会伦理责任”之间的边界模糊了，把具体工程创新实践放在一个大的社会治理过程中来考虑。

（三）包容

“包容”维度要求工程创新实践向利益相关者以及更广泛的公众开放，通过对话和讨论，让社会公众的愿景和价值需求嵌入创新过程中，从而使工程创新的成果获得公众认可和接受，服务于社会需求。“包容”维度不是只追求不同意见的大杂烩，而是既希望有多样化的意见和视角，又希望这些不同的意见和视角经过沟通后整合起来。

通过与利益相关者和社会公众进行交流和对话，可以广泛聆听并吸收各种愿景、目的、问题、困境，将其纳入集体性的协商讨论中，这既是工程创新治理的合理性需求，也是全过程民主协商的题中应有之义。

工程创新实践中的“包容”维度有三个方面的重要意义。第一重意义在于，这体现了民主、平等、公平、公正这些价值理念，彰显了社会主义核心价值观。

第二重意义在于，通过与公众的广泛交流，能够有助于推广宣传工程创新项目，获取公众信任，避免工程建设实施过程中遭到公众反对。第三重意义在于，通过与公众的沟通协商，可以集思广益，将民间大众智慧的精华引入决策过程中，有可能激发新颖的思路和方案。

在公众参与过程中需要克服专家与外行之间的知识壁垒，合理协调多数人与少数人之间的关系，正确处理不同利益相关方之间的分歧，求同存异，凝聚共识，使得协商达到增进团结、提升效率的共同目标。

（四）反馈

“反馈”维度包含两个方面的要求：一是回应，二是执行。这一维度强调的是：人们提出的各种期待、需求以及由此引发的反思能够对工程创新活动的方向、决策产生影响，也就是说，将“预期”“反思”“包容”等方面实践的成果落实到后续的工程创新活动中。

“负责任创新”理念的“反馈”维度在宏观与微观层面都有所体现。在宏观层面，要求工程创新活动主动应对整个社会面临的重大挑战，如生态危机、环境污染、能源短缺、人口老龄化、经济动能不足、就业不均衡。在微观层面，要求利益相关方和社会公众所提出的各种需求能够得到工程创新决策的响应。

“负责任创新”要及时响应在时代发展过程中出现的新知识、新视角、新观点和新规范。这是一个动态能力建设的过程，是一个互动、包容、开放的过程，也是一个适应性学习的过程。因此，“反馈”维度至关重要。欧洲各国在鼓励公众参与科技与工程活动方面进行了很多的尝试、探索和形式创新，但是，如果在后续工程创新实践中得不到明确的响应，就会让各方参与者怀疑甚至失望，这些公众参与活动也就难以为继。

（五）四维度的整合

“负责任创新”理念的四维度框架，要求将“预期”“反思”“包容”“反馈”这四个维度相互关联并整合起来。

四个维度相互呼应、相互需求。“预期”通过对未来的畅想，建设应对不确定性的能力，这就需要通过“包容”的公众参与和协商来拓展想象的空间，需要通过“反思”来将对未来的想象映射回当下现实，需要通过“反馈”来将“预期”转化为塑造当下同时也塑造着未来的真实行动。“反思”需要对目标和效果的“预期”，需要“包容”的多样性视角提供立场的转换，需要“反馈”到行动中。“包容”也是对工程创新的未来进行“预期”从而探讨各种目的和价值，需要参与者有“反思”的能力才能从多方立场不同的争议走向协商，然后还需要将协商的成效“反馈”到塑造工程创新活动中。“反馈”是建立在“预期”“反思”“包容”的基础上。

四、工程的全生命周期与负责任创新

“负责任创新”的理念应贯穿于工程的全生命周期。如同人从孕育、出生、成长、成熟、衰老与死亡，会经历一个完整的生命周期一样，工程也有生命周期。工程生命周期始于一个想法或概念，这一想法或概念来源于现实的需求，如某大学校园需要建设一座礼堂以供开展大型庆典活动之用。有了想法或概念之后，就需要进行可行性研究并开展立项审批手续。这一阶段，被称为工程的规划阶段。工程通过立项审批后，大学负责基础建设的部门需要通过公开招投标的方式寻找礼堂的设计方，一旦双方签订合同，工程就正式进入了设计阶段。设计阶段使一个来源于现实需求的想法或概念变成图纸上的设计图，需要通过建造活动让图纸上的礼堂变成供教职工使用的真实礼堂。从与建造方签订合同开始，至礼堂建成，工程相关方竣工验收签字确认为终点，是工程的建造阶段。竣工验收通过后，工程产出物移交至使用方学校，开始了运行阶段。对于礼堂，这个过程主要就是使用并维护，对于一些涉及周而复始开展运营活动的工业领域中的工程，这个过程主要是生产制造、质量保证与控制、销售等活动。鉴于工程所用的材料、零部件会损毁、老化等，任何工程都有一定的使用寿命。当运营周期达到预定的时间后，就需要对工程进行拆解、报废处理。当工程拆解、报废活动完成时，就意味着一个工程全生命周期的结束，而这一阶段，被称为废弃阶段。工程报废包括主动报废与被动报废。主动报废是指工程所有方因工程已达到固有的生命周期的时限而主动采取的拆解、报废活动。被动报废是指工程在使用与运营过程中，因异常情况的出现无法再继续开展工程活动而被迫开展的拆解、报废活动。如因核泄漏事故而被封入石棺的切尔诺贝利 4 号机组，就是被动报废。

一般来说，工程的过程被认为主要包括工程的论证和规划决策、设计、建造等环节。但从全生命周期的角度看，还包括工程的运行维护、废弃阶段（如图 5-2 所示）。

工程全生命周期包括论证与决策阶段、设计阶段、建造阶段、运行维护以及废弃阶段。

本章第二至第五节将围绕工程全生命周期的规划、设计、建造、运维这四个环节，重点介绍此框架的多种实践形式在工程中的应用，包括预期治理、价值敏

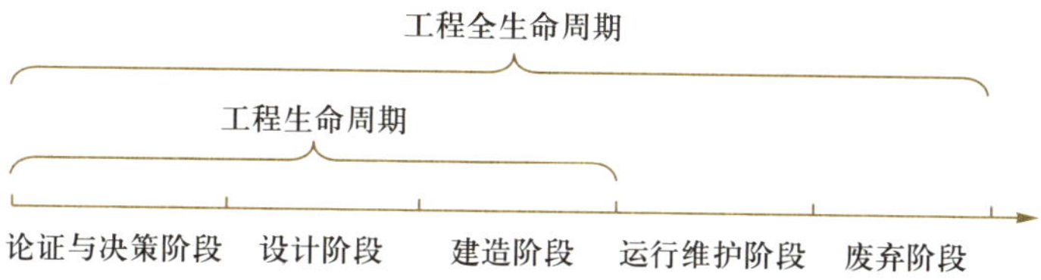

图 5-2　工程生命周期与工程全生命周期

感、包容创新以及工程的实时反馈（见图 5-3）。

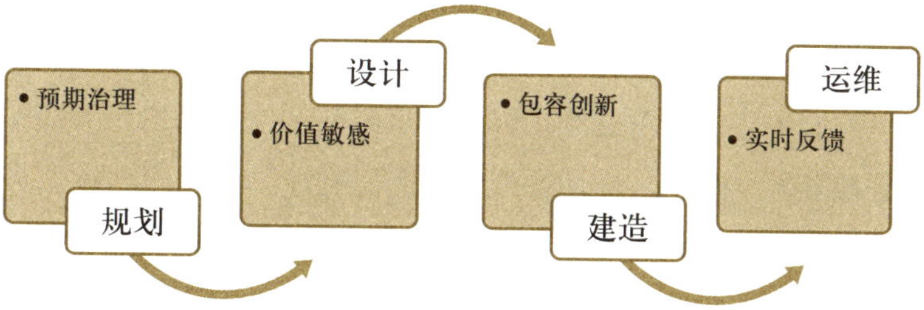

图 5-3　工程全生命周期与负责任创新

第二节　负责任的工程规划：长远预期

一、对工程规划进行长远预期的责任

20 世纪中期，曾经有一种名为“反应停”的药物在西欧被广泛使用，用于治疗和缓解孕妇早期的妊娠呕吐症状。很多孕妇确实在服药后见效了。然而，不久之后相关地区却发现畸形婴儿出生率明显上升。其中有一种罕见的畸形婴儿，四肢短小，看起来就像海豹，于是被称为“海豹胎”。后经研究发现，“海豹胎”畸形儿的出生与母亲怀孕期间服用“反应停”有关。大量“反应停”被医药公司召回，但是这些畸形儿即便存活，也要与不完整发育的肢体相伴终生。

DDT（中文名“滴滴涕”）是一种化学杀虫剂，在 20 世纪上半叶在全球范围曾被广泛使用，有效防止了农业病虫害，减轻了疟疾、伤寒等蚊蝇传播的疾病。1962 年，美国科学家雷切尔·卡逊（Rachel Carson）出版了著名的《寂静的春天》一书，指出由于 DDT 在环境中非常难降解，通过食物链传递和累积，最终导致某些鸟类中毒，几近灭绝。听不到鸟鸣的春天，寂静悲凉——这一图景成为生态环境受人类活动干扰而遭到破坏的典型象征。

氟利昂是一种合成制冷剂，化学稳定性好、无毒无刺激、价格低廉易量产，曾经在家用冰箱、空调等制冷设备中广泛使用。然而，直到人们发现了南极臭氧层上出现一个大空洞，才注意到氟利昂被排放到大气中对环境的危害。氟利昂（尤其是氯氟烃类）排放到大气中会导致臭氧含量下降，从而增加阳光中的紫外线对地球生物的危害；同时还扩大了温室效应，加剧气候变化。

生物医药、农业化工……历史上这一个个真实案例，留给了后人惨痛的教训和宝贵的经验。古人云："悟以往之不谏，知来者之可追。"工程技术活动在早期规划时，应当更加审慎，除了考虑短期的、直接的效果之外，还要对长远的、广泛的影响进行预见。哲学家汉斯·尤纳斯（Hans Jonas）深刻地洞察了现代技术的特点——"科学使其具有前所未有的力量，经济赋予其永不停息的动力"，并指出技术创新对世界的改造和影响已经能够延伸至时间和空间上的巨大范围，波及全球，也波及子孙后代。据此，尤纳斯提出"责任伦理"的思想，认为当今人类的活动应当为自然界和未来的人类负责。这是"负责任创新"理念中"前瞻责任"的重要思想来源和理论基础。

社会学家乌尔里希·贝克（Ulrich Beck）从现代社会特有的组织方式的角度指出：现代社会的诸多风险与人类活动和技术应用有关；但是由于技术的复杂性和不易理解，人们只能生活在一个对危害难以直接感知、充满不确定性的"风险社会"中。同时，由于各种社会组织形式过于庞大、结构复杂、参与者众多，导致了"有组织的不负责任"状况，即：某些企业、政策制定者、专家学者受各种利益驱动制造出了风险，却以法律边界和科学证据作为辩护工具，纷纷推卸责任。因此，从环境保护领域开始，许多国际法和国际公约中形成了"风险预防原则"的共识，以应对"有组织的不负责任"困境。"风险预防原则"指的是：如果某种活动可能导致对自然环境或人体健康的有害后果，即使尚未有充分确凿的科学证据支持这一因果关系，也应当提前采取措施，尽可能避免危害产生。这一原则也构成了"前瞻责任"的新内涵。

二、"预期治理"理论与方法

在工程规划中进行长远预期，从而实现负责任的工程创造，可以参考"预期治理"理论来进行。"预期治理"指的是对新兴的科技与工程活动进行管理的一种特殊的能力和方式，这种管理从技术研发或工程规划的早期开始，并贯穿于整个实施过程，需要科学家、工程师、政策制定者、社会公众等各利益相关方共同参与，通过各种各样的实践形式来激发他们的积极性、想象力和协商互动。"预期治理"有两个重要的目标：一是鼓励并支持科学家、工程师、政策制定者和社会公众反思他们各自在新技术发展当中的角色和责任；二是在自然科学和工程研究的过程中，通过相应的机制来观察、讨论甚至影响那些嵌入创新当中的社会价值，从而塑造科技创新的走向。①

“预期治理”主要包含三个方面的工作。

第一是“预见（foresight）”。预见是预期治理中的核心工作，是对技术创新和工程项目的未来进行前瞻性的设想与展望。工程规划本身就包含预见的要素。值得注意的是，在预期治理当中，预见工作并不追求对未来的准确“预测”。由于创新活动对社会与环境影响的复杂性和不确定性，我们需要考虑的是尽可能多的不同情况，哪怕这些情况发生的概率大小不一。从风险管控的角度来看，小概率事件如果带来不可承受的灾难性后果，也是高风险状况，值得引起重视和准备预案。人们对于后果的接受程度，则不是一个简单的技术问题，而涉及更加复杂的伦理和社会因素。因此，预见工作既需要工程技术专家参与，也需要社会公众等利益相关方来共同进行。进行预见常用的方法有：未来场景规划（scenario planning）、技术生命周期评估（life cycle assessment）、德尔菲法（Delphi studies）、交叉影响评估（cross-impact assessment）等。其中“未来场景规划”法最有代表性。小范围的场景规划可以通过组织座谈会、焦点组讨论来进行。大范围的场景规划可以借助大型研讨会、宣传、展览和群众文化活动（如科学节、文化节）来开展。利用未来场景规划法进行预见工作，关键在于保障参与者的多样性和代表性。预见工作的目标是在工程规划阶段吸纳不同的观点和视角，拓展想象空间，尽可能多地了解工程技术创新活动在社会中的应用产生的不同方面的影响，以及人们对这些可能效果的反应和接受情况。通过设想不同的未来场景，既能让工程师在进行规划设计时扩展自己的视野、知识面和风险管理覆盖面，也能让社会公众对创新的技术和工程加深了解、减少由于未知带来的恐慌心态、加强风险应对的心理能力。

第二是“参与（engagement）”。在预期治理当中，参与和预见工作往往紧密地结合在一起。因为在预见中需要多个利益相关方参与协商才能达到目标。参与既要考虑到对利益相关群体的覆盖面，也要考虑参与的有效性。参与的第一层效果体现在信息的传达。对于参与的利益相关方，尤其是外行公众而言，需要对技术创新和工程活动有一定程度的知晓和了解。第二层效果体现在信息的反馈。外行公众作为利益相关方，不仅仅是被动参与者，还需要主动提供自己的意见、见

① Barben D, Fisher E, Selin C, et al. Anticipatory Governance of Nanotechnology: Foresight, Engagement, and Integration [M] // Hackett E J, Amsterdamska O, Lynch M, et al. The Handbook of Science and Technology Studies. 3rd ed. Cambridge, MA: MIT Press, 2008: 979-1000.

解和补充信息。尤其在关于工程技术活动的风险管理方面，外行公众对风险的感知和接受情况是制定风险应对方案中的重要因素。第三层效果体现在信息的融通。通过多方参与来弥补知识的盲区，是应对创新带来的不确定性的一种现实方案。要达到上述三层参与效果，需要工程技术人员转变观念、换位思考，在内容上做精心准备，在形式上不断开拓创新。此外，还需要在国家层面建立科技创新与工程治理的宏观体制机制作为保障，以及全社会形成理解科学、参与创新的文化环境作为支撑。公众参与工程创新治理的形式多种多样，除了上文“预见”部分提到的研讨会、座谈会、焦点组、宣传、展览等活动之外，市民听证会（citizen's jury）、共识会议（consensus conference）、大规模线上互动等都是常用的方式。

第三是“整合（integration）”。“整合”工作在“预期治理”中特指“社会—技术整合”，其含义是把某个技术或工程创新项目的“技术”方面的要素和“社会”方面的要素更好地融合起来。对一项具体的工程活动而言，尤其是大型的民生工程，“技术”和“社会”的要素原本就是交织在一起的。但现代工程的管理方式往往会将其拆分开来，分类管理，便于进行各个单项的效果评测。这种做法的一个缺陷是容易导致工程技术人员有意无意地被限制在所谓的“技术文化”之中，只从专业技术角度来考虑问题，把社会应用的问题留给他人。如果一个工程项目在规划中忽略了可能的社会影响，或者负责处理社会问题的部门（如公共关系部门）对技术缺乏了解，就会导致工程活动中“技术”与“社会”问题的脱节。这种情况在工程技术创新中并不罕见。因此，在预期治理中，需要将“社会—技术”重新“整合”起来。进行“社会—技术整合”的一种新颖的方式是让人文社会科学学者进入技术创新的实验室中，与研发人员进行沟通、对话，帮助研发人员走出专业视野和“技术文化”的局限，提升自我反思能力，更多地考虑技术创新的社会影响，通过考虑社会价值来调整技术设计，通过创新技术设计来满足社会需求。除了进入实验室，上述种种“预见”“参与”工作的活动形式，以及工程规划和执行中的其他各环节，都可以进行类似的“整合”工作。

此外，预期治理还要把这三方面的工作“集成（ensemble）”起来。预期治理是一项综合性的任务，为了实现提升反思能力和锻炼风险应对能力的目标，“预见”中要有“参与”，“参与”中要有“整合”。各种活动形式中都可以且应该同时贯穿这三个方面的工作。

在工程规划中进行“预期治理”，是贯彻落实“负责任创新”理念尤其是“前瞻责任”的重要方式。

三、纳米技术的预期治理

纳米，作为计量单位，指的是一米的十亿分之一。在这一尺度上，可以观测和操纵单个的原子和分子。在 1 到 100 纳米之间的物质颗粒，具有尺寸小、表面积大、表面能高等特点。由这些“纳米颗粒”构成的纳米材料，会具有一些奇异的物理化学效应。纳米科学技术的兴起，就是希望通过研究 1 到 100 纳米这一尺度范围的物质，利用其特性制造新颖的材料和器件，以应用到能源材料、电子信息、生物医学、航空航天等各领域。

（一）期望、担忧与前瞻布局

纳米技术的应用构想在 20 世纪中后期被提出，随着 1990 年实现了操控 35 个氙原子排列出 IBM 字样，以及富勒烯、碳纳米管、石墨烯等分子层级新材料的制备，到了世纪之交，纳米技术及其工程应用被许多人认为是 21 世纪最有前景的高技术领域。人们设想新型纳米材料和分子机器人能够进入人体内部治疗疾病、自动进行垃圾分解、净化环境、造出高强度高性能的太空装置和武器……在科幻作品《三体》中，纳米技术就曾大放异彩：既是三体人对地球科技进行“锁定”的对象，又是智子施展宇宙奇迹的手段，还是“古筝行动”的作战利器。

无论在专业技术领域的讨论，还是在大众文化的构想中，纳米技术的前景总是希望与担忧并存。“灰色黏质（grey goo）”这一关于纳米技术的设想曾风行一时：有人设想出一种可以自我复制并随风传播的微小纳米机器，它们一旦不受控制就会迅速繁衍、吞噬整个地球生物圈。尽管当时纳米技术还处于起步阶段，很多应用都只是遥远的设想，但从学术界到政府部门，从社会组织到大众媒体，纷纷开始对其多种多样的应用场景以及潜在的安全、健康和环境风险进行关注。其中虽不乏媒体炒作和商业投机，但也有真正严肃的社会治理与公共政策讨论。

为了避免重蹈转基因技术“先发展，后遭公众强烈抵制”的覆辙，政府机构在大规模投资纳米技术研发的同时，进行前瞻布局，设立专项经费和机构来研究纳米技术的社会影响。美国最大规模的跨部门纳米研发项目“国家纳米计划（National Nanotechnology Initiative，NNI）”制定了关于纳米技术的“环境、健康与安全议题（environmental，health，and safety issues，EHS）”和“伦理、法律和社会议题（ethical，legal，and societal issues，ELSI）”研究计划，两项计划自 2005 年起累计投资分别达 6.5 亿美元和 3.5 亿美元；英国经济与社会研究理事会出版了关于纳米技术的社会经济挑战的报告；欧洲议会组织召开了“纳米技术的社会影响”研讨会；2011 年我国的国家重点基础研究发展计划（973 计划）项目“重要纳米材料的生物效应机制与安全性评价研究”中设立了“纳米伦理与可持续发展”的子课题，由大连理工大学的哲学教授主持，重点探讨纳米材料工作场所的安全与伦理问题。

（二）公众参与的技术预见

2005 年，欧盟组织了一次名为“纳米会谈”的活动，邀请科学家、企业家、社会组织等利益相关方广泛参与会谈，并通过公众调查与投票，最终形成三个关注度最高的应用场景构想：医疗领域的纳米技术、食品领域的纳米技术、能源领域的纳米技术。各利益相关方表达了对这些场景的期望与潜在风险的担忧，也谈到了可能需要的监管措施以及各自的行动。

2005—2007 年，英国组织了一系列关于纳米技术的公众参与活动，如“英国纳米陪审团（Nanojury UK）”“纳米对话（Nanodialogues）”。公众代表提出了关于开发和应用纳米技术来解决就业、教育、贫富差距、健康与环境等方面的问题，并呼吁研究过程开放透明、接受公众监督和伦理审查等。代表科研界的研究理事会对这些公众意见进行了反馈。

在美国，由 NNI 资助的“纳米社会研究中心（Center for Nanotechnology in Society，CNS）”负责陆续组织各种公众参与和技术预见活动。其中，“突现未来（EMERGE）”是一种大规模的创新形式。该项活动从 2012 年起每年举办一次，以嘉年华的方式汇聚了科研人员、设计师、艺术家、人文社会科学学者和普通公众，通过组建临时工作坊，设计出纳米技术的未来应用模型，或共同创造对应用场景的想象，随后通过展览的方式相互交流。

（三）技术与社会深度整合

以中国为例，2009 年以来，科学家、工程师和人文社会科学学者主动携手，共同面对纳米技术的研究和应用当中的风险、不确定性以及可能涉及的伦理和社会议题。从事纳米科技领域研究的许多知名科学家，都曾在《科学通报》《中国科学报》《中国社会科学报》等刊物上发表文章或接受采访，表达了他们对于安全、风险、不确定性等方面问题的关注，以及需要联合哲学社会科学学者来共同应对纳米科技发展问题的积极态度。

2011 年 1 月 15 日的《科学通报》策划了一期题为“纳米技术的安全与伦理”的论坛，也刊发了相关领域自然科学家和人文社会科学家的多篇文章。2011 年 11 月，中国科学院学部科学道德建设委员会主办的“2011 科技伦理研讨会”在北京召开。此次研讨会的主题之一就是“纳米技术伦理问题”。中国科学院多位院士和相关领域的科学家，科技伦理、政策和法律等领域的专家学者，以及国家各部委和科协的有关领导都参与了讨论。2012 年 9 月初在北京召开的第六届国际纳米毒理学大会设有纳米的“伦理、法律和社会议题（ELSI）”专场，吸引了来自大连理工大学、清华大学、中国科学院、中国社会科学院以及美国南卡罗来纳大学的多位人文社科研究者参加，讨论了纳米伦理、实验室合作、纳米科学共同体的社会责任、纳米工作场所的安全和伦理问题、纳米物质的管理规范、风险预防方法、纳米的伦理风险以及纳米技术标准化等议题。

（四）建立机制、培育文化

NNI 特别建立了两所“纳米社会研究中心（CNS）”，分别坐落在亚利桑那州立大学和加州大学圣芭芭拉分校。欧美一些大学设立了纳米伦理专门研究中心，如丹麦奥胡斯大学生命伦理与纳米伦理中心。《纳米伦理：在纳米尺度上汇聚的技术伦理（*NanoEthics*：*Ethics for Technologies that Converge at the Nanoscale*）》作为专业学术期刊，于 2007 年创刊，成为该领域一个专门的研究阵地。此外，还形成了研究组织网络——“纳米科学及新兴技术社会研究协会（Society for the Social Study of Nanoscience and Emerging Technologies，S. NET）”。该协会自 2009 年起每年召开一次年会，地点在北美和欧洲之间轮换。

第三节　负责任的工程设计：价值反思

一、工程设计中的价值负载

价值是主体和客体之间的意义关系，是客体对个人、群体、整个社会的生活和活动所具有的积极意义；具有主体性、客观性、多维性和社会历史性四个基本特性。① 工程实践活动是在价值的引导下开展的，自然要满足人与社会的各种需求，实现价值。而人的价值观念，也通过实践注入工程项目和技术产品之中。

美国纽约市通向长岛琼斯海滩和旺托州立公园的公路上，有两百多座行人过街天桥。这些天桥距离路面的高度很低，使得只有小轿车能从天桥底下通过，而公共汽车却无法通行。这样的过街天桥设计使得当时拥有私家小轿车的富人和中产阶级才能够驱车前往琼斯海滩度假，而依靠公共交通出行的普通大众却难以享

① 本书编写组．马克思主义基本原理（2021 年版）［M］．北京：高等教育出版社．2021：90-91.

用海滩和州立公园。这一设计，仅仅通过高度的控制，就实现了社会群体区隔的效果，体现了20世纪二三十年代美国社会阶级分化和种族隔离的价值取向。

在城市建筑与道路规划的设计中，通过将居住、商业、公共活动区域进行交叉设置，让居住区楼房中有朝向道路的小商铺，适当配置街心花园，这样既可以满足市民生活的基本需求，还可以提升社区互动和人际交往，同时加强邻里监督、保障公共安全。安全、便利、友善、团结等社会价值就可以通过这样的城市规划设计体现出来。

在本章的引导案例中，提到了人工智能的算法在进行人脸识别过程中无意识地带上了一些性别歧视和种族歧视之类的社会偏见。及时发现并校正这些通过技术体现出来的歧视和偏见，是对特定社会历史条件下某些价值取向的批判和引导。

随着人口老龄化的发展，智能通信产品的设计也应适应老年人的使用需求。如：在手机和应用程序界面中减少花哨复杂的功能，通过语音和动画演示来辅助操作，加强隐私保护的默认配置，提供适合老年群体的健康、娱乐、社交功能……

由此可见，工程项目和技术产品并非价值中立的工具。尤其是复杂的大型工程项目，往往负载着多种社会价值。有的价值是社会价值观念的悄然渗入，有的则是工程技术人员的有意植入。为了让工程更好地造福社会、有益人民，工程师有责任从工程项目和技术设计中识别出所负载的价值，并依据特定的价值导向来进行设计。

我国社会主义核心价值观包括：富强、民主、文明、和谐，自由、平等、公正、法治，爱国、敬业、诚信、友善。全人类的共同价值观包括：和平、发展、公平、正义、民主、自由。这些都是工程技术人员在进行设计的过程中可以参照的基本价值取向。通过工程设计，可以将这些基本价值取向嵌入项目和产品当中，引导人们的日常行为，辅助社会价值的实现。

二、价值敏感设计

“价值敏感设计”是一种对工程和技术设计中的价值进行反思、调整和嵌入的方法。20世纪90年代，美国华盛顿大学的巴蒂亚·弗里德曼（Batya Friedman）等学者提出要在计算机信息系统的设计中考虑到各种伦理道德和社会价值观，进而发展出一套理论和方法，在设计的过程中通过原则性和系统性的方式来考量人类价值。这套方法随后被广泛用于其他领域的工程和技术设计实践中。价值敏感设计主要包括以下五个方面的内容：（1）对技术产品涉及的直接和间接利益相关方进行分析；（2）辨别出设计者的价值取向、利益相关方的价值取向、相关技术明确支持的价值取向；（3）从个体、团体、社会三个不同层面分析这些价值取向；（4）从观念、技术、经验三个层次进行反复的综合研究；（5）致力于改进技术设计来调整价值取向。①

综合上述内容，价值敏感设计可以从以下三个方面来进行。

第一，价值识别。

从工程项目规划、技术设计方案以及工程技术产品中，可以识别出负载有哪些价值，以及各个利益相关方想要通过该项工程活动来实现哪些价值。例如，一款手机，作为信息通信的终端设备要实现高效存储、稳定通信的价值，对于用户而言还希望实现使用便利、保障隐私的价值，另外还有消费者或生产商会追求节能环保、循环利用等方面的价值。在工程设计阶段，工程技术人员就有责任尽量了解并综合考虑这些价值，而不是仅仅从自己单方面的设想出发或局限于既有技术的路径依赖。分析和揭示市面上已有产品的价值负载，有助于在创新设计过程中更好地进行价值识别。"价值敏感设计"提出"三重方法论"来进行价值识别，即，将"观念考察""经验考察""技术考察"三个层面的工作进行综合与迭代。

"观念考察"指的是从较为抽象的哲学和设计理念层面对相关价值取向进行分析和探讨。例如，信息通信技术中，如何处理自主性和安全、匿名性和信任等一系列相互冲突的价值？如何对这些价值进行取舍和平衡？是否需要对自由与平等、公正与和谐等价值进行一个优先级排序？还是说满足越多的价值就是更好的？

"经验考察"则是对于在"观念考察"阶段识别出来的一些关键价值，去追踪它们如何体现在设计和研发过程的各个阶段。这里主要聚焦于人们在现实中如何对待工程技术产品的价值。通过观察、访谈、问卷、焦点组讨论等各种社会科学的调查方法，可以收集经验数据，了解投资方的价值需求是否得到了实现，了解客户的价值需求是否得到了满足，了解社会的价值是否获得了保障。

"技术考察"指的是从技术设计的具体内容中辨别出哪些价值通过什么样的技术手段得以实现。例如，为了保障用户的隐私和安全，通信数据是否进行了加密、脱敏处理？为了保障用户的知情权和自主性，应用程序在收集用户数据时，是否进行了明确的告知与说明？什么样的设计方案能够更有效地抵御风险、保障生命财产安全？什么样的设计方案对环境的影响最小？什么样的创新设计能够便利沟通、增进社会信任与团结？

---

① Friedman, B. Value Sensitive Design［C］//Bainbridge W S. Encyclopedia of Human-computer Interaction. Berkshire：Berkshire Publishing Group, 2004：769-774.

第二，价值嵌入。

当识别出工程项目和技术产品中负载的种种价值时，对于设计者而言，一个重要的工作就是考虑如何将某些特定价值嵌入正在进行的设计当中。这是一个“转化”的过程：将“价值（values）”转化为“规范（norms）”，将“规范”转化为“设计要求（design requirements）”（见图5-4）。

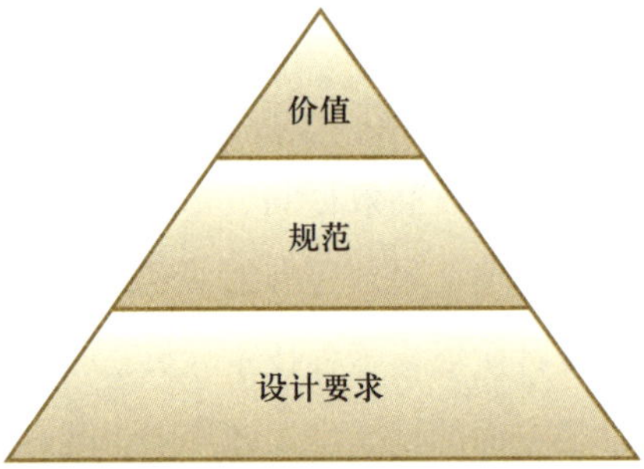

图5-4 价值转化金字塔①

例如，在我国西南某省要建造一个大型数据存储中心，在设计方案中希望能够实现可持续发展的价值目标，可以参照这个价值转化金字塔，将“可持续发展”这一价值分解为“代际公平”和“关爱自然”两个从属的价值，然后将它们分别转化为“使用可再生能源”“避免破坏环境”“维护物种多样性”等规范，再进一步将每一项规范转化为更为具体的技术要求（见图5-5）。

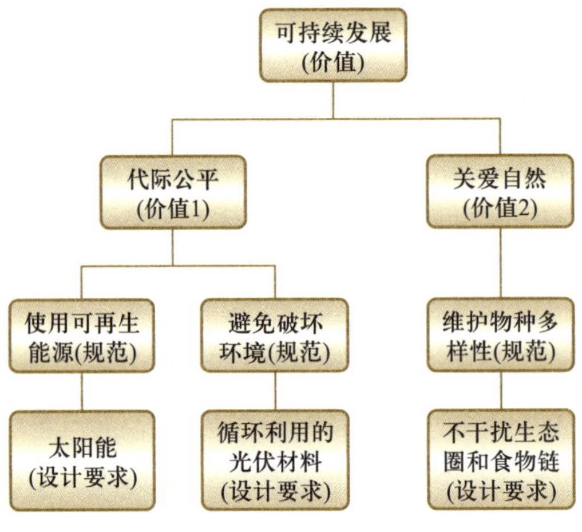

图5-5 价值转化金字塔应用示例②

① 翻译自Srivatsa N，Kaliarnta S，Kormelink J G. Responsible Innovation：From MOOC to Book［M］. Delft：Delft University of Technology，2017：112.

② 改编自Srivatsa N，Kaliarnta S，Groot Kormelink J G. Responsible Innovation：From MOOC to Book［M］. Delft：Delft University of Technology，2017：112.

第三，价值检验。

在工程和技术设计的具体过程中，既可以自上而下地梳理价值转化金字塔，也可以自下而上地调整和补全价值转化金字塔。如果事先明确了该项目或产品要实现的价值，可以一步步向下转化为技术方案。如果现有具体的设计方案或者产品雏形，可以自下而上地将其关联到某些价值，重构转化金字塔。以这样的方式来识别和检验体现在技术设计中的价值，可以更好地调整、校正价值嵌入。

此外，价值检验还要通过细致的技术考察，来评估某些具体的设计要求能否满足相应的价值。因为在价值转换的过程中，从“价值”到“规范”到“设计要求”并不是单一的路径。在选择和决策的过程中，会有多种可能性和偶然性。这就可能导致“设计要求”偏离或者只能部分实现价值初衷。通过价值检验发现这类问题，还能对设计方案进行调整和完善。

另外还有一个需要检验的方面是“价值冲突”。在价值识别的“观念考察”过程中发现了相互冲突的价值，如果没有处理好，则有可能转化为技术方案的冲突。有的技术方案可能兼容不同的价值，但价值冲突的问题没有处理好的话，在项目执行和产品使用过程中还有可能产生问题。价值检验可以通过梳理价值与规范、价值与技术要求之间的复杂关系，发现技术设计中由价值冲突造成的问题，并以价值协商或改进技术设计的方式来应对。

从上述三个方面的工作可以看出，“价值敏感设计”的方法与负责任创新的四维度框架有诸多契合之处。以价值导向来引领工程技术设计，从而满足利益相关方的价值需求，这体现了“预期”的维度。通过对工程项目和技术产品中负载的价值进行识别和检验，这是对技术创新的“反思”，也是工程技术人员自我反思的体现。考察和嵌入各利益相关方的价值，尽可能在技术中体现多元价值，需要投资方、设计方、用户乃至社会公众来参与协商，体现了“包容”的维度。价值嵌入和价值检验的成功实现，让工程技术创新的成果能够弘扬价值、服务社会，则是“反馈”维度的体现。

因此，“价值敏感设计”的方法能够在工程设计阶段辅助工程技术人员更好地进行价值反思，履行工程创新的责任。

三、用创新设计让算法向善

大数据杀熟、外卖骑手困在算法中、算法歧视、算法霸权……在数字经济蓬勃发展的时代，“算法”及其带来的问题已经越来越被人们关注。随着新一代人工智能技术的广泛应用，数据成为重要的生产要素。而处理海量数据的种种“算法”，也成为渗透到生产生活方方面面的技术成分。正如上文多处提过，在产品和应用中的算法，并不是中立的，而是负载人类社会中的种种价值。如何识别出潜藏于算法中的歧视和偏见，如何将人们所期望的价值理念嵌入算法当中，是引导“算法向善”、创造美好生活的关键所在。

（一）价值识别：反对歧视

企业的人力资源部门在招聘网站的后台筛选简历时，算法可以针对男女性别进行筛选，或可设定年龄，排除年龄较大的应聘者。购物网站的算法会根据平时的消费水平针对性地推荐符合日常消费水准的商品，将其放在搜索页面的前方，隐藏那些不符合消费者以往消费水平的商品，而不是以商品的好坏优劣作为推荐第一指标。人脸识别技术在面对深肤色人种时，将深肤色女性错认为男性的比例会高出识别浅肤色女性。导致这些算法歧视的来源，既可能是收集到的数据本身具有偏差或歧视性，也可能是由于人为设计时有意或无意地将歧视写入了算法，使其具有歧视性。算法歧视加深了社会上的不公平不公正，对某些群体造成的危害足以影响到他们的正常生活。

2021 年 12 月 31 日，我国网信办、工信部、公安部和市场监管总局四部门联合发布了《互联网信息服务算法推荐管理规定》，自 2022 年 3 月 1 日起施行。该规定中明确算法推荐服务的提供者应保护用户权益，尤其是保护未成年人和老年人；同时还应保障劳动者、消费者的合法权益，不得实施不合理的差别待遇。

面对这样的社会现实和法律要求，智能系统的工程技术人员有责任去识别数据或者算法中所附带的偏向，如引导案例中的“算法正义联盟”那样，进行“算法纠偏”。在设计新的智能系统时，可以用特定的设计方案来确保社会公正，维护弱势群体的合法权益。

（二）价值嵌入：保障隐私

在聊天软件提及某商品，下一秒打开购物软件便会出现在推荐商品栏；日常对话内容被手机软件监听，作为个人信息数据被各大 App 记录用于消费者画像；行动轨迹被 App 定位记录上传，使用 App 时需要同意各种用户协议等。在人工智能时代，侵犯隐私权的方式多种多样，个人的隐私权也变得多元化。从现实生活的各种个人隐私到互联网虚拟世界的个人信息，这些都应该被列入保护范畴。在一些企业面对巨大利益私自窃取用户个人信息时，人工智能成了侵犯他人权益的工具。人工智能算法对个人隐私的侵权主要分为：一是在个人不知情的情况下，通过数据采集、日常行为追踪，获取用户个人的“生活轨迹”；二是通过不透明的算法来计算、剖析、解释和预测用户的行为，从而介入或侵犯个人隐私权。

《中华人民共和国数据安全法》和《中华人民共和国个人信息保护法》分别于2021年9月1日和2021年11月1日起正式施行。这意味着防范和惩戒智能技术和算法对公民隐私的侵犯有了明确的法律依据。然而，数字经济和智能技术的发展需要大量的数据进行支撑。数据作为新兴重要生产要素需要得到流通、共享和开发利用。如何在保护个人隐私和确保数据安全的前提下推动数据有序流动，成为数字经济发展面临的重要挑战。

在这样的背景下，“隐私计算”技术应运而生。“隐私计算”指的是在保证数据提供方不泄露原始数据的前提下，对数据进行处理和计算，完成数据价值挖掘的技术体系。这是为了保障数据在流通与融合过程中“可用不可见”，实现数据所有权和使用权之间的分离。通过采用数据加密、数据遮挡、数据替换、分布式学习、可信任执行环境等不断创新的技术方案，隐私计算为金融、政务、医疗这三类掌握海量数据、对数据赋能业务需求强烈的机构提供了有力的技术支撑。

（三）价值检验：维护自主

企业使用算法对不同用户进行个性化推荐，本意在于帮助用户筛选信息、提升效率、满足需求。但若任由算法推荐受到资本逐利的驱动而无序发展，就会导致大数据杀熟、信息茧房、诱导消费等负面效应，损害用户的知情权和自主性。很多互联网服务的使用者不清楚自己的哪些信息被平台商家收集了，也搞不懂被推荐的依据是什么，在商家所提供的信息中进行“选择”，即使被诱导也懵懂不知。这类情况使得用户既无法保障自己的合法权益，也无法进行真正自由自主的决策。

早在20世纪90年代，“价值敏感设计”的提出者最早关注的就是信息技术应用中用户的自主性问题。他们通过考察已有的硬件和软件设计——如麦克风开关、文本编辑器提供的选项数量、网页浏览器Cookie管理的默认设置，来检验技术设计中是否有效地体现和维护了自主性这一价值。如今，我们大量使用智能手机和各种应用程序，许多个人信息都被收集而用于增强服务。虽然现有的法律法规要求应用程序提供方需要对信息收集进行说明并征求用户同意，但不少应用进行说明和获得同意的方式却未必能够保障用户的自主性。例如，说明界面隐藏较深、说明内容和方式过于烦琐、不同意则无法使用……这些界面和算法的设计都可以被检验和调整，使其符合维护用户自主性的价值取向。

《互联网信息服务算法推荐管理规定》第六条明确提出：“算法推荐服务提供者应当坚持主流价值导向，优化算法推荐服务机制，积极传播正能量，促进算法应用向上向善。”这既是对企业的法律要求，也明确了从事算法设计的工程技术人员的道德责任。工程技术人员应当具备价值敏感性，通过技术设计的方式塑造算法中的价值，以“价值敏感设计”来实现“算法向善”。

第四节 负责任的工程建造：包容创造

一、工程建造中的包容性

促进可持续发展和增进社会福祉，是从事工程创造的工程共同体的共同责任。负责任的工程建造是践行可持续发展价值观的工程实践活动，体现在工程建造的关怀对象和创造方式的包容性（inclusiveness）上。

包容维度要求工程创新实践向利益相关者以及更广泛的公众开放。通过与利益相关者和社会公众进行交流和对话，广泛聆听并吸收各种愿景、目的、问题、困境，平衡不同利益相关方之间的诉求，从而使工程创新的成果获得公众认可和接受；可以集思广益，将民间大众智慧的精华引入决策过程中，有可能激发新颖的思路和方案。

在负责任工程建造活动中，社会各阶层尤其是边缘和弱势群体应成为包容的对象。从更广泛的工程环境影响以及工程的可持续发展目标来看，工程所涉及的弱势利益相关群体不仅包括弱势群体，还应该包括动植物、自然环境及其代理人。

“包容”更落实在工程技术创新环节上，将社会公众的愿景和价值需求嵌入创新过程中，服务于社会和环境可持续发展需求。下文将通过港珠澳大桥建造中的白海豚保护案例，来展示工程制造中是如何通过环境影响评价、优化设计与施工方案以及加强施工管理，实现“包容”的负责任制造的。

二、重视环境影响评价：明确港珠澳大桥建造中保护白海豚的具体要求

港珠澳大桥工程是我国第一座由粤、港、澳三地共建，跨越三地海域的世界大型跨海建设工程。2009 年 12 月大桥正式开工建设，2018 年 10 月大桥开通营运。

港珠澳大桥主体工程穿越广东珠江口中华白海豚国家级自然保护区。该保护区建于 1999 年，于 2003 年升级为国家级自然保护区，主要保护对象是国家一级重点保护野生动物中华白海豚及其栖息地环境。中华白海豚全球总数为 6 000 头左右，中国是全球中华白海豚最重要的栖息地，种群数量为 4 000~5 000 头，主要分布在长江口以南的河口海域。其中珠江口水域（包括香港、澳门以及江门水域）数量最多，超过 2 000 头。①

大桥主体工程采用桥、岛、隧组合，穿越保护区的核心区约 9 千米、缓冲区约 5. 5 千米，施工区用海宽度 2 千米，共涉及海域约 29 平方千米。保护区内的工程主要有青州航道桥、深水区非通航孔桥、东西两座各自近十万平方米的人工岛以及 6. 7 千米长的海底隧道。

大桥工程建设与白海豚保护之间的冲突，引起了粤、港、澳三地政府的高度重视，并委托专业机构进行环境影响评价。通过调研发现，桥梁及岛隧工程项目中挖掘疏浚、液压打桩、钢圆筒打设、挤密砂桩、抛石以及船舶施工等作业对中华白海豚会造成影响。具体表现在以下几方面：

一是栖息地被占用，桥体改变珠江口海底地形和水流，影响白海豚分布。挖泥区、挤密砂桩施工区和抛石区的底栖生物完全损失，间接造成白海豚的食物鱼类供应减少。二是挖泥抛石等作业使水中悬浮物增加并扩散，造成水体透光度和含氧量下降，以及含有重金属等有害物质的底泥泛起，影响中华白海豚的饵料质量。施工作业期间产生的废物、废气和污水，以及船只的溢油和物料泄漏会造成水体污染，使得白海豚的栖息环境恶化。三是打桩锤打桩作业产生的高频噪声会严重影响白海豚听觉，甚至令它们受伤致死。四是海上作业船舶密集增大了白海豚被撞击的风险。

为此，港珠澳大桥管理局会同设计单位、岛隧工程总承包单位、桥梁施工单位以及广东珠江口中华白海豚国家级自然保护区管理局等利益相关方，从工程可行性研究到设计、施工以及生态补偿各阶段全方位加强保护白海豚的措施。

三、优化施工方案：以技术创新落实对中华白海豚的保护

首先通过优化设计和施工方案，从源头落实对中华白海豚的保护工作。如桥梁工程，通过增加非通航孔跨径，将桥墩数量从可行性研究阶段的 318 个减少为

① 肖尤盛．港珠澳大桥施工期和营运期的中华白海豚保护［J］．中国水产，2020（01）：57-59.

224个，缩小了占用的海域面积。所有承台均埋入海床面以下，以降低阻水率。为缩减海上作业时间，桥梁上部结构采用钢箱梁，承台、墩身和墩帽均在岸上预制，海上拼装，极大减少了对白海豚的滋扰和环境污染。岛隧工程采用大圆筒方案及沉管隧道基槽设计优化，大大减少挖泥量，人工岛挖深由初步设计阶段挖深标高-31米提高至-18～-16米，沉管基槽开挖边坡由1：7优化至1：5，疏浚总量从工程可行性研究阶段的约4 300万立方米减少至施工阶段的约2 800万立方米。① 中华白海豚保护工作顺利实施后，将相应增加工程造价36.7亿元。②

对白海豚保护的需求也促进了工程技术的创新。尤其是对白海豚影响较大的岛隧工程项目，施工单位在吸收国外先进技术基础上不断开发新的工艺，以保护白海豚：

一是采用快速成岛技术。东西人工岛用120个直径22米的钢圆筒插入不透水层，以液压振沉的方式围堰。相比传统成岛方法，大幅减少了开挖和抛填量。同时钢圆筒打设采用低噪声液压振动锤组，人工岛筑岛用充填管袋围堰，隔离岛内噪声。

二是采用先进技术及环保材料。海底沉管隧道基础及人工岛抛石斜坡护岸施工中，运用挤密砂桩技术，基础施工全部采用天然材料，替代钢管桩。自主研发的半刚性结构沉管相比传统柔性管节，避免了大范围开挖与换填，降低了对水体的污染。

三是在海底隧道基层抛石整平施工中，采用专业抛石船进行导管抛石。碎石运至现场前在石料场经过清洗，避免在抛石过程中产生悬浮物。③ 33节沉管的碎石基床铺设任务全部由我国自行设计研发和制造的“津平1号”完成。

四是根据中华白海豚对声音敏感的特性，提出水下噪声对中华白海豚的影响阈值，界定了不同噪声条件下中华白海豚保护所需的安全距离。研究了气泡帷幕等噪声减缓技术，组织编制了声学驱赶仪操作规程。

四、加强应急管理：将施工对白海豚的影响降到最低

大桥建设者们还通过合理组织施工，力图将环境影响降到最低。主要工作有：

---

① 余烈．港珠澳大桥开拓建设管理新模式．桥隧产业资讯，总第35期．

② 为保护白海豚，港珠澳大桥主体工程调整．中国建设信息，2010（15）：26.

③ 陈伟，郑轶，孟庆龙．港珠澳大桥岛隧工程施工中的中华白海豚保护措施［J］．中国港湾建设，2015，35（11）：138-140.

一是设置施工设备进入保护区的入场条件，施工船只除了具备水上水下作业许可证外，还必须符合环保要求，如配备观豚员持证上岗，制定疏浚倾倒、生活污水和垃圾处理细则等。施工船舶进入保护区要求限速、固定航线。

二是尽量避开在每年4—8月中华白海豚繁殖高峰期进行高密度施工作业。

三是就中华白海豚现状及水质、水下噪声、渔业资源等方面定期开展现场监测。采取措施控制现场噪声，如对挤密砂桩、发电机、抛石等噪声比较大的施工项目进行水下噪声实时监测，发现噪声超标，要求施工方对设备进行检修、保养等。

四是制定《中华白海豚意外事故处置方案》等专项应急预案。要求监理及施工单位进场后细化施工应急预案，对数据波动较大的环境事件，及时采取保护中华白海豚的应急管控措施。

港珠澳大桥工程的建造实现了白海豚不搬家的目标。2017年广东珠江口中华白海豚国家级自然保护区管理局目击白海豚380群次，共2 180头次，珠江口水域栖息的白海豚在数据库中新增234头，累计已识别海豚2 367头。① 2020年9月4日广东珠江口中华白海豚国家级自然保护区管理局的巡护船艇在大桥中国结塔附近海域北侧，观测到多头中华白海豚穿过桥孔向大桥南侧海域游去，为近年来首次目击中华白海豚穿越港珠澳大桥（见图5-6、图5-7）。②

图5-6 施工现场观豚员观察白海豚动向③

① 广东省海洋与渔业厅.2017年广东省海洋环境状况公报［EB/OL］.广东省生态环境厅网站，2018-05-21.

② 广东省林业局.珠江口白海豚保护区首次观测到中华白海豚在港珠澳大桥穿越桥孔而过［EB/OL］.广东省林业局网站，2020-09-08.

③ 陈伟.主体工程施工水域中华白海豚驱赶演习在西人工岛现场举行［EB/OL］.中交港珠澳大桥岛隧工程项目网站，2011-10-19.

图 5-7 港珠澳大桥建成后白海豚穿越大桥

第五节 负责任的工程运维：反馈调整

一、工程运维中的动态反馈

随着时间的变化，工程的价值和生命周期存在变化的可能性，需要做相应的变化调整与风险应对。工程所面对的变化及可能带来的风险，既表现在整个人类生态环境或社会面临的重大挑战上，也反映在工程具体的自然环境和利益相关方的需求变化上。因此，“反馈”对工程运行维护阶段的决策及后续的创新活动至关重要。

工程运行与维护需要建立动态的反馈和调整机制，主动对工程所面临的自然和社会影响或风险进行反思，对利益相关方和社会公众所提出的各种需求有所回应，并落实到后续的工程创新决策和行动中去。这也表明，工程的运行与维护不仅是一个适应性技术学习和动态能力建设过程，也离不开良好的社会治理机制。

负责任创新在学理上是一个新概念，但在人类工程实践长河中负责任的工程一直以来是人们所追求的目标。都江堰水利工程就是一个典范。工程跨越 2 000 多年依然保持生命力，展示了中国负责任工程运维中的守正创新。

二、“泽被千年”都江堰水利工程的动态调整

都江堰水利工程位于岷江中游，公元前 256 年秦国蜀郡太守李冰用盛满卵石之竹笼壅江作堋，堋即分水鱼嘴，谓之湔堋。工程修建后不仅控制住了成都平原的水患，其功能也从航运、防洪转变为以灌溉为主，为成都平原农业发展、人口增

长以及聚居区的不断扩大提供了稳定和丰沛的水源。据《华阳国志》记载，“水旱从人，不知饥馑，时无荒年，天下谓之天府也”①。1938 年灌溉面积达到 1 720 平方千米，到 20 世纪 80 年代中期，都江水利的溉田面积，迅猛增加到 1100 万亩（约 7 333 平方千米）。此外，它还为现代城市提供了工业用水和生活用水。② 都江堰渠首工程示意图如图 5-8 所示。

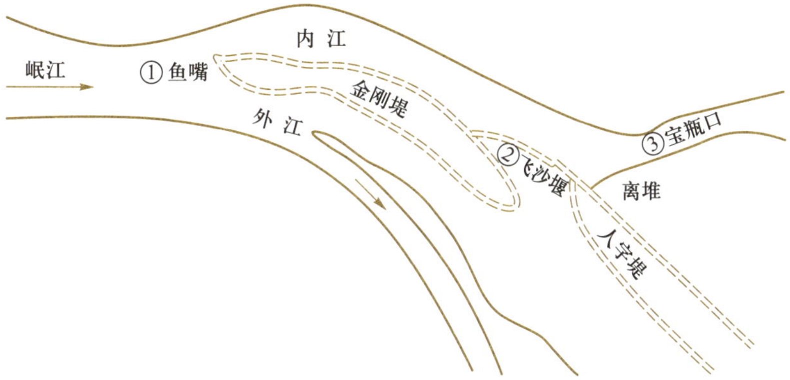

图 5-8 都江堰渠首工程示意图③

为确保宝瓶口进水量满足灌区的需求，历代对都江堰水利工程的维修工程，都根据用水需求、河道冲淤及疏浚情况，不断调整营造方案。

（一）顺应水文条件进行工程营造

人们不断改进工程营造技术与管理能力，以便在不失控的前提下增加内江水量，扩大灌溉面积。经过历代维护建设，都江堰水利系统逐渐完善，包含了由鱼嘴、飞沙堰和宝瓶口构成的渠首工程，以及在天然水系基础上以无坝引水方式修建的灌区渠系工程。修筑材料从战国唐宋时期的竹笼卵石，发展到元明时期的铸铁条石，再到清至民国初期的条石结构，直至当今的混凝土结构。④

都江堰在唐时原名楗尾堰，李吉甫编纂《元和郡县图志》载“楗尾堰在县西南三十五里，李冰作之，以防江决。破竹为笼，圆径三尺，长十丈，以石实中，累而壅水”。唐高宗龙朔年间筑成飞沙堰（原名“侍郎堰”），起溢洪飞沙的作用。唐宋时根据实际水量改造了鱼嘴分水堰，称之为“杨柳”或“象鼻”。清光绪年间四川总督丁宝桢主持大修工程，用浆砌条石、固以“铁锭”来代替卵石竹笼。其

① 常璩．华阳国志校补图注［M］．任乃强，校注．上海：上海古籍出版社，1987：133.
② 朱学西．中国古代著名水利工程［M］．天津：天津教育出版社，1991.
③ 旧史新说：都江堰水利工程科学原理［EB/OL］．搜狐网，2020-05-28.
④ 王昇，惠富平．都江堰内外江分水鱼嘴工程变迁考述［J］．古今农业，2013（03）：61-68.

中都江鱼嘴砌筑成底深一丈、高二丈、长十六丈的庞然大物，十分坚固。又深挖河床、砌高堤岸。由于工程质量较好，虽在当年遇到一次特大洪水，除略有损失外，未酿成大灾。① 新中国成立后，为使绝大部分的岷江水都得到利用，重新布局都江堰水利工程，并利用现代科学技术建成了大型的钢质节制闸、隧洞和水库。根据彭述明等人记述，1961 年岁修工程中，渠首和灌区多采用卵石混凝土及水泥砂浆砌卵石堤埂，代替竹笼卵石埂临时性工程；1964 年，改造人字堤为混凝土卵石；同年，飞沙堰也改原大方木柜装卵石打木桩的“安羊圈”技术为 2.5m 见方、厚 40cm 的混凝土隔墙密填卵石砂浆砌牢技术；1971 年彻底清理使用了 2 000 多年的宝瓶口伏龙潭，并用钢筋水泥衬护加固离堆崖壁；1974 年建成的电动外江节制闸，代替了鱼嘴前的竹笼杩槎，调水操控更如人意，提高了效率；现代的水位标尺比古代则更为精确；等等。②

（二）依据水量变化改变鱼嘴位置

鱼嘴是实现都江堰分水和分沙功能的渠首三大工程之一，如今的面貌是历代不断改进的结果。由于内江引水量的变化，鱼嘴的位置也相应地调整。加上洪水的冲刷，鱼嘴地基也需要定期加固。

李冰建造的堋口湔堰位于白沙河入岷江处。元时鱼嘴位于韩家坝一带，由全铁浇铸铁龟鱼嘴基础。明初鱼嘴迁至现在索桥附近，明后期由于地基被洪水掏空，于基坑内密植 300 余根柏木桩，用沙砾填实后，再在上面砌筑厚石板和浇铸厚铁板。在这个基础上，再铸成两个“首合尾分”的大铁牛。③ 明末清初因战乱，都江堰失修废弃，内江淤积，康熙年间鱼嘴改设在今飞沙堰处。道光年间鱼嘴上移至索桥处，延续至今。黄万里先生将之总结为：“历史上鱼嘴几次上移，就是由于河槽淤高，使内江进水不够，而不得不移上到高处引水，说明淘滩浚槽不足。”④ 1935 年渠首基础工程用卵石和混凝土浇筑成流线型鱼嘴，至今完好无损。

（三）视情况设立水量控制标准

汉武帝时期于渠首置三石人，以“水竭不至足，盛不没肩”为标尺提示启闭以控制内江水位，后代遵循此制并进行演绎强化：如镵石水则（宋代）、铁龟（元至明年间）、铁牛（明嘉靖年间）、铁板（明正德年以前）、卧铁（明清）、铜标

① 朱学西．中国古代著名水利工程［M］．天津：天津教育出版社，1991.
② 彭述明，李应发．都江堰水利枢纽古今谈．百度文库．［出版者不详］.
③ 朱学西．中国古代著名水利工程［M］．天津：天津教育出版社，1991.
④ 黄万里．论都江堰的科学价值与发展前途［J］．四川水利志通讯，1984（07）：35-39.

（民国）等。①

同时，为了保证淘滩合乎要求，历代在内江河道“凤栖窝”埋有石、铁制成的“水则”。根据李奕成等人的研究，宋时在离碓处刻设水则，规定侍郎堰堰底为第四则，堰高为第六则。元代水则置于内江左岸山脚处。水则划数择定并非一成不变。清初以十划为度，光绪时丁宝桢以十三划为度，1936 年以十二划为度。②现代则采用更为精确的水位标尺。还因节令变化而灵活择定水则，“清明作秧田时，水涇五六划；谷雨下秧种时，水涇六七划；立夏小满成都州县普遍插秧，水涇七八划至九十划”。③

三、守正创新：都江堰水利工程动态调整中的变与不变

都江堰后续水利营建工程顺应成都平原自然地理条件，灵活调适形成了满足灌区要求的“干、支、斗、农、毛”等层级分明的无坝引水河渠体系，并发明就地取材的砌石、竹笼、木桩等工法营建技术。尽管都江堰水利系统历经洪水、战乱以及朝代变迁，其改造和维修始终受到自然法则和社会道德的制约。

（一）以道驭术

道法自然是从人们上千年都江堰治水实践经验和教训中凝练出的智慧，是都江堰水利工程活动开展的核心原则。“以道驭术”要求都江堰治水的技术规程要合乎自然本性，实现技术活动与自然系统的和谐。

一是遵循治水古训。2 000 多年来都江堰的维修和保护都是遵循“深淘滩，低作堰”三字经和“遇弯截角、逢正抽心”河工八字诀。“滩”是指飞沙堰对面的凤栖窝河床，洪水过后这里都有沙石淤积，必须岁岁勤修。“深淘滩”就是指河床淘沙要淘到一定深度。否则宝瓶口进水量不足，难以保证灌溉。“低作堰”是指飞沙堰在修筑时，堰顶宜低作，便于排洪排沙，“引水以灌田，分洪以减灾”。而飞沙堰堰顶高程的选择并不完全根据水则划数而定，还取决于宝瓶口段河道冲淤、疏浚情况。这些古训都是历代都江堰管理者在无数次总结经验和教训基础上，形成的修缮都江堰水系的技术规程。这也是都江堰能平稳运营 2 000 多年的核心所在。

此外，两宋到明清由于战争原因，都江堰水利工程也随之两次分别有 10～20

① 李奕成，张薇，王墨，等．品不够的风景——都江堰水利工程系统的生态智慧及人居意义［J］．现代城市研究，2018（05）：124-132.

② 李奕成，张薇，王墨，等．品不够的风景——都江堰水利工程系统的生态智慧及人居意义［J］．现代城市研究，2018（05）：124-132.

③ 谢忠梁．清朝前期都江堰工程的治理［M］．北京：中国水利水电出版社，1987：76-86.

年左右废弃与重建，但重建后渠首和渠系均继承了原有形式和格局。到了近代，人们用上了电动钢板闸门、钢筋水泥等现代水利工程技术和建材，但是渠首主体工程没有变，始终有宝瓶口、鱼嘴、金刚堤、飞沙堰等，保障了都江堰水利系统“四六分水”“二八分沙”功能的实现。

二是反思西方近现代水利技术对都江堰水利系统改造产生的影响。进入近现代后，由于现代水利科学与技术对水的控制能力得到极大增强，都江堰水利工程维修保护的技术方式与治水理念发生了很大的变化。人们试图通过现代科学技术控制自然，技术活动开始摆脱“道”的约束。例如，1939 年的《都江堰治本计划》中，设想以现代西方水利工程的大坝形式取代传统无坝引水系统，取消渠首工程。该计划脱离了都江堰传统伦理观的约束，受到诸多质疑而没有实施。① 为了在非汛期增加内河流量以满足不断增加的灌溉用水需求，1974 年在鱼嘴外江口建成现代水量节制闸，取代了传统的杩槎来实现围堰和泄洪，在非汛期时将全部岷江水引入灌区，结果是打破了传统“四六分水”规则，引起岷江干流在非汛期时的断流状态。② 这些技术导向的治水方式引发了人们对人与水之间征服控制关系的反思（见图 5-9）。

(1)　　(2)

图 5-9　都江堰岁修用杩槎和竹笼截流（图片来源：视觉中国）

当下都江堰的修建正在传承杩槎等传统水工技术，以实现传统古法与现代科学技术的结合。杩槎是都江堰特有的一种截流和导流工具，是古代河工历经几千年在治水实践中形成的传统技术，千百年来为都江堰水利工程的维修和运行发挥了巨大作用。郭钦对 2002 年大鱼嘴维修工程中杩槎围堰的使用情况与 2010 年灾后

① 颜文涛，象伟宁，袁琳．探索传统人类聚居的生态智慧——以世界文化遗产区都江堰灌区为例［J］. 国际城市规划，2017，32（04）：1-9.

② 颜文涛，象伟宁，袁琳．探索传统人类聚居的生态智慧——以世界文化遗产区都江堰灌区为例［J］. 国际城市规划，2017，32（04）：1-9.

重建二王庙顺埂机械化土石围堰的使用情况进行了比较，可以发现岁修在渠首断流中采用杩槎和竹笼截流，不仅能更好地适应河道特点，还能环保和回收，节约工程费用（见表 5-1）。

表 5-1　两种施工方案的比较①

工程名称	大鱼嘴工程	二王庙顺埂工程
导流方式	明渠导流	明渠导流
围堰类型	杩槎围堰	土石围堰
导流流量（m^3）	200～300	200～300
水深（m）	2.5～4.5	2.5～4.5
流速（m/s）	1.5～2	1.5～2.5
工程量	小	大
施工方法	人工	机械
围堰顶宽（m）	1～1.5	5.5
围堰底宽（m）	5	12
防渗	强	一般
防渗材料	黄泥	土工膜
抗变形能力	强	强
耐久性	一般	强
长度（m）	120	332
投资（元/m）	2220	3120
优点	就地取材，施工简便，拆除方便，材料可再利用	强度高，适宜机械化施工，速度快
缺点	速度稍慢，工艺复杂	拆除难度大，费用高

由干砌卵石演变出来的浆砌卵石、浆砌块石，由竹笼演变出来的钢丝笼、铅丝笼和扩张伸缩金属网等，在现代灌区工程建设中广泛应用，使传统水工技术以新的方式延续着生命。② 杩槎作为世界文化遗产古堰文明的载体之一，在当今建设中依然可以发挥重要作用。

（二）兼济天下

“兼济天下”要求人类行为以使天下万物受益为本。在这一行为准则约束下的

① 郭钦．浅谈杩槎围堰在都江堰水利工程施工中的应用［J］．四川水利，2014，35（01）：20-21.

② 胡云．都江堰——生态水利工程的光辉典范［J］．中国水利．2020（03）：5-9.

都江堰水利工程运维，为成都平原的用水和社会可持续发展提供了保证。

一是体现流域间水权分配的公平性。都江堰鱼嘴及渠系无坝引水的“四六分水”原则，不仅仅在于防洪分沙，更体现了流域水权分配公平的理念。现代一些以大坝为代表的水利设施，采用的上游优先甚至独占的分水原则，往往会造成上下游之间的社会关系紧张。而“四六分水”原则很好地缓解了都江堰水系中内外江，上下游以及防洪与航运、灌溉之间的矛盾，避免了下游和外江断流情况的出现。

此外，如果一个流域中所有的引水工程都采用四六分水原则，最后总的用水量有可能被限制在流域总径流量的40%~50%，而这个数字恰恰与今天国际上的河流水资源承载能力一致。① 都江堰水利工程“兼济天下”“四六分水”的原则，体现了人与水、人与自然之间的和谐，保障了灌区人居环境的可持续发展。

二是探索善治的制度保障。都江堰水利系统包含渠首和渠系两大部分，结构非常复杂。都江堰水系分化为渠首及干渠以上的官堰系统，以及支渠及其以下的民堰系统两个层级。加上自然环境、水文条件以及灌区用水量等因素变化对系统的影响，使得都江堰水利系统的营造运维在历代都离不开良好的管理体制。

善治一方面离不开工程管理制度的建设。都江堰水利工程形成了岁修、大修、特修、抢修的常态化机制。大修为每隔几年的时间对整个工程进行一次全面的检查维修，包括内江截流、淘滩清淤、处理破损和隐患等。

同时，都江堰行政管理体系在历代也开始建立并革新。1974 年出土的东汉三石人铭文“建宁元年闰月戊申朔廿五日，都水掾尹龙长陈壹造三神石人，珍（镇）水万世焉”，说明至迟汉代都江堰工程已由蜀郡专官与地方长官共治共管。三国时，“以此堰农本，国之所资”而特置堰官常驻白沙邮下以修治管理渠首工程。② 灌区行政管理组织体系在隋唐形成，严格的岁修制度在宋哲宗年间建立，明代水利佥事的设置标志着流域管理机制的形成。③

另一方面都江堰水利工程的善治离不开国家与基层社会间的紧密合作。考虑到不同季节水量以及上下游灌区所需水量都有所不同，会导致官堰和民堰、上下

① 颜文涛，象伟宁，袁琳．探索传统人类聚居的生态智慧——以世界文化遗产区都江堰灌区为例［J］．国际城市规划，2017，32（04）：1-9.

② 李奕成，张薇，王墨，等．品不够的风景——都江堰水利工程系统的生态智慧及人居意义［J］．现代城市研究，2018（05）：124-132.

③ 李奕成，张薇，王墨，等．品不够的风景——都江堰水利工程系统的生态智慧及人居意义［J］．现代城市研究，2018（05）：124-132.

游、内外江的用水纠纷。如果采取自上而下的命令式管理方式，难以有效实现上情下达，整个治理体系也将失去反馈和调整能力。而良好的社会治理体系，以及利益相关者表达需求、参与协商的机制，则会为都江堰水利工程的有效运行提供重要的社会保障。

都江堰水利工程通过用水户广泛参与，形成了具有自治性质的乡村社会组织管理末端水系的方式。① 通过选举制和轮换制产生民堰管理者。通过会议如成都灌区的“堰工讨论会”，讨论形成乡规民约，协调用水纠纷。国家推动、地方协调，多县协作、县域统筹，加之林盘居民积极动员与参与的共同协作模式成为生态基础设施得以持续发展的重要保障。②

综上所述，工业文明以来随着人类工程技术能力的极大提升，人与自然之间以及人类社会内部产生了一些严重的冲突，导致人类面临可持续发展的难题，负责任工程成为时代的呼唤。都江堰水利工程虽然是工业革命前的成果，但其千年营造和运维的工程探索，仍然能够给今天的我们提供智慧。都江堰水利工程道法自然、因势利导，充分借助水体自调、弯道离心的特性，很好地解决了控制进水量以及自动分流排沙等问题，化解了悬江岷江与成都平原的矛盾。同时，通过良好的社会治理，工程有效地平衡了人口增长与灌溉水量需求间的矛盾，实现水旱从人，但又以道驭术。2 000 多年来都江堰水利工程依然保持着其强大的生命力，人们在营造运维中所展现出的恪守正道、勇于探索、传承文化的精神，生动展示了东方语境下负责任工程“守正创新”的内涵。

讨论案例：建造负责任的智慧城市交通系统

在互联网、大数据、人工智能等新技术的带动之下，城市建设正向着越来越“智慧”的方向发展。一座“智慧”的城市，当然少不了作为循环动脉的智慧交通系统。信息化、数字化、智能化的交通系统将更加便利人们日常生活工作出行和物资流通。交通管理部门依靠大数据可以进行更高效精准的管理调度；自动驾驶系统的运用可能极大改变交通物流状况；智能公路的建设有可能在提升效率的同时更好地监测危险品运输和防止超载；数字化技术也将为公共交通和居民出行提供更为顺畅的体验……

① 颜文涛，象伟宁，袁琳．探索传统人类聚居的生态智慧——以世界文化遗产区都江堰灌区为例［J］. 国际城市规划，2017，32（04）：1-9.

② 袁琳．生态基础设施建设中的地区协作——古代都江堰灌区水系管治的启示［J］. 城市规划，2016，40（08）：36-43+52.

我们未来的智慧城市中会有怎样的交通系统？请同学们以自己所居住的城市为例，调查了解智慧交通系统的整体规划与建设情况，从以下四项中选择一项，结合本章所学内容撰写一份简要的报告：

（1）对某市智慧交通的规划方案进行技术评估，特别需要考虑不同利益相关方的风险与收益；

（2）为解决某市智慧交通建设中的某个具体问题（如停车、自动驾驶、道路安全），设计一个技术方案；

（3）针对某一市民群体（如老年人、未成年人、残疾人）在智慧交通出行方面的问题组织公众参与和协商活动，从中找出解决方案；

（4）为某市市民编制一份《智慧交通出行指南》。

本章小结

工程活动中有大量的技术创新，这是发挥工程效益从而应对社会问题的必由之路。然而，创新的不确定性，对工程技术人员提出了更高的责任要求。“负责任创新”理念倡导以“前瞻责任”来应对不确定性，以“共同责任”来超越职业分工。通过“预期—反思—包容—反馈”的四维度框架，可以将负责任创新理念应用于工程项目建设和使用的全生命周期。在工程的规划、设计、建造、运行维护等阶段，可以分别采用预期治理、价值敏感设计、包容创造、动态反馈等方法，来对工程创新活动进行治理，在工程实践中创造性地履行责任。

重要概念

负责任创新　前瞻责任　共同责任　四维度框架　预期治理　价值敏感设计　包容创造　动态反馈

练习题

延伸阅读

[1] Owen R, Bessant J, Heintz M. Responsible Innovation: Managing the Responsible Emergence of Science and Innovation in Society [M]. West Sussex: John Wiley & Sons Ltd Publication, 2013.（第2章）

[2] Guston D H. Understanding 'Anticipatory Governance' [J]. Social studies of science, 2014, 44 (02): 218-242.

[3] Srivatsa N, Kaliarnta S, Groot Kormelink J G. Responsible Innovation: From MOOC to Book [M]. Delft: Delft University of Technology, 2017.（第8章）

[4] Friedman B, Hendry D G. Value Sensitive Design: Shaping Technology with Moral Imagination [M]. Cambridge, MA: MIT Press, 2019.（第3章）

[5] 朱永灵，曾亦军．融合与发展：港珠澳大桥法律实践 [M]．北京：法律出版社，2019.（第7章）

[6] 李奕成，张薇，王墨，等．品不够的风景——都江堰水利工程系统的生态智慧及人居意义 [J]．现代城市研究，2018（05）：124-132.

[7] 颜文涛，象伟宁，袁琳．探索传统人类聚居的生态智慧——以世界文化遗产区都江堰灌区为例 [J]．国际城市规划，2017，32（04）：1-9.

[8] 袁琳．生态基础设施建设中的地区协作——古代都江堰灌区水系管治的启示 [J]．城市规划，2016，40（08）：36-43+52.

第六章 工程、环境与可持续发展

学习目标

1. 理解工程、环境与可持续发展的关系。
2. 掌握环境伦理的核心问题及工程活动中的环境伦理原则。
3. 理解工程、环境与可持续发展的内在关系。

引导案例：《只有一个地球》

1972年，在斯德哥尔摩召开的联合国人类环境会议上，来自58个国家的152名专家基于40个国家的背景材料进行研讨，在时任人类环境会议秘书长莫里斯·斯特朗（Maurice Strong）的委托下，由英国经济学家芭芭拉·沃德（Barbara Ward）和美国微生物学家勒内·杜博斯（Rene Dubos）撰写完成一份标题为《只有一个地球：对一个小小行星的关怀和维护》（简称《只有一个地球》）的非正式报告，其中的许多观点，被联合国人类环境会议采纳，并写入《人类环境宣言》。

当宇航员在遨游天际时，遥望地球，会看到一个晶莹的球体。虽然地球是一个半径有6 300多千米的星球，但在群星璀璨的宇宙中，就像一叶扁舟。宇宙中那个裹着一层薄薄水蓝色"纱衣"的球体，正是人类的母亲、生命的摇篮。同茫茫宇宙相比，地球十分渺小。虽然地球的表面积达到5.1亿平方千米，但人类生活的陆地面积大约只占其中的五分之一。

人类的生活方式对地球环境产生了深刻的影响，特别是进入城市化和工业化社会以来，环境污染问题日益增多、日趋复杂。例如人们习惯于把废物倾倒于河流，再从其中汲取饮水。河流本身具有自净能力，但是，微小的细菌会混入人的饮用水中，引起各种肠胃病；同时，工业生产增加了许多难以分解的物质（非生物降解物），特别是氰化物、汞、铅等带有毒性的物质，会渗入地下水或流进河流之中，对饮用水造成了极大的污染。《只有一个地球》不仅论及最明显的污染问题，还将污染与人口、资源、工艺技术的影响、发展的不平衡以及城市化困境等问题联系起来。

正如宇航员在太空中目睹地球时发出的感叹："我们这个地球太可爱了，同时又太容易被破坏了！"我们只有一个地球，如果它被破坏了，人类别无去处。如果地球上的各种资源都枯竭了，我们很难从别的地方得到补充。2018年在庆祝世界工程组织联合会（WFEO）成立50周年的全球工程大会的贺信中，联合国秘书长安东尼奥·古特雷斯（António Guterres）指出："我们努力实现17个可持续发展目标——一幅世界蓝图：在一个健康的星球上为所有人建设一个和平与繁荣的未来。其中每一项目标都需要根植于科学、技术和工程的解决方案。"2019年，在联合国教科文组织第40届全体大会上，宣布将每年的3月4日设立为"促进可持续发展世界工程日。"

专栏：促进可持续发展世界工程日

图6-1　促进可持续发展世界工程日标志

3月4日"促进可持续发展世界工程日"（标志见图6-1）是联合国教科文组织一年一度的工程师和工程庆祝日。

"促进可持续发展世界工程日"提案由世界工程组织联合会牵头提出，认可了工程在实现联合国可持续发展目标中的重要作用。"促进可持续发展世界工程日"是全球工程师和工程的节日，有利于发挥工程在现代生活中的重要作用，与社区、政府和政策制定者建立友好关系，宣传工程的作用和对经济与社会的影响，认识全世界对工程能力和优秀工程师的需求，制定战略框架和最佳实践方案，进而落实可持续发展的工程解决方案。重要的是，"促进可持续发展世界工程日"可以用来吸引世界各地的年轻人，对他们说："如果想让世界变得更美好，就去做一名工程师吧。"

引言　守护人类共同的家园

工程在解决人类的基本需求方面发挥着关键作用，它能够改善我们的生活质量，并为当地、国家和全球的可持续增长创造机会。但是，当代工程面临着严峻的环境问题挑战，工程在施工期、运营期和废弃后都会产生一系列的环境问题。因此，学习并掌握工程活动中环境伦理的核心问题以及环境伦理原则，明晰工程活动中的环境伦理责任及其决策路径，树立绿色工程环境价值观，将有助于提升新一代工程师的可持续发展能力，也有助于守护我们共同的家园。

第一节 工程活动中的环境问题

人类的工程活动就是干预自然、改变环境的实践活动。例如矿产资源的开采、修建道路、修筑堤坝、城市建设、工程建筑等，都是如此。无论是好的工程还是坏的工程，都会导致自然环境的变化。尽管工程活动基于科学知识的技术原理展开，但只要它是以人的目标作为最终依据，必然导致原生环境发生改变。工程活动中会引起一系列环境问题，这在现代社会已经成为不争的事实。在大搞工程建设的今天，工程建设中的环境保护问题显得越来越重要。

一般而言，一项工程的全生命周期包括计划、设计、建造、使用和结束五个环节。其中，工程的计划环节包括工程设想的提出和决策两个部分，解决的主要是工程建造的必要性和可行性问题，其中包括工程对环境的影响的评估。在工程计划通过之后，就进入了工程的设计环节，包括工程的设计思路、设计理念以及具体施工方案设计等。工程的第三个环节是建造环节，包括工程实施、安装、试行和验收等具体步骤，是依据工程设计对自然进行改造和重构的过程。工程通过验收之后，并不意味着工程生命周期的结束，接下来还包括工程的使用和结束两个重要环节。工程使用环节，也可称为工程的运营环节，是指工程竣工验收之后正式投入运营的时期，工程实现其自身的经济效益或社会效益。在工程完成使用期之后，需要进行报废处理，即工程的结束环节。这五个环节密不可分，互相影响，共同构成了工程的完整生命周期。

就环境问题产生的源头来说，在工程的计划与设计阶段，如何看待环境问题、如何将规避环境问题的有效办法纳入工程设计环节之中，将对接下来的建造、使用和结束三个环节，也即施工、运营与废弃环节环境问题的产生及解决起到至关重要的作用。但是，工程实践中具体环境问题的出现，发生在施工期、运营期和废弃期。

一、工程施工期的环境问题

一般来说，大气污染、水污染和废弃物污染是建筑工程施工现场最常见的三大环境污染问题。施工过程使用的燃油机械和运输车辆排出的尾气污染物，会对周围的大气环境产生污染；在建筑结构的养护和建筑材料的使用过程中，会产生大量的废水，施工人员也会产生生活废水，对水环境造成污染；由于石灰、石料、石材等的切割、搅拌、运送、使用等，工程施工期会产生很多废渣和废弃物。这些废弃物的不当处理，也将造成环境的污染。

建筑施工过程产生的另一类比较典型的环境问题是噪声污染。运输施工原材料的卡车、搅拌机、挖掘机等设备，一旦启用就会产生噪声。来自搅拌机、挖掘机、打夯机等设备的噪声值一般为 80~100dB。通常，机械设备的噪声多为点声源，多台机械设备同时工作时，发出的噪声会产生叠加效应，叠加后的噪声增加值约 3~8dB。这个数值已经大于城市区域通常的噪声水平 55~70dB。世界卫生组织推荐的、在夜间保证良好睡眠质量的噪声水平是在 40dB 以下。在施工现场工作的人员以及附近的居民，不免会受到噪声的影响。噪声会引起人们听觉器官的损害，还可能引起疲劳、免疫系统变弱、心血管系统紊乱等人体健康问题。

建筑项目施工现场还会出现粉尘污染问题。如果机械设备没有安装扬尘处理装置，那么设备一旦运转就会产生粉尘；施工现场运输和装载水泥、白灰和砂石料等施工材料时，也会产生大量的粉尘；施工中在各道工序使用的各类材料，也会产生一定量的粉尘。这些粉尘可能会沉积在建筑结构上，也可能会飘浮在空气中。粉尘就像重金属一样不易挥发，因此成为环境有害物质的优质载体。粉尘中存在大量的微生物和有机物质，细微的颗粒极易越过上呼吸道到达呼吸系统的深部，甚至溶解在血液中，引起各种过敏或毒性反应。

二、工程运营期的环境问题

工程运营期通常是指工程投产运营到工程寿命期止的一段时间。不同的工程项目运营期产生的环境问题不同。下面以正在运营的万安水力发电工程为例，揭示工程运营期的环境问题。

万安水力发电站于 1978 年 2 月批准复工兴建，工程于 1984 年 10 月围堰合拢，1990 年 11 月第一台机组发电，1992 年四台机组全部投产，1994 年基本竣工，1996 年 1 月通过国家正式竣工验收。万安水利枢纽位于赣江中游，上距赣州市 92.5 千米，下距万安县城 2.0 千米，处于赣江赣州至万安峡谷河段的出口处，坝址控制流域面积 36 900 平方千米，约占赣江总流域面积的 44.2%，入库多年平均径流量 229 亿立方米，约占赣江入湖水量的 43.5%，是赣江干流的控制性工程。万安水力发电站除发电以外，还发挥了调峰、调频和事故备用的作用，也在防洪、航运、灌溉、水库养殖等方面发挥综合利用的效益（见图 6-2）。

图 6-2 江西万安水力发电站（图片来源：人民网）

万安水力发电站对赣江流域生态环境、水文情况以及工程江段鱼类资源和生物多样性都产生了一定的影响①。

1989 年 11 月大坝截流后，改变了坝下游的来水条件，水流形成清水并集中下泄。由于水库的拦蓄作用，坝上游的水流变缓，泥沙淤积，同时也改变了下游的来沙条件，下泄的水流因含沙量不足，水流的携沙能力增强，使下游河道失去了天然河道原有的输沙平衡，引起水流、泥沙、河床边界条件的变化。坝下游河流的形态特征及演变规律也发生相应的变化，这种变化对发电、防洪、航运和下游沿江护堤安全都会产生一定的影响。

工程建设导致库区水位明显升高，水的流速减缓，泥沙大量沉积，水温、透明度、水化学、饵料生物组成等都发生了不同程度的变化，从整体上改变了原河流的生态环境。因此，引起鱼类去留组成的变化。例如大坝的节流导致“四大家鱼”（青鱼、草鱼、鲢鱼、鳙鱼）等江河洄游性鱼类数量减少。底栖类如黄颡鱼、乌鳢鱼、鲇类增多；以浮游生物和有机碎屑为食饵的鱼类如鳊、鲌、鲴类等种群数量增加。

因上下游的水位、水温、水流速等水文因子的改变，传统的“四大家鱼”产卵场将消失或在库区赣江上游支流形成新的产卵场。当前，除坝上储潭产卵场保留外，望前滩、良口滩、万安三个鱼类产卵场已经消失。坝下游的百嘉下、泰和、沿溪三处鱼类产卵场的功能受到不同程度的影响，其中离水库最近的百嘉下产卵场受影响最大，规模明显减小。

① 邹淑珍，陶表红，吴志强．赣江水利工程对鱼类生态的影响及对策［M］．西安：西安交通大学出版社，2015．35-71．

万安水力发电站的建立对赣江流域生态环境产生了一定的影响，当前相关部门正在通过建立水库生态优化调度模型，探讨赣江中游水利枢纽群生态优化调度的相关问题，以弥补或减缓工程对赣江流域生态环境带来的负面影响。水利工程的治理需要多学科的技能，微电子、纳米技术、精细化工、生物技术、数据采集、卫星地球观测、水环境建模和遥感等领域技术的创新发展，为应对水利工程产生的生态挑战提出了创新性的解决方案，以综合水资源管理系统来支持水利工程的治理，保护和恢复与水利工程相关的生态系统。

三、工程废弃后的环境问题

当工程的使用期结束后，或者工程因发生故障或事故而不再实施其预定的使用意图和社会效益时，工程就进入废弃阶段。近代以来，世界上废弃的工程很多，但最为知名的工程要数苏联的切尔诺贝利核电站。

切尔诺贝利核电站 4 号反应堆的爆炸，成为有史以来最严重的核事故。1986 年 4 月 25 日夜，为了测试切尔诺贝利核电站反应堆的自我供电系统能否节省更多的能源，核电站 4 号机组的 176 名员工奉命进行实验。26 日凌晨 1 点 23 分，安全系统被关闭，实验开始，44 秒后反应堆核心突然爆炸，这就是切尔诺贝利核电站爆炸事故。事故当晚，切尔诺贝利核电站有 8 吨多辐射物质，混合着炙热的石墨残片和核燃料碎片喷涌而出，释放出的辐射量，相当于日本广岛原子弹爆炸的 400 多倍。2006 年，美国非营利性科学组织布莱克史密斯研究所（Blacksmith Institute）公布的地球污染最严重的地方名单中，切尔诺贝利稳居前十。

2016 年，在切尔诺贝利核电站爆炸 30 周年之际，凤凰网走访了乌克兰的切尔诺贝利地区，以及俄罗斯南部的布良斯克，包括那里的森林、废弃的村庄、公墓、医院、商店，访问了医生、律师、教师、消防员，以及核事故受害者和见证人。在切尔诺贝利核电站废弃 30 年之后，核灾难远未结束，仍然存在触目惊心的环境问题（见图 6-3）。

在俄罗斯，仍有 150 万人居住在 14 个被官方认定为受核辐射污染的地区。与乌克兰、白俄罗斯交界的布良斯克地区，是受核污染最严重的地区。来自切尔诺贝利的核污染，威胁着人们生活的方方面面：在他们吃的食物里、在他们喝的牛奶和水中、在孩子玩耍的公园和林地。生活在这里的人们在被严重污染的土壤中种植蔬菜，又用这些蔬菜喂养牛羊。曾有专家说踏入这片区域，“在野地里请不要碰触任何草、树或任何植物。要特别小心那些有刺的，它们会沾到衣服上，非常危险……”①

---

① 凤凰资讯网。

图 6-3 切尔诺贝利核电站 4 号反应堆

（图片来源：视觉中国）

在受切尔诺贝利核污染最严重的区域，曾经的一片美丽树林，至今仍然是最可怕的一个地方。1986 年核事故后，人们发现这里的树林变得很奇怪，树木有的变成红色，有的变成黄色，像彩虹一样美丽。人们意识到，这里吸饱了核辐射物质。一旦失火，辐射粒子将随烟尘飘出数百千米，在人们毫无知觉的情况下，进入呼吸道，造成非常可怕的核扩散。2016 年，树木已经被全部砍光，但是这里的灌木、野草和土壤仍然具有高辐射性。遇到下雨天，辐射粒子大都黏在地上，仪器测出的辐射读数不会很高。如果是晴天，灰尘带着辐射粒子浮在空中，仪器测出的辐射读数就会很高。

切尔诺贝利事故后，乌克兰和白俄罗斯，都将铯 137 污染浓度在 555 kBq/m^2（浓度单位，每平方米含有 1 000 贝克放射性核）以上的地区的人口全部撤离。但在俄罗斯，只有浓度达到 1 480 kBq/m^2（即前者的近三倍），才算撤离区。如果按照乌克兰和白俄罗斯的标准，受切尔诺贝利伤害最严重的地区之一布良斯克的许多地区应该被彻底疏散，但是在 2016 年，这里还生活着数百万人。虽然核辐射是看不见的，但是却弥漫在他们的日常生活之中。他们在吸收了大量辐射的森林里伐木，食用森林里的蘑菇和莓果，儿童在森林里嬉戏。森林火灾频频发生，烟尘带着辐射粒子进入人们的呼吸道。一位受害者说："核辐射是个很鬼的东西。它会寻找你身体的弱点，心、肝、脾、胃，你说不好哪里会出毛病。处处都会出现问题。"① 核辐射对人体的影响，主要体现在概率上。受核辐射影响的地区，患癌率会比其他地区高出许多。

---

① 探索频道拍的纪录片《切尔诺贝利之战》。

切尔诺贝利儿童，是指在这一区域出生的、身体比其他地区脆弱得多的孩子们。俄罗斯南部布良斯克州新济布科夫镇中心医院的维克特医生说，尽管切尔诺贝利核事故已经过去 30 年，此地患癌率仍比其他地区高很多，尤其是甲状腺癌、胃癌和肺癌；在新生婴儿中，还有特别高比例的大脑性瘫痪、唐氏综合征和先天畸形。数据显示，该地区的儿童夭折率比其他地方高五倍；出生的婴儿患有各种慢性疾病的比例超过一半。即使出生时一切正常，他们还将在高辐射地区成长。青少年由于骨骼和器官组织正在发育期，更容易积累体内的辐射量，也更易受到辐射影响。核事故的危害，并不只是一代人。因为他们的父母受过辐射影响，身体更脆弱，这些基因问题代代相传，未来的问题会更多。

切尔诺贝利核事故 30 年后，伤害仍未停止。在俄罗斯南部，仍有 500 万人在核辐射的阴影中生活，高辐射粒子至今仍留在那里的森林中、食物里乃至空气中的尘埃里，威胁着当地民众的健康。

专栏：可持续发展

世界环境与发展委员会（World Commission on Environment and Development，WCED）于 1987 年在其向联合国提交的报告——《我们共同的未来》（Our Common Future，又称为“布伦特兰报告”）中正式提出了“可持续发展”（sustainable development）的概念和模式：可持续发展是一种发展模式，既满足当代人的需求，又不损害后代人满足其自身需求的能力。

1992 年举行的联合国环境与发展会议（又称“里约会议”或“地球首脑会议”），是 WCED 之后的又一次突破。会议内容主要集中在以下领域：（1）制定“21 世纪议程”；（2）发表《里约宣言》；（3）开启《联合国气候变化框架公约》；（4）签署《联合国生物多样性公约》。随后，建立了可持续发展委员会、可持续发展机构间委员会和可持续发展高级别咨询委员会机制。

2015 年，世界各国领导人在联合国成立 70 周年之际会聚一堂，在历史性文件《2030 年可持续发展议程》的意向声明中制订了新的可持续发展行动计划。这项新的议程旨在为所有人建设一个和平与繁荣的未来和一个健康的星球。它包括 17 个目标和 169 个具体目标。这些目标以《千年发展目标》为基础，力求动员各国在未来 15 年对人类和地球至关重要的领域采取行动。

总而言之，工程活动在解决人类的基本需求方面发挥着关键作用，具有改善人类生活质量的极大潜力。但是，如果工程活动在环境保护方面考虑不周，可能会对经济、生态和社会产生极大的危害。上述环境问题的存在，难以支持工程的可持续发展。有效应对工程活动中的环境问题，同时也是在解决可持续发展问题，这既需要创新型的工程和技术解决方案，也需要培养具备促进可持续发展的创新创造能力、伦理意识和为人民服务理念的新一代工程从业人员。

第二节 工程活动中的环境伦理

工程是由人参与的社会实践活动，工程的良性目标就是使自然的规律与人的目的和谐地融合起来，这样就既遵循了自然规律又满足了人的需要。一方面工程与人相关，同时又必然嵌入社会之中，由此会触及一系列社会伦理规则，产生社会伦理问题；另一方面，工程也是改造自然的实践活动，需要直接与自然打交道，在文明社会中又会产生出诸多环境伦理问题。社会伦理问题涉及人与人之间的道德关系，不是本节重点讨论的问题。环境伦理问题涉及人与自然环境的道德关系，在工程活动中是一个非常重要又容易被简单化的问题。一个好的工程必须要认真对待工程活动中的环境伦理问题。

一、工程活动中环境伦理的核心问题：自然的价值与权利

工程活动中环境伦理的核心问题是自然的价值与权利问题。长期以来，人们常常从“自然是否对我们有用”出发，来看待自然界，认为自然界是取之不尽、用之不竭的资源仓库。这是一种以人类标准来衡量一切身外之物的做法，人们依照自身的需求，以自身的利益对待其他事物。在此观念的引导下，人们会忽视对自身行为的约束，逐渐形成对自然界无限制地掠夺的行为习惯，这也是今天世界各国面临资源枯竭与环境危机的重要根源。实际上，自然界有其自身的内在价值，并呈现出多样性的价值形态。美国著名环境伦理学家罗尔斯顿（Holmes Rolston Ⅱ）对自然界呈现的各种价值进行了详细阐述，如支撑生命的价值、经济价值、消遣价值、科学价值、审美价值、使基因多样化的价值、历史价值、文化象征的价值、塑造性格的价值、多样性和统一性的价值、稳定性和自发性的价值、生命

价值、宗教价值，等等。[①] 面对当代自然资源的大量开采、环境污染的日趋复杂，我们需要修正从人类利益出发来看待自然的观念，要形成一种认真对待自然界的多样性价值并尊重自然界自身价值的观念。在认可自然价值的理念上，跳出“自然是否对我们有用”的观念怪圈，重新审视自然的价值，重建人与自然的新型伦理关系。

辨识自然界的工具价值和内在价值，有助于人类跳出“从自我出发”的观念怪圈。如果从“自然是否对我们有用”来衡量自然界，就是依据相对于人类的“有用性”来评判自然界的价值，自然界就像我们常用的一件工具一样，这种评价标准依据的就是自然界的工具价值。但是，自然界有其内在的价值，自然界支撑生命的价值、经济价值、审美价值、历史价值等是自然界及其事物自身所固有的，不会因为人类的观念而转移，与人的存在与否无关。但是，我们也要清楚地认识到，自然界的工具价值与内在价值之分，与人们采用不同的参照系进行价值判断和评价有关。

“价值”和“权力”是两个密切相关的概念。一旦认可了一物的价值，同时也意味着承认了其享有一定的“权利”。有价值之物，至少有其存在的权利；有巨大价值之物，就有不受到损害的权利。有不可替代的价值之物，就有受到保护的权利。一旦我们承认了自然界具有内在的价值，那么，我们也就理所当然地认可了自然界的权利。所以生命和自然界有权利，因为它具有内在价值，为了实现它的价值，它必须享有一定的权利。如果说自然界的权利所指称的是它与其间各生物物种持续生存的权利，那么，我们就应当承认自然界确实有它的权利。正如罗尔斯顿指出：“人类能够培养出真正的利他主义精神；当他们认可了他人的某些权利——不管这种权利与他们自我的利益是否一致——时，这种利他主义精神就开始出现了，但是，只有当人类也认可他者——动物、植物、物种、生态系统、大地——的权益时，这种利他主义精神才能得到完成。在这个意义上，环境伦理学是最具有利他主义精神的伦理学。”[②]

一条河流的内在价值，通过它的连续性、完整性以及它的生态功能（如过滤、屏蔽、通道、源汇和生物栖息等功能）展现出来，通过它与地球生态系统的物质循环、能量转化和信息传输发生作用，通过维持地球水圈的循环和平衡展现出来。因此，河流拥有了相应的存在与保持其源远流长的健康权利。河流的健康权利要求维

---

① ［美］霍尔姆斯·罗尔斯顿．环境伦理学——大自然的价值以及人对大自然的义务［M］．杨通进，译．北京：中国社会科学出版社，2000：3-34.

② ［美］霍尔姆斯·罗尔斯顿．环境伦理学——大自然的价值以及人对大自然的义务［M］．杨通进，译．北京：中国社会科学出版社，2000：465.

护河流的完整性、连续性，以及维持由河流源头、湿地、通河湖泊及众多不同级别的支流和干流，组成流动的水网、水系或河系构成的完整有机性；确保河流的水道系统和流域系统的开放性及生态系统的整体性。河流的生存权利要求我们在利用河流资源时，要充分考虑河流的上述权利，不夺取河流生存的基本水量，不人为分割水域，不污染水质，不阻塞河道，不损害流域生态系统等，人类的一切实践活动均需遵循河流的生态规律。维持河流健康“生命”的权利，就要求我们维护河流的自我维持能力，确保河流的水量、水质，维持河流及两岸的生物多样性及生态完整性等。如何维持河流健康的“生命”，也就规定了我们对河流的责任与义务。

赋予河流基本的权利意味着河流不再仅仅是供我们开发利用的资源，而是需要给予河流必要的尊重。

二、工程活动中的环境价值观

地球上的所有生物都有改变环境并使自己与环境相适应的能力，但人以外的生物改变环境的能力十分有限，自然生态系统完全可以在阈值的范围内调节控制，因而不会对自然环境造成危害。然而，人类的工程行为却是一种纯粹的“造物”活动，这种“造物”活动常常会超过自然的阈值从而造成不可逆的环境损害。

历史上，我们曾经有“征服自然”“人定胜天”的观念，搞了一些过度改造自然的工程，结果造成了比较严重的生态环境问题。事实证明，认为人类在总体上已经征服了自然的观点是极端幼稚和可笑的。英国哲学家培根说过，“要征服自然，首先要服从自然”。所谓“服从”，就是认识和理解，但是认识自然、掌握自然规律并不等于就可以征服自然。现在是到了抛弃“征服”观念的时候了，彻底检讨我们的傲慢和无知，学会理解和尊重，用“协同”“尊重”代替“征服”“改造”，实现我们工程观念的根本转变。

工程理念是工程活动的出发点和归宿，是工程活动的灵魂。历史上像都江堰、郑国渠、灵渠等许多工程在正确的工程理念指导下名垂青史；但也有不少工程由于工程理念的落后或违背自然规律而殃及后人。生态文明和和谐社会需要新的工程观，这种工程观既要体现以人为本，又要兼顾人与自然、人与社会协同发展。工程活动的最高境界应该是实现并促进人与自然的协调发展。因为人类社会的发展和自然界本身的发展既是两个不同的系统，又是两个相互影响的系统，这两个系统之间应保持协调与和谐。人与自然协同发展的环境价值观要求在人类活动与自然活动之间，在技术圈与生物圈之间，在发展经济与保护环境之间，在社会进步与生态优化之间保持协调，不以一个方面去损害另一个方面。人类在追求健康而富有成果的生活的同时，不应凭借手中的技术和资金，采取耗竭资源、破坏生态、污染环境的方式求得发展，应倡导的是把生态效益、经济效益、社会效益统一作为至上的道德价值目标。

好的工程会把自然的规律性和人的目的性有机结合起来。因此工程活动的评价需要自然界满足人类合理性要求，实现人类价值和正当权益。在有利于自然的尺度下建立一个双标尺价值评价体系，即既有利于人类，又有利于自然。有利于自然的尺度是指，人类的活动能够有助于自然环境的稳定、完整和美好。作为社会经济活动的一部分，任何工程最终目的都是为了获得最大收益，这种追求价值最大化的方式往往会造成当地环境的恶化，大型工程对环境的影响范围尤其广泛，一旦造成危害将会对当地造成难以弥补的损失。要改变这一现状，实现人与自然协同发展，就需要在工程活动中彻底改变传统的价值观念，走绿色工程的道路。

绿色工程环境价值观强调了人与自然的和谐相处，力图把经济效益和环境保护结合起来，用兼顾环境、社会和经济等方面的多价值标准来评价工程，实现各种利益最大限度的协调，统筹兼顾，达到各方利益最大化。它要求在工程的规划设计阶段就考虑工程对人和环境的影响，并将这种理念贯彻到工程的所有阶段，谋求在工程质量、成本、工期、安全、环境等方面实现多赢。因此，这种价值观更强调工程的绿色管理。

在工程活动中突出环境价值观，不是把自然的利益放在人类利益之上，而是原则上要求同等考虑人类的利益与自然的利益；目的是遵循自然规律，促进人与自然、人与社会的和谐相处。由于工程活动本身就是由人所主导，对经济和社会效益考虑得很细致，而生态环境常常作为次要的方面考虑，新环境价值观更加重视对环境的保护，能够防止施工过程中为了单纯的经济效益而出现大规模破坏环境、改变地貌特征等行为的发生，同时它也把节约、效率、安全的理念贯穿于工程的始终，保证工程能把经济效益、社会效益与环境效益结合起来。

总之，工程活动是对环境造成最直接影响的人类行为之一，这种影响常常是伤害性的和不可逆的，最终既损害了自然，也损害了人类自己。因此，现代工程建设中所产生的环境问题必须从纯技术的层面上升到伦理和法律的层面，通过环境伦理学和环境法学的视野，来给我们的工程活动制定相关的原则，让工程活动从思想源头上减少对自然环境的破坏，从而真正实现工程造福人类和人与自然协同发展的目标。

三、工程活动中的环境伦理原则

工程活动中的环境伦理不仅要考虑人的利益，还要考虑自然环境的利益，更要把两者的利益放到系统整体中来考虑。通常，工程活动中，人的利益是工程的首要目标，自然作为资源和场所常常被排斥在利益考虑之外，被考虑也只是因为它看起来会影响或危及人自身。现代工程的价值观要求人与自然利益双赢，即使在冲突的情况下也需要平衡，这就需要我们把自然利益的考虑提升到合理的位置。

依据双标尺评价系统的要求，人类在干预自然的工程活动中对环境就拥有了相关的道德义务。这些道德义务通过原则性的规定成为人类行动中必须遵循的规则和评价人类行为正当与否的标准。在此，我们提出以下原则作为行动的准则和评价标准。

现代工程活动中的环境伦理原则主要由尊重原则、整体性原则、不损害原则和补偿原则四部分构成。

（1）尊重原则。一种行为是否正确，取决于它是否体现了尊重自然这一根本性的道德，人对自然环境的尊重态度取决于我们如何理解自然环境及其与人的关系。尊重原则体现了我们对自然环境的道德态度，因而成为我们行动的首要原则。

（2）整体性原则。一种行为是否正确，取决于它是否遵从了环境利益与人类利益相协调，而非仅仅依据人的意愿和需要这一立场。

这一原则旨在说明，人与环境是一个相互依赖的整体。它要求人类在确定自然资源的开发利用时必须充分考虑自然环境的整体状况，尤其是生态利益。任何在工程活动过程中只考虑人的利益的行为都是错误的。

环境伦理把促进自然生态系统的完整、健康与和谐视为最高意义的善。它是对尊重原则运用后果的评价。良好的愿望和行动过程的合理性并不必然地导致善的结果，仅凭动机和行动程序的合理性还不能评价行为的正当与否，必须引入后果和后效评价，只有从动机到程序和后果的全面评价才能表现出更大的合理性，而后果的评价更为重要。

（3）不损害原则。一种行为，如果以严重损害自然环境的健康为代价，那么它就是错的，不损害原则隐含着这样一种义务：不伤害自然环境中一切拥有自身善的事物。如果自然拥有内在价值，它就拥有自身的善，它就有利益诉求，这种利益诉求要求人们在工程活动中不应严重损害自然的正常功能。这里的“严重损害”是指对自然环境造成不可逆转或不可修复的损害。不损害原则充分考虑到了正常的工程活动对自然生态造成的影响，但这种影响应当是可以弥补和修复的。

（4）补偿原则。一种行为，当它对自然环境造成了损害，那么责任人必须做出必要的补偿，以恢复自然环境的健康状态。

这一原则要求人们履行这样一种义务：当自然生态系统受到损害的时候，责任人必须重新恢复自然生态平衡。所有的补偿性义务都有一个共同的特征：如果他的做法打破了自己与环境之间正常的平衡，那么，就须为自己的错误行为负责，并承担由此带来的补偿义务。

这里，我们需要考虑自然环境受到损害的两种不同情形。第一种情形是：损害环境的行为不仅违反环境伦理的上述原则，而且违反了人际伦理的基本原则。如工程造成的污染，不仅违反了环境伦理也违反了人际伦理的公正原则。其行为显然是错误的。第二种情形是：破坏环境的行为虽然违反了环境伦理，但却是一个有效的人际伦理规则所要求的，如修建一条铁路需要穿越高山或森林（如青藏铁路），这时自然的利益和人类的利益存在着冲突，在这种情况下，道德的天平应向何处倾斜？这就需要我们对原则运用有个先后的排序。

当人类的利益与自然的利益发生冲突时，我们可以依据一组评价标准对何种原则具有优先性进行排序，并通过运用排序后的原则秩序来判断我们行为的正当性。这一组评价标准由更基本的两条原则组成。

（1）整体利益高于局部利益原则：人类一切活动都应服从自然生态系统的根本需要。

（2）需要性原则：在权衡人与自然利益的优先秩序上应遵循生存需要高于基本需要、基本需要高于非基本需要的原则。

当自然的整体利益与人类的局部利益发生冲突时，可以依据原则（1）来解决；当自然的局部利益与人类的局部利益，或自然的整体利益与人类的整体利益发生冲突时则需要依据原则（2）来解决。例如，当自然的生存需要（河流的生态用水）与人的基本需要（灌溉用水）发生冲突时，以前者优先。只有在人类与自然环境同时面临生存需要，并且没有任何其他选择时，人的利益才具有优先性（如河流生态用水与人的饮用水之间发生冲突时）。

人与自然环境的利益冲突在人际伦理中是不存在的，因为它不考虑自然自身的利益。冲突的情况只有在引入了环境伦理以后才会出现，这表明我们在解决人与自然关系问题上引入了伦理的维度，这是处理人与自然关系上的进步。严格地讲，只要具有了尊重自然的基本态度，并按照上述原则行动，冲突的情况就很难出现，而罕见的极端情况会在出现以前就得到化解。

第三节　工程活动中的环境伦理责任

工程活动中的环境伦理责任，就是将工程活动行动者的责任范围锁定在人与自然之间。“工程可以被称作一项社会实验，因为它们的产出通常是不确定的；可能的结果甚至不会被知晓，甚至看起来良好的项目也会带来（期望不到的严重的）风险。”① 这种风险的一个主要体现就是环境破坏。为了避免对环境产生的影响，工程活动中的各类行动者需要承担相应的环境伦理责任。“责任”既包含了对行动目的、结果的理性思考，也包含了对时代命运的承担。在工程活动中，行为主体作为理性的行动者，可以自主地决定自己的行为，同时也要对自己的行为后果有所认识。对行为后果的预见性，成为行为主体的一项责任，也要求行为主体对其行为承担责任。工程活动作为一个复杂的系统，在其建设的不同阶段会出现不同的参与工程活动的行动者，其中，工程师、工程建设管理人员、工程建设工作人员作为工程活动的重要行动者，与工程活动中的环境影响紧密相关。工程活动行动者需要在保护自然环境、维护生态平衡方面负有道义责任。总体来看，工程活动中的环境伦理责任具有如下特点：一是环境伦理责任是伦理责任从人际向人与自然的扩展。二是环境伦理责任是工程活动主体在工程活动全过程中的责任。三是环境伦理责任是一种非强制性的责任。总之，工程中的环境伦理责任既是工程活动所有行动者的群体责任，也是工程利益相关者的个体责任。

一、工程共同体的环境伦理责任

工程是一种复杂的社会实践活动，涉及技术、经济、社会、政治、文化等诸多方面。尤其是现代工程，是工程共同体的群体行为，其中的每个组成部分应该承担环境伦理责任。工程是由工程共同体组织实施的，工程共同体是工程活动的主体，因此，工程的环境影响与工程共同体关系密切。

工程共同体的环境伦理责任主要指工程过程应切实考虑自然生态及社会对其生产活动的承受性，应考虑其行为是否会造成公害，是否会导致环境污染，是否浪费了自然资源，要求企业公正地对待自然，限制企业对自然资源的过度开发，最大限度地保持自然界的生态平衡。在这方面，国际性组织“环境责任经济联盟”（CERES）为企业制定了一套改善环境治理工作的标准，作为工程共同体的行动原则，它涉及对环境产生影响的各个方面，如保护物种生存环境、对自然资源进行可持续性利用、减少垃圾制造和能源使用、恢复被破坏的环境等。承诺该原则意味着共

① Hersh M A. Environmental Ethics for Engieers [J]. Engineering Science and Education Journal, 2000, 9 (01): 13-19.

同体将持续为改善环境而努力，并且为其全部经济活动对环境造成的影响担负责任。

工程共同体通常是由项目投资人、设计者、工程师和工人构成，尽管每个成员担负的环境伦理责任是不一样的，但在工程活动中前三者的作用远大于后者，他们对工程的环境影响应该负有主要责任。

工程决策是避免和减少生态破坏的根本性环节。假设有两个项目可供选择，一个项目有环境污染问题，短期投资少，长期看会造成不良的生态后果；另一个项目则有绿色环保效益，短期投资较大，长期具有环保作用。如果两个项目都有一定盈利，项目投资者大多会从经济价值、企业目的、实用可行的角度选择前一个项目，而按照环境伦理的要求则应该选取后一个项目。这表明环境伦理观念在当今社会经济发展和工程决策中的重要性。因此，使环境伦理成为决策过程中不可缺少的意识或环节，使环境伦理所倡导的人与环境协同的绿色决策理念真正纳入政策、规划和管理各级，就变得重要而紧迫了。只有通过制定有效的法律条例和综合的环境经济评价制度，才能使绿色决策成为主流。

工程设计是工程活动的起始阶段，在工程活动中起着举足轻重的作用，它决定着工程可能产生的各种影响，工程实践中的许多伦理问题，都是在设计阶段埋设下的。近年来，由于工程特别是大型工程对环境影响的增大，更由于可持续发展和环境保护已经成为世界各国关心的话题，工程设计中的环境伦理问题也日益突出。

通常，设计者会遵循一般的原则如功能满足原则、质量保障原则、工艺优良原则、经济合理原则和社会使用原则等，然而所有这些都是围绕着产品自身属性来考虑的，而产品的环境属性，如资源的利用、对环境和人的影响、可拆卸性、可回收性、可重复利用性等，常常较少被涉及。传统的设计活动关注的是产品的生命周期（如设计、制造、运输、销售、使用或消费、废弃处理），今天的设计更强调环境标准，如“绿色设计”要求环境目标需与产品功能、使用寿命、经济性和质量并行考虑。在微观层次，主要考虑产品、工艺等具象化的实用性设计；在中观层次，主要考虑行业、工程、产业链等综合性设计；在宏观层次，主要考虑全球、国家、区域、城市等长远性规划的战略性设计。绿色设计是绿色制造、绿色流通、绿色消费、绿色标准的基础和源头，它决定着全生命周期的资源消耗和环境响应。处于全生命周期下的绿色设计，将使产业链从设计、制造、包装、运输、使用到废物处理、回收再造的整个过程中，逐步实现“零废品、零库存、零生态应力”的绿色世界。①

---

① 牛文元．绿色设计：推动绿色发展的第一杠杆［J］．中国生态文明，2016（03）：36-38.

由此不难看出，今天的工程设计已经开始突破人类中心主义观念，它要求设计者能够认识到人与自然的依存关系，人可以能动地改变自然，但仍是自然界的一部分，人类通过工程来展示技术力量的同时，更应该展示出人类的智慧和道德精神，在变革自然的过程中尊重自然，使之与人类和谐共处。工程设计理念在推动中国式现代化建设中起着重要的作用，未来的工程设计更应体现党的二十大报告中提出的要求：中国式现代化是人与自然和谐共生的现代化。未来的工程设计也应秉持人与自然和谐共生的理念。大自然是人类赖以生存发展的基本条件。尊重自然、顺应自然、保护自然，是全面建设社会主义现代化国家的内在要求。必须牢固树立和践行绿水青山就是金山银山的理念，站在人与自然和谐共生的高度谋划发展。

二、工程师的环境伦理责任

工程师既是工程活动的设计者，也是工程方案的提供者、阐释者和工程活动的执行者、监督者，还是工程决策的参谋，在工程活动中起着至关重要的作用。工程师是现代工程活动的重要主体，他们直接与工程打交道，这种特殊的职业特点，决定了他们在环境保护中需要承担更多的伦理责任。

在工程共同体中，由于工程师具备相应的工程专业知识，所以他们最有可能知晓某项工程对生态环境产生的影响，也更有可能从技术层面去规避和解决这种影响。因此，工程造成什么样的环境影响，以及怎样解决工程的环境问题或者怎样运用环境工程解决相应的环境问题，都与工程师具体的工程实践紧密相关。工程师在工程与环境问题的关联中处于特别的地位，应该对工程的环境影响负有特别的责任。

工程活动对环境的影响，要求工程技术人员在工程的设计、实施中不仅要对工程本身（桥梁、建筑、汽车、大坝）、对雇主利益、对公众利益负责，还要对自然环境负责，使工程技术活动向有利于环境保护的方面发展。对工程师而言，环境伦理尤为重要，因为他们的工作对环境的影响很大。“建造一座大坝需要很多专业人员的技能，如会计师、律师和地质学家，但正是工程师实际建造了大坝。正因为如此，工程师对环境负有特殊的责任。”① 随着工程对自然的干预和破坏能力越来越巨大、后果越来越危险，工程师需要发展一种新的责任意识，即环境伦理

① ［美］维西林，冈恩．工程、伦理与环境［M］．吴晓东，翁端，译．北京：清华大学出版社，2003：4.

责任。

工程师在工程活动中的角色多元而复杂，其身份既可以与投资者、管理者重叠，又可以是纯粹的工程技术人员，即通常意义上的工程师。作为一种特殊的职业，工程师通过专业行动向有利于环境保护的方面发展。但另一方面，工程师又是改变环境的直接责任人，在那些对环境产生正面或负面影响的项目或活动中，他们是决定性的因素，例如建设的化工厂污染环境，建设的水坝改造了河流或淹没了农田，建设的煤矿破坏了自然生态等。在这种意义上，工程师仅有职业道德是不够的，还应该承担环境问题的道德和法律责任。

传统的工程师伦理认为，工程师的职业性质决定了忠诚于雇主是工程师的首要义务，做好本职工作是评价他们是否合格的基本条件。这种评价机制侧重于工程领域内部事务，而忽视了工程师与公众、工程和环境的关系。环境伦理责任作为崭新的责任形式，要求工程师突破传统伦理的局限，对环境有一个全面而长远的认识，并承担环境伦理责任，维护生态健康发展，保护好环境。

因此，工程师的环境伦理责任包含了维护人类健康，使人类免受环境污染和生态破坏带来的痛苦和不便；维护自然生态环境不遭破坏，避免其他物种承受其破坏带来的影响。鉴于这种责任，如果认识到他们的工作正在或可能对环境产生影响，工程师有权拒绝参与这一工作，或中止他们正在进行的工作。因为从伦理的角度来看，工程师担负的责任与其所拥有的权利和义务是相等的。

然而，工程师如何才能中止他的工作？何时中止他的工作？如何在工程的目标与环境损害之间求得平衡？在面临潜在的环境问题时，在何种情况下工程师应当替客户保密？所有这些问题都是摆在工程师面前的现实问题。尽管每个工程项目都有自己特定的目标和实施环境，在面对类似的问题时情境各不相同，但工程师在处理这类棘手问题时仅凭直觉和“良心”还不够，还需要学会运用环境伦理的原则和规范来处理问题，在无明确规范的情况下，可以运用相关法律法规来解决。

具体来说，工程师担负的环境伦理责任有以下两方面：一方面是工程师对职业的环境伦理责任。工程师除了是公司的雇员还扮演着职业人员的角色，在工程的设计、决策、实施、管理和监督中发挥着重要的作用。在工程活动前，工程师的责任是采取有利于环境可持续发展的工程方案设计；在工程活动中，工程师的责任是采取有利于减少施工对环境影响的行动；在工程活动后，工程师的责任是对工程活动的产品做好环境反馈工作。工程师对环境的态度以及所做出的行为不仅影响工程活动，而且影响着人类环境。在工程活动中需要工程师认识到他们的环境伦理责任，协调好工程与环境的关系，合理利用物质资源，担负起对自然界其他生物的环境伦理责任。另一方面，工程师承担着当代人和未来人的环境伦理责任。工程师对未来人类的尊重、责任与义务，即工程师远距离的伦理责任。从时间上看，不仅目前活着的人是工程师责任的对象，那些还没有出生的未来人——我们的子孙后代也是工程师环境伦理责任的对象。由此可以看出，工程师对当代人承担着关乎一个国家、一个民族生存的环境伦理责任，对未来人承担着如何尊重人类利益、如何改善人类生存环境的环境伦理责任。人类的生存和发展给我们留下了思考的空间，这就需要工程师在设计和开发产品时始终将公众的安全、健康和福祉放在首要位置，以人类最高利益需求为导向，培养一种新的预防性的、爱护性的责任意识，真正地实现工程项目为人类服务这一目标，而不是让工程项目成为影响人类生存、阻碍人类进步的绊脚石。

三、工程师的环境伦理规范

尽管环境伦理学从哲学的层面为工程师负有环境伦理责任提供了理论基础，但这并不能保证他们在工程实践过程中采取相应的行为保护环境。工程师在工程实践活动中的多重角色，使其对任何一种角色都负有伦理责任，如对职业的责任、对雇主的责任、对顾客的责任、对同事的责任、对环境和社会的责任等，当这些责任彼此冲突时，工程师常常会陷入伦理困境之中，因而需要相应的制度和规范来解决此类困境。

工程师的环境伦理规范就是工程师在面临环境伦理责任时可以使用的行动指南。因此，工程师环境伦理规范对于现代工程活动意义重大。它不仅能为工程师在解决工程与环境的利益冲突方面提供帮助和支持，而且还可以帮助工程师处理好对雇主的责任和对整个社会的责任之间的冲突。当一个工程面临着潜在的环境风险时，或者工程的技术指标已达到相关标准，而实际面临尚不完全清楚的环境风险时，工程师可以主动明示风险。

专栏：世界工程组织联合会颁布了第一个《工程师的环境伦理规范》

世界工程组织联合会（World Federation of Engineering Organizations，WFEO）明确提出了《工程师的环境伦理规范》，工程师的环境责任表现为7点：

第一，尽你最大的能力、勇气、热情和奉献精神取得出众的技术成就，从而有助于增进人类健康和提供舒适的环境（不论在户外还是户内）。

第二，努力使用尽可能少的原材料与能源，并只产生最少的废物和任何其他污染，来达到你的工作目标。

第三，特别要讨论你的方案和行动所产生的后果，不论是直接的或间接的、短期的或长期的对人们健康、社会公平和当地价值系统产生的影响。

第四，充分研究可能受到影响的环境，评价所有的生态系统（包括都市和自然的）可能受到的静态的、动态的和审美上的影响以及对相关的社会经济系统的影响，并选出有利于环境和可持续发展的最佳方案。

第五，增进对需要恢复环境的行动的透彻理解，如有可能，改善可能遭到干扰的环境，并将它们写入你的方案中。

第六，拒绝任何牵涉不公平地破坏居住环境和自然的委托，并通过协商取得最佳的可能的社会与政治解决办法。

第七，意识到：生态系统的相互依赖性、物种多样性的保持、资源的恢复及其彼此间的和谐协调形成了我们持续生存的基础，这一基础的各个部分都有可持续性的阈值，那是不容许超越的。

美国土木工程师协会（ASCE）1996 年修订的规范①中明确指出："工程师应把公众的安全、健康和福祉放在首位，并且在履行他们职业责任的过程中努力遵守可持续发展的原则。"在这一准则之下，列出了 4 项具体的工程师对于环境的责任条款：

（1）工程师一旦通过职业判断发现情况危及公众的安全、健康和福祉或者不符合可持续发展的原则，应告知他们的客户或雇主可能出现的后果。

（2）工程师一旦有根据和理由认为另一个人或公司违反了准则中的内容，应以书面的形式向有关机构报告这样的信息，并应配合这些机构，提供更多的信息或根据需要提供协助。

（3）工程师应当寻求各种机会积极地服务于城市事务，努力提高社区的安全、健康和福祉，并通过可持续发展的实践保护环境。

（4）工程师应当坚持可持续发展的原则，保护环境，从而提高公众的生活质量。

由此可见，为了更好地履行环境保护的责任，工程师应该持有恰当的环境伦

① ［美］维西林，冈恩．工程、伦理与环境［M］．吴晓东，翁端，译．北京：清华大学出版社，2003：3-20.

理观念，以此规范自身的工程实践行为，以达到保护环境的目的。工程实践过程中的具体案例表明，工程师在具体的工程实践过程中会遇到形形色色的环境伦理难题，面临各种各样的环境伦理责任，此时，工程师所持有的环境伦理观念，对于其履行相应的环境伦理责任至关重要。

第四节 工程活动中环境伦理责任的决策路径

"决策"一词最早是管理学和心理学研究领域的术语。美国管理学家西蒙（H. A. Simon）认为决策是"人们对行动目标和手段的探索、判断、评价直至最后选择的全过程"①。决策路径是指做出决策的全过程。它不仅包括"做"决策的动态成分，还包括"做"决策的步骤以及已经"做出"的决策方案。其外在表现为确定行动方案（计划）的过程，内在表现为一系列复杂的、动态的思维认知与选择过程。一般来说，决策路径需要首先确定需要进行决策的问题，根据问题与客观的可能性，确定未来需要实现的目标，在占有一定信息和经验的基础上，借助一定的工具、技巧和方法，对影响目标实现的诸因素进行分析、计算和判断选优后，对未来行动做出决策方案。决策方案的优劣与决策者的决策能力密切相关。因此，决策路径是一个复杂的思维操作过程，包括决策问题的明晰、决策目标的确定，依据决策者的决策能力，经过信息搜集、加工、分析、选优而制定决策方案的过程。

工程活动中的环境伦理责任（本书简称环境责任）的决策路径，是指工程管理主体在工程全生命周期内，为工程活动对环境带来影响而承担的责任确定行动方案的过程。工程活动既是民生工程，也必须是环境友好工程，其建设与运营不能以破坏生态稳定为代价。工程活动中承担的环境责任实质上是围绕环境责任问题做出有效的决策方案。本节将以港珠澳大桥的中华白海豚保护为案例②，探究港珠澳大桥施工运营中制定的一系列中华白海豚保护方案，揭示其环境责任的决策路径。

中华白海豚是国家一级保护动物，珠江口伶仃洋水域是其聚集栖息活动的密

---

① ［美］赫伯特 A. 西蒙. 管理行为（原书第 4 版）［M］. 詹正茂，译. 北京：机械工业出版社，2004：66-69.

② 陶艳萍，盛昭瀚. 重大工程环境责任的全景式决策——以港珠澳大桥中华白海豚保护为例［J］. 环境保护，2020，48（23）：56-61.

集区域，我国在此处建立了中华白海豚自然保护区。国家发展和改革委员会于2005年4月初主持召开了港珠澳大桥桥位技术方案论证会，同意大桥东岸起点为大屿山磡石湾，西岸澳门登陆点为明珠，珠海登陆点为拱北，优先考虑采用磡石湾北线—拱北/明珠桥隧组合方案。该桥位走线方案穿越了珠江口中华白海豚保护区，港珠澳大桥项目组虽通过临时调整保护区内功能区划的方式巧妙解决了大桥线位走向与法律之间的冲突，但工程建设对中华白海豚的影响无法避免，因而中华白海豚保护势在必行。

一、工程活动中环境责任的决策问题

决策问题是决策者的期望与当前决策环境的偏差，而问题发现（又称问题识别）是在特定的决策环境下，决策者期望状态与系统当前状态是否存在偏差的评价，是决策者发现、意识到偏差的过程。在工程活动中，环境责任的决策问题是决策者根据工程涉及的情景、对象以及制约因素等，对实际状态与期望状态之间存在的一种需要缩小或排除的差距的识别。一般来说，决策问题是由实际状态、期望状态和差距三个要素组成的。实际状态首先是指现有的客观状态，有时也包括可预测、预计的未来状态，大多是指一些比较复杂的事实现象的总体。因此，确认实际状态既要有实事求是的客观态度，又要有了解客观事实的科学方法。期望状态也称为“标准”或“目标”，是决策者在一定环境和条件下，主观上所期望和想要达到的一种结果。由于期望状态必须经过决策者的主观认定后，才称其为行为的标准，这样期望状态在不同的决策者心目中就有可能产生不同的理解。所以在认定标准时，决策者既要看到主观态度对问题认定产生的影响，又要力戒主观片面性，以工程实践为评判的标准和依据，比较客观地理解和把握不同层次、不同方面的行为标准。差距是实际状态和期望状态之间存在的距离。

确认决策问题的存在，一般有下述三种途径或形式：一是在被动情况下产生的决策问题。这是一种决策者思想上事先没有预料到或观察到，而工程活动本身发展到一定程度暴露出矛盾后，迫使决策者加以承认的问题。二是通过怀疑而确认的问题。即对现存状态是否合理提出怀疑，继而发现实际状态与期望状态之间存在较大差距，从而及时形成应当改变这种状态的决策思想。三是自觉运用辩证思维揭露矛盾而确认的决策问题。决策问题通常可以划分为确定型、非确定型、风险型三种类型。由于决策问题的性质不同、群体决策与个人决策的差异及决策人个人的风格不同，决策的时间和决策的方法也不相同。

港珠澳大桥中华白海豚保护属于非确定型的自觉运用辩证思维揭示矛盾的决

策问题。在港珠澳大桥工程活动中，面临的实际状态、期望状态和差距具有如下特点。

港珠澳大桥工程活动面对的实际状态非常复杂。中华白海豚自然保护区是相对封闭的生态环境，具有生态稳定性，对水质、水温、盐度以及生物多样性都有很高要求，且中华白海豚种群繁殖率和生存率低，有濒危绝迹的危险，若保护不当，港珠澳大桥的建设和运营极有可能对中华白海豚种群的生存造成致命的影响。港珠澳大桥的中华白海豚保护受到外界法律、生态、经济和技术等存在非线性关系的多方面因素影响，影响因素错综复杂，问题决策要充分考虑经济可行性、技术可行性、法律可行性等。

港珠澳大桥工程活动面对的期望状态较为明晰：在港珠澳大桥工程实施与运营期，最大限度地降低对中华白海豚生态环境的影响。

港珠澳大桥工程活动面对的实际状态与期望状态之间的差距较大且复杂。其一，港珠澳大桥对中华白海豚的影响空间范围覆盖了保护区的核心区、缓冲区及实验区，辐射范围广，保护难度大，且工程建设及运营对中华白海豚的影响并非一朝一夕，而是以上百年计，因此对中华白海豚的保护和对其生存环境的修复是长久的、持续的。此外，大时间尺度意义下该问题具有开放性，工程所处区域与外部环境之间存在着物质、信息与能量的交换，因此该问题并非静止固化的，而是处于动态的发展变化之中，要根据外界情景要素的变化进行动态调整和不断完善。其二，港珠澳大桥的设计使用寿命为 120 年，在大时间尺度下工程情景不断发生变动与演化，工程建设运营对中华白海豚生存环境的破坏程度是未知的，对中华白海豚面对生存环境破坏及个体伤害的承受能力也是深度不确定的。而中华白海豚的保护决策要在一个相对较短的时间内，针对工程完整情景形成一个在长时间内具有弹性的决策方案，使白海豚在工程全生命周期范围内均得到有效保护。情景变动的不确定性与决策主体认知能力的局限性使该问题的决策具有极高的复杂性。其三，港珠澳大桥的中华白海豚保护受到外界法律、生态、经济和技术等存在非线性关系的多方面因素影响，影响因素错综复杂，问题决策要充分考虑经济可行性、技术可行性、法律可行性等。且该问题属于对海洋中动物保护区的保护，具有非常规性，决策时缺乏可供借鉴的经验，问题的解决要在不断摸索中前进。

由此可见，在港珠澳大桥工程活动的问题识别过程中，其面临的实际状态是一个开放的复杂动态巨系统，具有多主体、多学科、多因素、多变性、高度非线性和不确定性等复杂性特征。工程期望情境较为明晰，即在港珠澳大桥工程实施与运营期，最大限度地降低对中华白海豚生态环境的影响。但实际状态与期望状态之间的差距比较大，而且从实际状态到达期望状态的差距的消除也比较复杂且具有较大的不确定性，主要体现于中华白海豚保护的本体复杂性与决策复杂性、不确定性两大方面。港珠澳大桥的中华白海豚保护决策从正式立项到形成最终方案历时四年之久，其间经过多次博弈和反复论证，面临重重挑战，表明了决策方案制定的复杂性。

二、工程活动中环境责任的决策目标

决策目标是指在一定外部环境和内部环境条件下，在工程活动调查研究的基础上，所预期达到的结果。决策目标是根据所要决策的问题来确定的。决策目标的确定，通常需要决策者回答下面几个问题：这个决策要实现什么？要达到什么目标？这个决策的最低目标是什么？执行这个决策需要什么条件？决策目标明确与否，直接关系到决策效果的好坏。决策目标明确了，选择就会有依据，行动就会有针对性；决策目标不明确，选择就会发生偏移，甚至还会出现目标转换、南辕北辙的惨痛后果。

在工程活动中，环境责任的决策目标的制定，需要考量四个维度：目标是否清晰、目标的层次、目标的主次、目标的实现条件。这就要求决策目标应当有确定的内涵，切忌笼统；要求决策目标、概念必须明确，表达应当是单义的，并使执行者能够明确地领会含义。在工程活动的环境责任决策中，其决策目标基本上都是有条件的。因此，在确定目标时还要求决策者必须明确地规定约束条件。决策者要根据目标的层次性来逐步实施目标，例如短期目标和长期目标，局部目标和全域目标等。另外，决策者要对目标的主次进行区分，并确立衡量目标实现程度的具体标准。只有这样，决策目标才能对控制和实施决策起到指导作用。

港珠澳大桥中华白海豚保护问题事关中华白海豚的兴衰，且需要在生态环境、法律环境、经济环境之间取得动态平衡，因此该问题的决策不仅是超长期决策，更属于战略决策。在平衡政治、经济、生态等各种因素，权衡各方利益的基础上，决策主体确立了中华白海豚保护全景式决策的决策目标。

中华白海豚保护全景式决策的决策目标是：在大桥穿越中华白海豚自然保护区的前提下，通过各种对不利影响的减缓措施，将港珠澳大桥对中华白海豚的负面影响降至最低程度。由于港珠澳大桥建设与中华白海豚保护之间的生态矛盾难以避免，在工程建设与中华白海豚保护发生冲突时，必须做好长期的协调与平衡工作。因此，在此基础上，港珠澳大桥决策主体确立了工程与环境友好的科学决策思想：中华白海豚保护必须贯穿港珠澳大桥建设始终，生态保护与工程建设尽量综合考虑，找到既能够充分保护中华白海豚、对中华白海豚生活干扰最小，同时又能让工程建设得以进行的方案。宁可增加成本，也要使中华白海豚得到充分保护。

中华白海豚保护问题具有生态敏感性，港珠澳大桥工程将从多个方面对中华白海豚的生活环境、生存空间及个体造成负面影响。施工期对中华白海豚的不利影响主要包括：施工干扰迫使中华白海豚改变活动场所；水下爆破、船舶撞击等会对白海豚造成直接伤害；施工产生的悬浮物、污染物会污染中华白海豚的生存环境，且影响其觅食活动；等等。大桥运营期对白海豚产生的负面影响主要表现在栖息地破碎、水质变差、车辆噪声影响和区域水流变化等。基于港珠澳大桥对中华白海豚的影响具有大时间尺度的特点，要考虑全生命周期内完整情景的影响作用，因而决策主体对问题决策的复杂性进行降解，将决策目标分为两个层次来实施，即将中华白海豚的保护划分为施工期的决策目标和运营期的决策目标。

（1）在港珠澳大桥施工期的目标：一方面要采取缓解措施将不利影响降低到最低程度，另一方面要对中华白海豚进行生态补偿，制定生态补偿方案和费用保证决策，对中华白海豚进行可持续的保护。

（2）在港珠澳大桥运营期的目标：以施工后的中华白海豚生活状态为背景，因而施工期的保护方案是运营期中华白海豚保护的决策基础；综合运用各种手段将施工期与运营期的中华白海豚保护方案密切关联，从港珠澳大桥全生命周期角度形成全局意义上的决策方案。

中华白海豚保护全景式决策目标的实现由三个条件来保障：

（1）为应对中华白海豚保护决策的复杂性，港珠澳大桥决策主体基于该问题的决策目标，采取一系列复杂性降解的决策手段，通过降低和分解问题复杂性，逐步提高自身驾驭问题复杂性的能力，并采用综合手段形成整体性科学决策方案。

（2）决策主体逐步加深对中华白海豚保护相关情景的认知，通过决策主体自觉学习提高驾驭问题复杂性的能力。

（3）采用迭代式生成的方法逐渐逼近满意方案。中华白海豚保护决策历经四年的时间，在此期间决策方案经过不断修改、完善、收敛，最终逼近满意方案。

由此可见，工程活动中环境责任的全景式决策目标是在考虑完整情景的基础上，针对环境责任决策复杂性所形成的以复杂性降解和综合分析为核心的决策目标。其中强调了完整情景对决策目标确定的重要作用，并在决策目标导向下采用复杂性降解与综合分析等保障手段，确保决策目标的最终实现。

通过中华白海豚保护全景式决策目标的制定可以发现，决策目标制定是决策者对未来的计划、实施团队的原则和价值观，结合现实情景与自身优势的一个综合评估过程。在决策的过程中，决策者要回到“什么是我想努力达到的”这个问题上。在工程活动中，决策目标对工程活动的实践展开起到指导性的作用。

三、工程活动中环境责任的决策能力

决策能力是指决策者正确地设定问题解决的优先顺序，并制定约束条件下最优决策方案的能力。从“能力”本身的属性来看，知识、技能和观念可看作其三个基本层次。知识是基础，技能是能力形成的基本条件，观念和信念层面是最为稳定的要素。环境责任的决策能力是指工程活动中针对环境责任工作的计划、实施、评价以及反思阶段所做出的一系列选择和判断行为。从根本上讲，工程活动中的决策者一般由管理者和工程师组成。因此，管理者和工程师自身的知识结构和综合能力会对决策结果产生重要的影响。决定决策能力的因素又可以具体分为三个维度：一是决策者的主观意愿，即决策者制定决策的出发点是为了维护自身的利益还是提高全社会的福祉。二是决策者的学习能力、创新能力、时间管理能力、反思能力等。三是越复杂的决策越需要完备的信息来源、深厚的知识储备和科学的决策方法。例如调查研究、专家论证等决策方法。

在港珠澳大桥对中华白海豚保护决策案例中，港珠澳大桥决策主体的决策能力也体现在决策意愿、学习能力以及决策方法等方面。

港珠澳大桥决策主体的决策意愿是，确立了工程与环境友好的科学决策思想。即中华白海豚保护必须贯穿港珠澳大桥建设始终，生态保护与工程建设尽量综合考虑，找到既能够充分保护中华白海豚、对中华白海豚生活干扰最小，同时又能让工程建设得以进行的方案。宁可增加成本，也要使中华白海豚得到充分保护。

港珠澳大桥决策主体的学习能力体现为，决策主体逐步加深对中华白海豚保护相关情景的认知，通过决策主体自觉学习提高驾驭问题复杂性的能力。港珠澳大桥中华白海豚保护决策涉及经济、生态、环境、科技等多个领域，牵涉因素众多。港珠澳大桥决策主体利用现代信息技术和人工智能技术等，挖掘所需要的中华白海豚保护相关信息、数据等，如中华白海豚对水下噪声的接受程度、中华白海豚自身的生理学和声学特征等，将上述信息、数据等与预测的施工期工程情景、运营期工程情景相结合，通过将中华白海豚保护的信息资源和相关工程情景相匹配，降低因情景不确定性形成的问题复杂性。决策主体结合法律、生态、经济、物理等各领域专家的理论、经验、建议等，为涉及各种定量和定性因素的中华白海豚保护决策提供创造性思维，逐步提高决策主体自身对中华白海豚保护的认知，保证决策的专业性和科学性，最终凝练形成有利于生态、经济利益的保护措施，为弹性决策方案的形成创造了良好条件。

港珠澳大桥决策主体运用的科学决策方法是，港珠澳大桥协调小组办公室启动中华白海豚保护决策之后，三地政府委托中国水产科学研究院南海水产研究所开展中华白海豚自然保护区研究工作，形成初步专题研究报告，并由专家评审会提供若干修改建议，中国水产科学研究院南海水产研究所根据反馈对各方案继续修改、完善。过程中，结合广东省海洋与渔业局的专家评审意见，南海水产研究所补充了大桥的施工工艺、方法和运营等有关情况介绍，以及大桥工程对中华白海豚的影响因子筛选论述。在提出关于生态补偿问题的建议后，南海水产研究所结合专家评审意见，充分考虑经费保障，加强施工期和运营期的中华白海豚种群及其栖息情景变化的监测、监管和研究工作。初步的生态补偿方案以总体方案进行生态补偿的金额估算，但考虑到港珠澳大桥施工期较长，对运营期可能出现的一些情况细节尚需进一步深入探讨，因而生态补偿方案又从总体研究走向施工期的分期方案研究。上述决策过程中使用的调查研究、专家评审、深入研讨等方法都是港珠澳大桥决策过程中使用的科学决策方法。

从港珠澳大桥对中华白海豚保护的决策案例中可以发现，在决策意愿、学习能力与科学决策方法中，还涵盖了决策结构和决策机制两个重要因素。决策结构是指在决策不同阶段，哪些人或部门可以参与其中。参与决策过程的人或部门越多，决策就越开放、越透明，就越能够体现多元化的利益诉求，越能够在更大程度上降低信息的不对称性、不确定性和不完备性，相应地，制定出来的决策方案就越容易成功。决策机制是指决策本身所依赖的法律或制度基础。基于制度的决策过程可以最大限度地限制决策者的个人专断，最大限度地降低决策失误的可能性，最大限度地增进决策的内外部共识。即便出现决策失误，也能够及时进行调整，防止从较小失误转化为重大失误，防止从短期失误演变为长期失误。决策结构和决策机制对于最终决策方案的成功起到至关重要的作用。

四、工程活动中环境责任的决策方案

决策方案是指为解决决策问题以达到决策目标而寻找的切实可行的各种行动方案。解决问题的方案通常不会太明显，在通常情况下，决策者所面临的问题的解决需要其付出较大的努力。拟订的行动方案要紧紧围绕所要解决的问题和决策

目标，根据已经具备和经过努力可以具备的各种条件，充分发挥创造性和丰富的想象力。

决策方案是港珠澳大桥中华白海豚保护全景式决策的最终成果。港珠澳大桥决策主体在确立中华白海豚保护问题的复杂性决策思维基础上，充分考虑大时间尺度意义下的完整情景，在决策目标导向下，通过复杂性降解及综合手段，迭代式形成中华白海豚保护的最终决策方案。

首先，制定了施工期对中华白海豚干扰的减缓方案。施工期对中华白海豚的影响主要体现在施工作业对中华白海豚的直接伤害、施工工艺对中华白海豚的生境污染、施工设备对中华白海豚的噪声干扰等。决策主体秉持将工程建设对中华白海豚的不利影响降至最低的决策原则，制定如下施工期干扰减缓方案：

（1）尽可能缩短施工期，减少海上作业时间与作业范围，减少对中华白海豚的施工干扰时间；

（2）若工程施工与中华白海豚的保护发生直接冲突，遵循优先保护中华白海豚的施工原则；

（3）施工方案须服从中华白海豚保护的环保目标，施工技术、方法、参数等必须满足中华白海豚保护要求；

（4）改良对中华白海豚生境影响较大的施工方案工艺，最大限度减少水体污染；

（5）在中华白海豚繁殖期（4—8 月）避免敏感、高强度的施工活动；

（6）加强对中华白海豚保护的监督管理。

其次，在运营期，制定了中华白海豚保护方案。港珠澳大桥运营期对中华白海豚的影响是大时间尺度的，影响因素包括航船事故、大桥运营污染、栖息地影响等方面。决策主体基于长期观察、监测，根据保护中华白海豚的决策理念，制定以下运营期保护方案：

（1）实施水上航行管理，桥区的交通运营满足中华白海豚保护要求，避免对中华白海豚个体造成直接伤害；

（2）对港珠澳大桥运营实施污染源控制，避免破坏中华白海豚生境；

（3）对中华白海豚进行常规监测，包括数量、繁殖情况、行为、生活习性等，以便评价港珠澳大桥建设对中华白海豚产生的长期影响，修订长期保护对策；

（4）根据监测和生态影响评估结果，通过建造有利的人工生境、提高水域生产力等方法对中华白海豚进行生态补偿。

最后，制定生态补偿方案。生态补偿主要指就港珠澳大桥对中华白海豚可能造成的影响所做的补偿，主要包括进行中华白海豚救护保育基地建设、开展生态保护科学研究、施工期监管费用、施工和运营期监测费用、保护区内中华白海豚饵料生物资源增殖补偿和建设海上人工岛监管站的补偿。生态补偿一共分两期加以解决。

港珠澳大桥工程建成后，与施工之初识别到的千余头白海豚相比，广东省海洋与渔业厅发布的《2017 年广东省海洋环境状况公报》显示，珠江口水域栖息的中华白海豚被累计识别 2 367 头，大桥建设实现了“零伤亡、零污染、零事故”和“大桥通车，中华白海豚不搬家”的环保目标。实践证明，通过认知港珠澳大桥中华白海豚保护问题的决策复杂性，在考虑工程“全景”的基础上，采取复杂性降解与综合手段，港珠澳大桥中华白海豚保护的全景式决策最终形成了科学合理的决策方案，并取得了良好的决策成效。

环境责任决策对于工程活动具有明显的战略意义与全局意义。环境责任决策需要首先明确决策问题，特别要注意决策问题的性质不同，其决策的时机、方法、路径也大不相同。其次要确定决策目标，决策目标明确与否，直接关系到决策效果的好坏。再次要注意提升决策能力。决策能力与决策主体的学习能力、创新能力、时间管理能力、反思能力直接相关，还与决策意愿与决策方法密切关联，其中的决策结构和决策机制对于决策能力的提升也起到重要作用。最后工程活动中环境责任决策的实质是针对具体环境责任问题制定决策方案。工程活动中环境责任决策具有复杂性，体现在环境责任本身的复杂性与决策的复杂性两方面，其中决策复杂性源于与工程情景的密切关联。工程活动中环境责任的全景式决策是在考虑工程完整情景的基础上，运用复杂性降解与综合的决策手段生成有效决策方案的复杂系统分析过程。

讨论案例：万安水力发电站

见本章第一节中“万安水力发电站”案例。

思考题：

“万安水力发电站”违反了哪些环境伦理原则？相应环境问题的出现应该由谁负责？请你制定“万安水力发电站”环境问题的后期治理方案。

本章小结

本章首先从日常生活中常见的工程活动案例，引出工程施工期、运营期、废弃后存在的环境问题。继而通过对工程活动中的环境伦理理论的阐释，详细说明了工程活动中环境伦理的核心问题、环境价值观以及环境伦理原则。在此基础上，本章深入解析了工程活动中的环境伦理责任，在对工程共同体的环境伦理责任进行概述之后，主要针对工程师的环境伦理责任和环境伦理规范进行了详细阐述。最后，以港珠澳大桥的中华白海豚保护为案例，剖析了工程活动中环境伦理责任的决策路径。工程活动中环境伦理责任决策路径关涉系列因素：决策问题、决策目标、决策能力、决策方案等。通过案例分析表明，工程活动中环境伦理责任决策需要跨学科的知识和跨行业的技能，也需要跨领域、跨行业的通力合作，更需要工程共同体的创新创造能力和伦理意识。

重要概念

可持续发展　绿色工程环境价值观　环境伦理责任

练习题

延伸阅读

[1] [美] 维西林，冈恩．工程、伦理与环境 [M]．吴晓东，翁端，译．北京：清华大学出版社，2003．(第 1 章)

[2] [美] 霍尔姆斯·罗尔斯顿．环境伦理学——大自然的价值以及人对大自然的义务 [M]．杨通进，译．北京：中国社会科学出版社，2000．(第 1-3 章)

[3] [美] 蕾切尔·卡森．寂静的春天 [M]．马绍博，译．天津：天津人民出版社，2017．(第 6、7、8、12、15 章)

[4] 联合国教科文组织．工程——支持可持续发展 [M]．王孙禺，乔伟峰，徐立辉，等译．北京：中央编译出版社，2021．(第 3 章)

第七章　工程、安全与可持续发展

学习目标

1. 知晓并理解工程对人类社会安全与生态环境安全的影响。
2. 掌握工程全生命周期中的工程安全风险来源及安全保障。
3. 知晓并理解工程共同体中不同角色的安全伦理责任。

引导案例：日本福岛核泄漏事故

2011 年 3 月 11 日，日本东北部近海发生里氏 9.0 级大地震并引发海啸，导致东京电力公司运营的福岛第一核电站发生严重核泄漏事故，是继切尔诺贝利核泄漏事故之后第二例被确定为国际核与辐射事件分级表（INES）最高级的特大事故。地震发生时，在福岛第一核电站的 6 台机组中，1-3 号机组正在运行，4-6 号机组正处于计划停堆状态。地震破坏了该场址的供电线路，海啸则给厂内的运行和安全基础设施造成了重大破坏，而灾害的叠加效应导致了厂外和厂内电力丧失，1-4 号机组发生严重核泄漏事故（其中 1—3 号机组堆芯熔毁），最终导致放射性物质大量泄漏。地震和海啸发生后，1—3 号机组紧急停堆，但核电站的外部电网全部瘫痪，加之备用的柴油发电机由于被海啸摧毁未能正常工作，致使反应堆余热排除系统完全失效。除地震、海啸等外部因素外，日本当局最初对核事故的严重程度认识不足，以及灾前和灾后忽视安全隐患和疏于应急管理，也是导致这次事故后果扩大的重要原因。

事故发生后，日本政府、国会及国际原子能机构（IAEA）先后发起了三轮事故调查。在日本政府组织的调查过程中，东京电力公司主张将事故原因归咎于超乎预想高度的海啸，而未提及相对更有预测性的地震，试图逃避所负的责任，受到各界批评。日本国会的事故调查则认为，事故并非自然灾害，明显是人祸，批评日本政府、监管机构已成为核电行业的“监管傀儡”。国际原子能机构的调查综合审议了事故中的人为因素、组织因素和技术因素。事故主要有三个方面的技术原因：三层纵深防御系统发生共因故障；三个基本安全功能在执行过程中均失效；对超设计基准事故的应对不充分。报告认为，导致事故更重要的因素是日本社会普遍存在的“核安全神话”。因此，日本对严重核事故与重大自然灾害同时发生的可能性准备不充分。

时至今日，福岛核事故的善后处理工作仍然十分繁重，面临余震活动持续发生、受害群众赔偿问题、核污水排放问题等“后遗症”。其中，最受国际社会关注的是核污水排放问题。2021 年 4 月 13 日，日本政府正式决定将在未来向近海排放核污水，引发了日本国内相关利益团体及太平洋周边国家的广泛担忧。

日本福岛核泄漏事故为工程界敲响了安全警钟。如何在利用工程为人类带来繁荣与福祉的同时尽可能地规避或减少工程安全风险？工程共同体成员在工程安全风险治理中又应当承担哪些伦理责任？本章将针对这些问题展开探讨。

引言　工程安全严重威胁着人类社会的可持续发展

本章重点探讨现代风险社会中的工程安全议题，强调要将工程共同体的安全伦理责任贯穿于工程全生命周期。1986 年，德国社会学家乌尔里希·贝克（Ulrich Beck）出版了《风险社会》一书，认为世界正在从“工业社会”进入充满不确定性的“风险社会”。就在同一年，世界上先后发生了三起重大工程事故（美国“挑战者”号航天飞机爆炸事故、苏联切尔诺贝利核泄漏事故、瑞士化工厂剧毒物污染莱茵河事故），引起了公众对工程安全的普遍关注。更令人唏嘘的是，工程共同体往往并没有真正从以往的事故中吸取教训，诸如美国“哥伦比亚”号航天飞机爆炸事故、吉林双苯厂精馏塔爆炸事故、日本福岛核泄漏事故等诸多类似原因的悲剧在进入 21 世纪后再次上演。归根结底，工程安全问题产生的根源是工程的社会试验性质，工程不是只在科学实验室里在受控条件下进行的实验，而是以人类为对象的、社会规模的试验。事实上，工程安全议题在新一轮科技革命与产业变革中涌现的“新工程”领域也日益凸显，与传统工程安全一起严重威胁着人类社会的可持续发展，需要引起工程共同体的重视。

第一节　工程安全：工程共同体的首要伦理责任

“将公众的安全、健康和福祉置于首位”已成为国际工程界普遍遵循的首要伦理原则。其中，保障和维护工程安全，是工程共同体的首要伦理责任。美国各工程职业协会伦理章程，无一不把公众安全置于首位。《中国化工学会工程伦理守则》第 1 条中提到，“在履行职业职责时，把人的生命安全与健康以及生态环境保护放在首位”。工程作为技术的规模化应用，其安全问题牵涉更多，影响更大。因此，工程共同体更应该肩负起工程的安全伦理责任。

一、工程对人类社会安全与生态环境安全的影响

工程对人类社会安全与生态环境安全的影响可大概分为积极影响与消极影响。一方面，工程对维护、保障人类社会安全与生态环境安全起着积极的作用，比如修建、加固堤坝以消减洪水泛滥给人类社会安全带来的风险；制造武器装备以保卫国土安全；通过人工造林、发展生态修复工程来维持生态平衡；应用新材料、新技术修复被污染的土壤、水体等；另一方面，工程活动中排放的废气、废水与废渣等可能会污染生态环境，影响公众健康；工程事故可能会导致大气、土壤与水体被严重污染，还可能会威胁到人的生命财产安全。1984 年发生在印度博帕尔的农药厂毒气泄漏事故，导致数十万人伤亡。毒气对当地土壤与水体产生的污染至今仍严重影响着当地居民的健康，致使当地居民患癌率、新生婴儿致畸率居高不下。而 1986 年发生在乌克兰境内的切尔诺贝利核泄漏事故导致 31 人当场死亡，200 多人受到严重的放射性辐射，之后 15 年内有 6 万~8 万人死亡，13.4 万人遭受各种程度的辐射疾病折磨，方圆 30 千米地区的 11.5 万多民众被迫疏散。事故中因原子炉熔毁而漏出的辐射尘飘过俄罗斯、白俄罗斯和乌克兰，也飘过土耳其、希腊等欧洲地区。据专家估计，完全消除这场浩劫对自然环境的影响至少需要 800 年，而核辐射危险将持续 10 万年。所以说，工程是一把双刃剑，既能为保护人类社会安全与生态环境安全发挥巨大的、不可替代的作用，也能给人类社会与生态环境带来灾难性后果。为此，工程共同体需要通过协同工作，努力发挥工程对人类社会安全与生态环境安全的积极影响，消减工程对人类社会安全与生态环境安全的消极影响。

二、工程活动中的价值冲突与利益博弈对安全的影响

工程活动的主体是人，自然无法避免价值冲突与利益博弈。工程共同体需妥善处理工程中的价值冲突与利益博弈，以避免对工程安全造成负面影响。

（一）工程活动中的价值冲突对安全的影响

任何工程活动都是为了满足特定群体对工程产出物的需求而开展的。以某一建设工程为例，建设单位（业主）的需求是得到工程产出物，并将该工程的设计与施工分别委托给设计方与施工方。设计方与施工方的需求则是通过行使代理义务为建设单位（业主）提供满足其需求的工程可交付物而获得报酬，这里表现为

合同金额。建设单位（业主）希望合同金额越小越好，从而增大自己的盈利空间，工期越短越好，从而获得有利的市场竞争优势。而设计方与施工方则清楚设计工作与施工工作都有着固有的活动规律，必须在合理的工期与成本范围内才能够交付质量有保证的工程可交付物，才能确保工程活动过程的安全和工程可交付物的质量与使用安全。这里就存在着工程不同相关方价值上的冲突，工程的质量目标、安全目标与成本目标、工期目标发生了冲突。对低成本、短工期的追求可能会导致质量目标的实现受到影响，进而可能影响到安全目标的实现。如为了降低成本而偷工减料导致工程质量出现问题，进而引发工程安全事故；为了缩短工期而不顾工程材料固有的物理性质，从而导致工程安全事故发生。反之，工程安全/质量出了问题，处理工程安全/质量问题必然会占用时间，多付出成本，因而必定会导致工期延长、成本增加。质量问题并不一定会导致安全问题，安全问题也不一定全是由质量不合格所引发，但质量问题与安全问题在很多场景确实是息息相关。如图 7-1 所示，工程的各个目标之间是一种相互影响的关系。

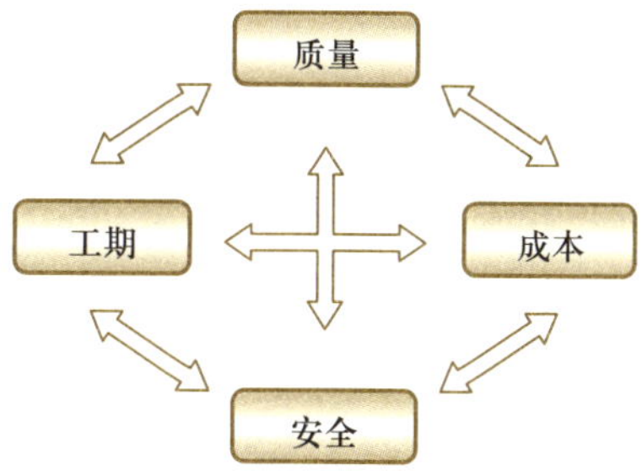

图 7-1 工程各目标间的关系

在组织内部，管理人员会更关注商业利益，更多地考虑新的订单、采购合同、成本、工期以及长期合作关系的维系等问题。一般而言，若想获得高收益，往往需要承担高风险。所以，管理人员往往是风险偏好型的个性。这就会导致他们看待安全风险评估的方式与工程人员大为不同。工程人员则关注工程活动的过程质量控制与安全保障，以及工程产品的安全与质量问题，因此，他们对于安全风险往往持有规避型的态度。在工程人员的决策中，只有证明是安全的行为才是可行的，而在管理人员的决策中，只有证明是不安全的行为才是不可行的。绝对安全与绝对不安全，都是难以量化评估的，这就使得有关工程安全的决策更加充满了不确定性，也增大了工程安全风险。而在安全与不安全之间的灰色地带，更是难以准确评估是否安全，这就更加增大了决策的难度。1986 年，“挑战者”号航天飞机起飞后 73 秒在空中爆炸坠毁，机上 6 位宇航员与 1 位教师全部遇难。这起事故发生的直接原因是右侧固体火箭助推器连接处的 O 形环损坏。背后的深层次组织原因之一则是固体火箭助推器承包商莫顿—瑟奥科尔公司由于商业利益而采取了冒险行为，将本应由工程师做出的工程决策转变成由管理层做出的管理决策。

（二）工程活动中的利益博弈对安全的影响

工程共同体成员在工程活动中有着各自的利益，这些利益与工程安全目标的实现可能是冲突的。如在重庆綦江彩虹桥的建设中，工程建设单位与施工方为了各自的私利，进行了非法交易。工程建设单位收取了施工方11万元的贿赂款，不仅让不具备相应资质与桥梁建设经验的工程施工方承包了该工程的建设工作，并且在结算时以追加工程款118万元的方式让施工方从中获利。而工程施工方为了从工程中获取更多的利润，采取了偷工减料的行为，导致彩虹桥因质量问题出现了垮塌，40人遇难。该工程事故正是由于工程相关方利字当头，不顾伦理底线，践踏法律尊严而导致的一起责任事故。在工程组织内部，利益也是导致安全问题的一个重要因素。管理者可能会因为公司商业利益或个人私利威胁下属做出不利于工程安全的行为，或者隐瞒工程活动中存在的安全隐患或产品中存在的安全问题。下属出于对自己私利的考虑，可能会妥协，这就为工程安全埋下了定时炸弹。

因此，工程活动中要充分考虑价值冲突与利益博弈对工程安全的影响，尽可能通过建立规章制度、行业伦理规范以及有效的监控机制来规避这一影响。

第二节 工程全生命周期中的安全风险来源

理解工程活动中的安全风险来源，对于工程共同体提高伦理敏感性、履行伦理责任至关重要。从工程概念的提出到工程最终的拆解、报废，工程安全风险存在于工程全生命周期的每一个阶段。本节将从工程全生命周期的视角，从人、物与管理三个维度阐述工程活动的安全风险来源，以利于工程共同体理解工程活动中的安全风险来源，认识到自己身上肩负的工程安全伦理责任。

一、工程全生命周期中的不安全因素

工程的全生命周期包括论证决策、设计、建造、运营和废弃等多个阶段。在每个阶段都可能存在不安全因素。

工程全生命周期活动中的不安全因素主要包括人的不安全行为、物的不安全状态、管理上的不安全因素三个方面。美国安全工程师赫伯特·海因里希（Herbert W. Heinrich）在《工业事故预防》（1931）一书中首先提出了事故因果链理论，认为“人的不安全行为”或（和）“物的不安全状态”是事故发生的直接原因。在我国的工程安全管理实践中，人的不安全行为相当于“三违”（违章操

作、违章指挥、违反劳动纪律）行为，物的不安全状态相当于“事故隐患”，安全事故预防的理念被概括为“杜绝三违、根除隐患”。不过，人的不安全行为、物的不安全状态仅仅是事故发生的表层原因，组织的生产管理、安全管理等方面的缺陷也往往是造成事故的重要因素。工程全生命周期的各个阶段，都或多或少涉及人、物以及管理这三个因素。因此，本章将以海因里希法则为基础，从人的不安全行为、物的不安全状态以及管理上的不安全因素三个方面分别分析工程全生命周期各个阶段的安全风险来源。因工程全生命周期的各个阶段都会涉及大量的干系人，不可能一一论述，因此只选择各阶段中某一类重要干系人作为分析对象。

二、工程论证决策阶段的安全风险来源

工程论证与决策是指对拟建工程在经济、技术、社会效益以及环境影响等各个方面进行充分论证后来决定一个工程是否应该上马，并确定建造一个什么样的工程、在哪里建造以及如何建造等问题。在工程论证决策阶段，物的不安全状态往往是由人的不安全行为所决定，而且并不会在此阶段体现出后果。因此，本部分主要探讨人的不安全行为。工程论证决策阶段的重要相关方包括工程需求方、专家、相关的提供专业技术支持的组织、政府审批部门以及会受到工程影响的组织与公众。其中，专家可能在提供专业技术支持的组织内任职，也可能是工程需求方指定的特定组织之外的专家。专家的作用是在自己的专业领域对工程进行充分的论证，以对工程决策者提供支持。但不论是哪种情况，工程需求方与专家之间都是一种委托代理关系。在工程论证决策阶段，专家应该秉持精益求精、追求真理的专业态度，就工程是否应该上马，在何处建造以及如何建造给出科学、独立、客观的专业建议。但在现实工程的论证与决策中，专家未必能做到这一点。这主要有以下三种原因：一是有部分专家并不具备为相关工程提供专业支持的能力，而是徒有虚名、滥竽充数，因而并不能在工程论证工作中体察到工程中物的不安全状态；二是有部分专家责任心缺失，缺少精益求精、追求真理的专业态度，做事以“差不多”为准绳，无法保证物处于安全状态；三是当专家所掌握的数据与论证的结果与工程需求方想要的结果相冲突时，即便专家知道该工程方案会导致人类社会安全或生态环境安全问题，专家也很可能会妥协。这是因为，专家如果反对工程上马或者提出尖锐批评意见，他们会被逐渐排斥在工程论证过程之外，而那些强烈支持工程上马的专家学者则被留下来继续论证工程的可行性，专家论证成为所谓的“挑选专家的游戏”。

工程论证决策阶段的组织管理因素是至关重要的。如前所述，专家提供的专

业意见经常会屈从于组织上马工程的意图与决心，这种意图与决心可能出于政治上的考虑，也可能出于经济上的考虑。这种情形下，专家意见有时会成为“摆设”。因此，组织是真论证还是为了某种目的而找专家做个“摆设”就至关重要了。如果是前者，工程安全风险只需要警惕上述内容的第一点和第二点即可，需要组织具备甄选专家的能力以及鼓励专家讲真话的文化；如果是后者，还需警惕第三点。

三、工程设计阶段的安全风险来源

工程设计阶段是一个将需求方的需求转化为图纸上的可交付物的过程。在我国，工程设计可分为初步设计与施工图设计。从工程生命周期各阶段不确定性的水平来看，工程设计阶段的不确定性较高，此阶段的工程风险也较高，因此，设计人员的责任重大。

设计工作中物的不安全状态完全由设计图纸呈现，这种不安全状态会直接传递到工程的建造、运营与废弃各个阶段。设计人员与其所在组织的关系是一种委托代理的关系，组织是委托方，设计人员是代理方。设计人员的行为会受到组织文化、规章制度及奖惩体系等管理要素的影响。由于工程设计阶段物的不安全状态是由设计人员所导致，并不会在此阶段产生安全问题，而是将安全隐患传递至建造阶段、运营阶段甚至是废弃阶段。所以，设计阶段的工程安全风险来源主要是组织的管理不善与设计人员的行为不当。影响设计人员设计工作质量的因素很多，其中，职业胜任力、责任心、职业倦怠、自负与好胜心、私利等都会影响到工程设计的质量。例如，加拿大魁北克大桥在建设过程中出现两次垮塌，1907 年 8 月 29 日发生第一次垮塌的原因在于，负责该桥梁设计工作的著名设计师库帕（Theodore Cooper）为争世界上最大跨度的悬臂桁架桥之名，没有经过严格的论证，就把悬跨的长度由原来的 487. 7 米增加到 548. 6 米，导致大桥在建成即将剪彩通车时突然垮塌，75 名工作人员遇难。可以说，正是库帕的好胜心与自负导致了这一事故的发生。

几乎在所有人的不安全行为背后，都有组织的管理因素在起作用。20 世纪 60 年代福特斑马车的汽油箱设计缺陷导致该款车型在上市 7 年之中，就遭遇了将近 50 场有关车尾被撞爆炸事件的官司。福车汽车公司在做撞击实验时发现了这一缺陷，随后开展了油箱改造实验。结果表明，这一设计缺陷是可以修复的，但每辆斑马车需要额外增加 11 美元的成本。经过详细的测算，福特汽车公司得出结论：改进设计的总成本超过了汽车爆炸事故所导致的赔偿成本。最终，福特汽车公司为了经济利益放弃了改进方案，导致多人因该设计缺陷引发的汽车爆炸事故而伤亡。表面看，事故是由工程师的设计缺陷所致，究其深层次的原因，则是企业所面临的激烈的市场竞争环境以及企业重利文化在相关工作人员决策与行动上的折射。

四、工程建造阶段的安全风险来源

建造阶段是将图纸上的蓝图转化成现实中实实在在的工程产出物的过程。这一阶段具有工程投入成本高、参与主体多、时间周期长以及工程活动复杂等特点。因为这些特点，这一阶段也成为工程安全事故发生最多的一个阶段。这一阶段的安全事故发生有可能来自设计阶段埋下的隐患，如魁北克大桥在建设过程的第一次垮塌，也可能来自建造阶段工程活动本身的不确定性。本部分内容只针对建造阶段的工程活动本身分析工程安全风险的来源。

这一阶段，人的因素更加复杂，设计阶段存在的人的不安全行为在这一阶段仍然是适用的。2003 年 7 月 1 日上海轨道交通 4 号线事故发生的一个重要原因，就是施工方未按照施工惯例先挖旁通道，再挖竖井，而是改变了开挖顺序，这一错误是由现场管理者的责任心不足所导致的。但在这一阶段，工程活动主体会遭遇更大的价值冲突与利益博弈。如为了节约成本，偷工减料；为了赶工期，无视工程固有规律。这些都是导致工程出现质量问题，进而导致工程事故的重要因素。

在建造阶段，物的不安全状态会直接导致安全事故的发生，这与设计阶段是截然不同的。例如，隧道施工需使用冷冻技术，将土层冷却到零下 10℃才能开挖。上海轨道交通 4 号线工程在事故发生前，冷冻的温度已经达到所需温度，但是 2003 年 6 月 28 日“空调”因断电出现故障，温度慢慢回升，大概回升 2℃多的时候，技术人员将情况汇报给中煤矿山工程有限公司上海分公司项目副经理李某。但是李某未停止施工。到了 6 月 30 日，由于工人继续施工，向前挖掘，管片之上的流水和流沙压力终于突破极限值，在 7 月 1 日出现险情。在这个案例中，物的不安全状态是可以通过工作人员良好的责任意识与行动进行纠正的，但项目副经理李某在工期压力下，安全意识与责任心淡漠，错误指挥，导致了这起事故的发生。人的不安全行为与物的不安全状态之间关系密切：一是人的不安全行为可能会导致物处于不安全状态，如竖井与旁通道开挖顺序错误是人的不安全行为，这一不安全行为使得周边的土方处于不安全的状态；二是物的不安全状态是可以通过人的安全意识与行为加以纠正的，如在知道冷冻设备故障，冻土温度不达标时，李某若能够下令停工，彻底解决问题后再重新施工，这起事故就不会发生。花旗银行中心大厦的建设就是一个设计阶段的错误在建造过程中被纠正的典例。花旗银行中心大厦在设计时未考虑强劲飓风可能令某些接口部位的压力增加 60%，而这样的压力会导致某些关键部位的连接螺栓失效，从而让整栋大楼有倒塌的风险。著名结构设计师威廉·勒曼歇尔（William LeMessurier）在一个学生的提醒下发现了隐藏的风险，勒曼歇尔经历了激烈的思想斗争，最终选择了公共责任。他召集了所有相关部门在紧急研究后，采取了正确的应对措施，将 200 多个螺栓接合部位全部以钢板加固。正是勒曼歇尔虚心的态度、责任心与勇气，使得花旗银行中心大厦设计中出现的物的不安全状态得以在建造过程中被纠正。

建造阶段的管理因素会直接作用于人，对人的行为产生影响，继而通过对人的行为的影响作用到物上。例如 2016 年 11 月 24 日发生的丰城电厂坍塌事故，正是由于建设单位为了工期目标，在未经论证、评估的情况下，违规大幅度压缩合同工期，施压于施工单位，导致施工单位的管理人员在混凝土养护时间不足的情况下违规拆除模板，造成重大的人员伤亡与财产损失。

五、工程运营阶段的安全风险来源

分析工程运营阶段的安全风险来源，需要区分工程的类别。一类属于民用工程，如商场、图书馆、住宅楼等；另一类属于工业用工程，主要是用于夜以继日、周而复始地生产工业产品，如化工厂、造纸厂、汽车生产厂等。对于民用工程，运营阶段主要考虑的是建筑物及其设施的维护与维修，以保证其能够安全使用。对于工业用工程，既要考虑包括设备、设施等的维护与维修，还要考虑生产活动各环节可能产生的安全风险，如危险物品是否按规程摆放、运输、储存与处理；工厂与居民区的距离是否符合规范的要求等。由于工业用工程更为复杂，也更加危险，因此，本书主要阐述该类工程在运营阶段中的安全风险来源。

工业工程组织的运营活动由多个部门协力完成，包括市场、营销、财务、人力资源、研发、采购、生产、质量管理等。企业分工协作一方面使得生产经营的效率大幅度提升，另一方面使得部门之间形成壁垒，各部门都为自己的利益考虑，往往忽视了企业的整体利益，而企业绩效考核进一步加剧了这一壁垒。如营销人员为增大产品销量，从中获取高额提成，而刻意隐瞒产品的安全隐患；采购人员拿了供应商的回扣，采购了质量存在问题的原材料、零部件；研发人员为拿到产品开发成功后的高额奖励而刻意伪造数据，为本没有通过安全测试的产品授以合格的参数。此外，工业工程组织往往层级众多，一旦出现安全问题，会造成溯源的困难。而管理与技术人员明哲保身，在牵涉到一些可能会对公众或环境产生危害的决策中，采取集体决策的方式来分担责任，使得决策者陷入一种“团队不会失败”的危险思维中不能自拔。

这一阶段物的不安全状态，一方面可能是由于人的因素导致，如 1984 年发生的美国联合碳化物公司印度博帕尔农药厂毒气泄漏事故最直接的原因就是工人的操作失误，在清洗地板时使水流入装有异氰酸甲酯的罐体中。在由人的因素所导致的物的不安全状态中，又可分为主观故意的人的行为，如拿了供应商的回扣而采购质量不达标的零部件；疏忽的人的行为，博帕尔事故中工人的行为即为疏忽的人的行为；不作为的人的行为，如明知道生产工艺中存在安全隐患，却假装看不到，是一种“麻烦不找我，我不找麻烦”的思想在起作用。另一方面可能是由于工程中所使用的零部件、建筑材料、管道器材等都具有固有使用条件与生命周期，也有其安全阈值。如果使用条件不符合要求，或已经达到或超出生命周期，或使用过程已经超出其安全阈值，那么物就处于不安全状态，在某些因素的触发下，就可能导致工程事故的发生。

在运营阶段，组织管理上的不安全因素仍然是最根本的原因，主要体现在两点：一是企业为了创造利润或维持企业生存，可能会大幅度缩减环保投入。在印度博帕尔农药厂毒气泄漏事故发生的 2 年前，一支安全稽查队就曾向美国联合碳化物公司汇报，称博帕尔农药厂“一共有 61 处危险（隐患）”，美国联合碳化物公司不但没有重视这一警示，而且在农药市场低迷的情况下，采用了大量裁员、缩减培训时间与成本、减少设备维修费用等手段，一方面使得工人根本无法胜任这一具有高危险性的工作，操作失误在所难免；另一方面使得事故发生时所有的安全通道全部关闭，导致事故造成了极为严重的后果。二是企业自身管理不善，缺少企业安全文化与保证安全的能力。

六、工程废弃阶段的安全风险来源

工程废弃包括主动废弃与被动废弃。无论是哪一种废弃活动，都存在着安全风险，本书在此一并讨论，不做区分。

工程废弃阶段中人的不安全行为主要表现为三个层次：第一层次是缺少对废弃物安全处理的意识与关注。这一层次的工程活动主体认为既然已经是废弃的东西，就是无用的东西，不会给企业带来新的价值，只要处理掉即可，因此不了解也不关注废弃物对人类社会与自然环境可能产生的危害。第二层次是缺少对废弃物危害的评估能力以及有效处理废弃物的能力。在这一层次，工程活动主体已经意识到即便是废弃物，也要考虑其可回收、可重复利用性，还要考虑其对人类社会与自然环境的短期及长期影响，有意愿对废弃物进行回收和无害化、低害化处理，但是缺少对危害的评估能力与相应处理能力，这里的能力既包括技术能力也包括管理能力等。第三层次是在利益与废弃物安全的选择中，利益优先。这一层次的工程活动主体既能够理解废弃物可能会对人类社会与自然环境造成伤害，也有能力回收废弃物或进行无害化、低害化处理，但是在成本与收益之间进行多方位权衡后，会从货币价值的角度做出收益成本比高的决策。例如 2011 年发生的福岛核泄漏事故，虽然日本政府相关机构以及东京电力公司清楚核污染水的危害，但是没有能力处理核污染水，所以只能将核污染水暂时封在容器中。此时工程活动主体的行为属于第二层次的行为。10 年间，核污染水还在源源不断地产生。也相继有几种处理核污染水的方案可供选择，但在综合权衡各方案的利弊后，选择了对日本、对东京电力公司最为有利的方案，即将核污染水排入大海。2021 年 4 月 13 日，日本政府正式对外公开了这一决定。此时工程活动主体的行为就进入了第三层次，即不顾对海洋生态与周边公众的健康影响，选择最有利于自己的决策。

在工程废弃阶段，物的不安全状态与废弃物的处理活动相关。废弃物的处理也分为四个层次，第一层次是回收后资源化，这是最好的处理方式，一方面避免了废弃物对人类社会与自然环境的危害；另一方面变废为宝，减少了自然资源的消耗，有利于建设资源节约型、环境友好型社会。第二层次是不可回收，但可做无害化或轻害化处理。这一层次虽然无法节约资源，但减轻了对人类社会与自然环境的消极影响。第三层次是放任不管。这一层次对人的伤害与生态环境的伤害都是持久的。第四层次是处置不当或处置错误。这一层次对人类社会与生态环境会造成二次伤害，伤害程度甚至超出第三层次。

工程废弃阶段的组织管理因素主要表现为：一是未能建立尊重人与自然环境的企业伦理文化，对人的生命健康与环境缺乏应有的关注。二是缺乏生产者责任延伸的意识，缺乏企业社会责任担当。生产者责任延伸（extended producer responsibility, EPR）制度是一项重要的环境制度，该制度将生产者的责任延伸到其产品的整个生命周期，特别是产品消费后的回收处理和再生利用阶段。三是在金钱收益与社会责任之间选择前者。四是缺乏推动废弃物处理的规章制度。五是缺乏鼓励创新技术以处理废弃物的激励机制。

通过以上论述可知，物的不安全状态往往是产生工程安全事故的直接的、物理的原因，而组织管理因素是最根本的原因。组织管理因素作用于人，人又决定了物的状态，人反过来还能塑造组织文化，促进组织变革。因此，在所有的因素中，人的因素是最重要的。加强对工程共同体的伦理教育，通过各种手段促使其肩负起工程伦理责任是避免工程安全风险的重中之重。

第三节　工程全生命周期的安全保障

目前，众多工程实践领域已经将实现工程全生命周期的安全作为基本理念。一个例证是，为确保工程安全并保护劳动者健康，我国工程类企业必须严格遵守建设项目安全设施及职业病防护设施的“三同时”原则。参照环境保护领域防治污染设施的“三同时”原则，国家安全生产监督管理总局自2011年起施行《建设项目安全设施“三同时”监督管理暂行办法》，要求建设项目安全设施必须与主体工程同时设计、同时施工、同时投入生产和使用。2017年起进一步施行《建设项目职业病防护设施“三同时”监督管理办法》。这是工程全生命周期的安全保障理念在中国语境中的重要体现，充分反映了新时代统筹发展和安全的治理思想。

专栏：工程全生命周期的安全保障理念

以传统工程领域为例，化工过程安全是预防和控制化工过程特有的突发事故的系列安全技术及管理手段的总和，它涉及设计、建造、生产、储运、废弃等化工过程全生命周期的各个环节。

在“新工程”领域，科技部于2021年发布的《新一代人工智能伦理规范》旨在将伦理道德融入人工智能全生命周期，提出了人工智能管理、研发、供应、使用等特定活动的具体伦理要求，从而促进公平、公正、和谐、安全，避免偏见、歧视、隐私和信息泄露等问题。

一、工程论证决策阶段的安全保障

大型工程或技术复杂的工程通常需要在工程设计之前开展可行性研究，这是工程论证决策阶段的关键环节。在可行性研究的内容中，建设条件分析与工程的安全性具有较高关联，尤其是工程地质条件的可靠性、厂址选择的社会合理性等，分别代表了技术维度与社会维度的工程选址问题。这两类建设条件在工程安全史上有着深刻教训，下文将举例说明，并强调工程专家在论证决策阶段应该扮演好

"诚实的代理人"（honest broker）的咨询角色。

其一在技术维度上，工程建设条件本身的不合理直接威胁工程安全。在工程安全史上，意大利瓦伊昂大坝（Vajont Dam）水库滑坡事故是忽视地质条件可靠性而导致工程失败的典型代表。瓦伊昂河谷的地质构造是由石灰岩和黏土相互层叠形成，黏土吸水容易化为泥浆，修建大坝增加了周围山体滑坡的风险。大坝的初始设计高度 230 米是考虑边坡不稳定的地质条件后确定的，但在意大利政客的干预下被修改为 264.6 米的高度。而大坝管理者为尽早通过验收，在发现滑坡迹象后仍坚持蓄水，最终在 1963 年 10 月 9 日，在持续降雨的条件下诱发了大规模山体滑坡，造成 2 000 多人死亡。工程前期对工程地质研究的忽视是造成事故的主要原因，并促使意大利政府加强了对工程咨询顾问的监管，实行"专家咨询终身负责制"，这一做法为各国政府在强化工程安全的监管时所借鉴。2017 年，国家发展和改革委员会发布了《工程咨询行业管理办法》，要求实行咨询成果质量终身负责制，工程项目在设计使用年限内，因工程咨询质量导致项目单位重大损失的，应倒查咨询成果质量责任，并形成工程咨询成果质量追溯机制。

其二在社会维度上，厂址选择的社会合理性是公众理解工程安全的重要因素。公众理解工程安全的基本问题是：多么安全才足够安全？事实上，风险的可接受性标准是相对的，现在可以被公众接受的风险，在将来不一定会被接受。近年来，"邻避"（not in my back yard，NIMBY，即"不要建在我家后院"）现象引发了社会各界的普遍关注，就是工程选址需要考虑社会合理性的一个例证。随着城市化进程的不断深入，诸如垃圾处理厂、垃圾填埋厂、核电厂、PX 化工厂、污水处理厂、焚化炉等公共设施会陆续兴建，其中具有潜在风险性和污染性的设施往往造成社会公众对工程安全的担忧。由于这些工程设施在为社会整体产出正外部性效应的同时，也给设施附近的民众带来负外部性影响，因此被称为"邻避"工程。在中国，2007 年以来，厦门、漳州、大连、宁波、昆明、九江、茂名等地先后发生了反 PX 项目事件，遭遇了"一闹就停"的"邻避"困境。被我国化工行业誉为"PX 项目突围样本"的九江 PX 项目坚持绿色发展理念，通过坚持开门办企业、加强风险沟通、消除公众疑虑和恐惧，尽力做到环境信息公开，使得公众做到知情同意，提供了破解 PX 项目"邻避"困境的现实思路。"邻避"现象的警示是，论证专家在厂址选择的过程中要充分考虑公众未来对工程安全的可能要求，曾经"尽量考虑"的安全标准随着时间的推移可能转变为"必须考虑"。在工程需求方与专家之间的委托代理关系中，专家要扮演好"诚实的代理人"角色，努力向工程需求方扩展（或至少阐明）可供决策的选址方案。

二、工程设计阶段的安全保障

工程设计工作的优劣直接影响工程建设的质量、投资回报及效益。工程设计应满足功能性、安全性、耐久性及经济性等要求。在工程设计的不同子阶段，工程设计文件都必须符合国家规定的设计要求和其他相关规定（尤其是安全性规定）。以我国危险化学品建设项目领域为例，建设单位应当在初步设计阶段提交“安全设施设计专篇”，并由安全生产监管部门进行审查。而在施工图设计阶段，建设单位需要组织工程安全性评价，并根据专家评审结果进一步完善设计，以有效提高工程的安全性。国务院办公厅于 2019 年发布了《关于全面开展工程建设项目审批制度改革的实施意见》，要求改革试点地区加快探索取消施工图审查（或缩小审查范围）、设计人员终身负责制等方面的经验，即“谁设计谁终身负责”；同时，我国实行设计文件的三级校审制度，明确了完成设计文件和图纸过程中参与工作的设计、校对、审核、审定等有关人员按规定应负责的工作内容和需担负的责任，这些对确保工程设计质量具有重要意义。

自 20 世纪 70 年代以来，实现工程系统的“本质安全”（inherent safety）逐渐成为许多工程领域广受认可的设计理念。在所有的事故预防措施中，相对于管理人的不安全行为而言，应该优先考虑消除物的不安全状态，实现工艺过程、机械设备、装置和物理环境等生产条件的本质安全。作为一种危险源控制的技术理念，本质安全理念由英国安全工程师特雷弗·克雷兹（Trevor Kletz）最先提出。他认为，预防事故的最佳方法不是依靠更加可靠的附加安全设施，而是通过消除危险或降低危险程度以取代那些不安全装置，从而降低事故发生的可能性和严重性。

通常认为，本质安全设计要遵循的四个原则是最小化（minimize）、替代（substitute）、缓和（moderate）、简化（simplify）。具体而言，最小化原则是指减少危险物质库存量，不使用或使用最少量的危险物质；具有危险性的设备（如高温、高压等）在设计时尽量减小其尺寸和使用数量。替代原则是指用安全的或危险性小的原料、设备或工艺替代或置换危险的原料、设备或工艺，该措施可以减少附加的安全防护装置，减少设备的复杂性和成本。缓和原则是指通过改变过程条件，如降低温度、压力或流动性，来减少操作的危险性，以及采用相对安全的过程操作条件，以降低危险物质的危险性。简化原则是指消除不必要的复杂性，以减少设备出错和误操作的概率。简单的单元相对于复杂单元的本质安全性更高，因为前者导致人员发生误操作及设备出错的概率要明显低于后者，所以要求设计更简单的和友好型单元以降低设备出错和误操作的概率。

如今，工程系统的本质安全设计理念已经被应用于越来越多的工程领域。为充分吸取 1976 年意大利塞维索化学污染事故的教训，欧共体（欧盟前身）于 1982 年颁布了《工业活动中重大事故危险法令》（即《塞维索法令 Ⅰ》），要求加强重大危险源的辨识和控制；1996 年，欧盟颁布了修订后的《塞维索法令 Ⅱ》，要求重大危险设施应该优先采用本质安全设计原则。目前最新的修订版本是《塞维索法令 Ⅲ》，始终坚持预防危险物质重大事故的立法目的。再以机械工程为例，决定机械产品安全性的关键是设计阶段的安全技术措施，通常分为三步：本质安全设计措施（直接安全技术措施）—安全防护（间接安全技术措施）—使用信息（提示性安全技术措施）。不过，本质安全不是绝对安全，还需要部署安全防护措施以进一步降低系统风险。在核工程领域，为确保核电站的安全，从“纵深防御”（defense-in-depth）的设计理念出发，往往采取多重防护的策略。即使有一种故障发生，将由适当的措施探测、补偿或纠正。三里岛核事故（INES-5 级）和切尔诺贝利核事故（INES-7 级）的后果截然不同，就与两个核电厂的设计有无作为最后一道实体屏障的安全壳有重要关系。

案例：意大利塞维索化学污染事故

1976 年 7 月 10 日，位于意大利北部城市塞维索附近的伊克梅萨化工厂发生爆炸。爆炸导致包括化学反应原料、生成物以及二噁英（简称 TCDD，一种剧毒化学品，无色无味，可导致肝肿瘤、皮肤肿瘤、生物突变等，属于一级致癌物）等在内的约 2 吨化学物质泄漏，并扩散到周围地区。事故的直接原因是反应放热失控引起压力过高而导致安全阀失灵，最终形成爆炸。这家化工厂周围人口密集，且距离城区较近，但周边居民直至爆炸泄漏两个多星期后才被安排撤离这一地区。约有 2 000 名受二噁英污染严重的居民接受了中毒治疗，其中 447 人症状较为严重，发生明显的中毒反应。一个特别委员会向意大利国会提交的事故调查报告指出，工厂管理者的失职和缺乏防范事故的知识是引发灾难的重要原因。经调查，爆炸事故最终的污染范围涉及周边多座城市，受影响居民达到 12 万人。塞维索化学污染事故也反映出当时意大利及欧洲各国在环境应急管理领域中的立法缺失、协调联动性不足、决策不透明、公众参与不充分等深层次问题。正因如此，欧洲开启了防控化工污染突发事故和环境应急管理的法治化进程，也对世界上其他国家和地区产生了深远影响。

三、工程建造阶段的安全保障

工程建造具有持续时间长、人员流动大、多专业协调、作业环境复杂多变等特征。工程建造活动中的不安全因素主要包括人的不安全行为、物的不安全状态、管理上的不安全因素三个方面。如前所述，人的不安全行为、物的不安全状态仅仅是事故发生的表层原因，组织的生产管理、安全管理等方面的缺陷才是造成事故的深层次因素。其中，工程质量终身责任制是保障工程建造活动安全的治本之策，而工程质量监理制度、变更流程管理制度是保障工程建造活动安全的重要方面。

（一）工程质量终身责任制

工程质量终身责任制是保障工程建造活动安全的治本之策。以房屋建筑和市政基础设施工程为例，工程的质量好坏直接关系到公众的人身财产安全，为强化工程质量终身责任落实，我国近年来着力推行工程质量终身责任制。2014 年，住房和城乡建设部出台了《建筑工程五方责任主体项目负责人质量终身责任追究暂行办法》，要求参与新建、扩建、改建的建筑工程五方责任主体项目负责人（建设单位项目负责人、勘察单位项目负责人、设计单位项目负责人、施工单位项目经理、监理单位总监理工程师），在工程设计使用年限内对工程质量承担相应责任。2017 年，国家发展和改革委员会发布了《工程咨询行业管理办法》，要求实行咨询成果质量终身负责制。2019 年，住房和城乡建设部、国家发展和改革委员会制定了《房屋建筑和市政基础设施项目工程总承包管理办法》，规定工程总承包单位、工程总承包项目经理依法承担质量终身责任。目前，从我国工程质量终身负责制的实施范围来看，基本实现了建设工程领域各环节的“全覆盖”，对其他领域确保工程安全也具有示范意义。

（二）工程质量监理制度

工程质量监理制度是工程安全保障的一道有力防线。国家在工程的安全施工、防火、卫生防护等方面制定了相应的建造安全标准，工程项目在建造时必须严格贯彻执行这些标准。在工程建造的过程中，不管是管理人员还是现场操作人员，都要依据制定好的工程建造进度计划进行工作。对管理人员而言，制定相关的安全措施以及对现场工作人员进行监控和管理是必要的；对现场操作人员而言，应严格遵守各项规章制度，严格按照操作规程办事。而质量监理工程师的任务，就是对工程建造全过程进行检查、监督和管理，使工程项目符合合同、施工图纸、技术规范、质量标准、安全设施等方面的要求。在发现不符合技术规范的质量事故时，质量监理工程师应该暂停该工程的施工，并要求采取更有效的安全措施，责成承包商提出详实的质量事故报告并报告业主，在有关人员全面审查、修正、批准的基础上才能恢复施工。

（三）变更流程管理制度

变更流程管理是工程建设单位防范工程风险的一项重要机制。在工程建造过程中，经常伴有人、物、管理等各方面的变更，随之而来的是工程安全方面的潜在风险。事实上，很多工程安全事故都是由变更管理的缺陷引起的，国内外的教训十分惨痛，而土木工程领域尤甚。例如，1995 年 6 月 29 日，韩国首尔的三丰百货大楼因在建设中转变用途、拆除关键支撑柱以安装电梯、在原四层设计上加盖一层、施工时偷工减料等原因发生坍塌，造成 502 人死亡。又如，湖南省凤凰县沱江大桥由于施工建设单位盲目赶工期、擅自变更原主拱圈施工方案、现场管理混乱、违规乱用料石，加之工程监理、质量监督严重失职等原因，最终造成大桥在 2007 年 8 月 13 日整体坍塌，64 人遇难。因此，工程建设单位应该建立严格的变更流程管理制度，在考虑变更的技术基础上，审慎评估变更对施工人员安全、周边社区居民健康和环境的影响，强化对永久性变更和临时性变更的风险控制。

四、工程运营阶段的安全保障

工程项目通过竣工验收后进入项目业主主导的运营阶段，这是工程项目生命周期的结束，但并不是工程全生命周期的结束。工程运营活动同样需要关注工程安全，特别是需要建立工程风险预警系统，加强对工程承包商的风险管理，从而做到防患于未然。

（一）工程风险预警系统

建立工程风险预警系统是预防“正常”事故的有效措施之一。美国风险研究者查尔斯·佩罗（Charles Perrow）通过考察三里岛核泄漏事故指出，现代技术系统由于各个部分间的“紧密结合性”和“复杂相关性”，有些事故是很难避免的“正常”事故。在工程运营活动中，工程共同体有时会放任背离安全和可接受风险的偏差的不断积累，而将公众置于不必要的风险之中。“挑战者”号航天飞机灾难就是这种“偏差的常规化”（normalization of deviance）现象被工程共同体长期忽视的一个恶果。在事故发生前的 9 次发射任务中，已有 7 次发现 O 形环受到不同程度的损毁，但美国国家航空航天局（NASA）和承包商莫顿—瑟奥科尔公司的反应竟然是接受这些异常，而不是去根除产生异常的原因，最终O形环在低温下失效，导致机体凌空爆炸解体。尽管“正常”事故发生的可能性无法完全消除，但在一定程度上仍然是可以预防的。工程风险预警系统主要包括两个方面：一是对重复性事故的预防，即对已发生事故的分析，寻求事故发生的原因及相关关系，并提出预防类似事故的措施；二是对可能出现的事故的预测，即查出可能导致事故的危险因素组合，模拟事故发生过程，并提出消除危险因素的方法。

（二）工程承包商的风险管理

工程承包商的风险管理对国内外工程界都是一个具有挑战性的难题。随着社会分工的专业化和精细化，工程类企业越来越多地将部分服务外包，相对降低成本的同时也增加了风险管理的范围。例如，福岛第一核电站在技术支持方面过于依赖承包商和分包商，缺乏熟悉电厂情况的技术支持和维修力量，以至于在发生事故后只能临时招募抢险人员。再如，大连输油管道爆炸事故的一个重要原因就是事故单位对承包商及分包商监管不力，原油硫化氢脱除剂生产厂家由瑞士某公司变更为天津某公司，后者又将该作业分包给上海某公司，但事故单位并没有对上述变更进行风险分析。因此，企业在选择承包商时，要获取承包商此前的安全表现和安全管理记录，并需要充分告知与工程运营相关的潜在风险信息。企业要对承包商进行相关的过程安全培训并定期评估其在工程运营中的安全表现，一起做好全过程的风险辨识、分析和评价，并采取必要的应急准备措施。承包商应该做到“三个确保”：确保工人接受了与工程运营相关的安全培训，确保工人知悉预期作业有关的风险信息和应急预案，确保一线操作人员了解设备安全手册及安全作业规程。

五、工程废弃阶段的安全保障

工程废弃是工程全生命周期的最后阶段，工程共同体出于风险—收益分析的功利考量，往往在工程安全管理实践中不予过多关注，引发了一些不必要的安全事故和次生风险。鉴于这一阶段的理论研究还不充分，本节按安全问题处理的复杂程度，列举了电子废弃物处理、“棕地”治理及再开发、核废料处理这三个方面的典型案例，希望引起对工程废弃阶段安全保障问题的进一步重视。

（一）电子废弃物处理

电子废弃物（electronic waste，e-waste）俗称“电子垃圾”，即人们日常生活中废弃不再使用的电器或电子设备，需要进行综合处理。“电子垃圾”通常包括电视机、冰箱、空调、洗衣机、计算机（“四机一脑”）等常用家电淘汰设备，近年来新能源汽车的退役电池也日益引起各方重视。一方面，联合国2013年的《中国的电子垃圾》报告指出，世界上生产的大约70%的电子产品最终变成垃圾并流向中国，中国成为当时世界上最大的电子“垃圾场”，而广东省汕头市贵屿镇甚至一度被媒体称为“电子垃圾之都”。虽然“四机一脑”的废弃物中含有金、银、铜等值得回收的高价值材料，但粗放式的拆解活动则会产生多种重金属及持久性有机污染物。我国于2017年7月颁布了“洋垃圾”禁令（即《禁止洋垃圾入境推进固体废物进口管理制度改革实施方案》），极大控制了从国外进口电子废弃物的规模，不过问题还未得到彻底解决。另一方面，伴随着新能源汽车市场的不断扩大，早期投入市场的动力电池也逐步进入报废环节，电池退役量在逐步攀升。国际环保组织绿色和平与中华环保联合会共同发布的《为资源续航——2030年新能源汽车电池循环经济潜力研究报告》指出，到2030年全球乘用电动汽车的动力电池将面临总电量463亿瓦时（GWh）的大规模“退役潮”。如果退役电池通过非正规渠道处理，可能造成长期而沉重的环境负担和健康危害。因此，退役电池的处理已成为新能源汽车行业迫在眉睫的发展难题，既需要梯次利用和回收管理的配套政策支持，也需要寻求提高电池循环性能和使用寿命的技术创新。

绿色再制造是制造业产业链的延伸，也是先进制造和绿色制造的重要组成部分，为解决电子废弃物难题提供了新的发展思路。绿色再制造的出现，完善了产品全生命周期的内涵，使得产品在报废阶段不再只能成为固体垃圾。传统的装备全生命周期是“研制—使用—报废”，其物质流是开环系统；而再制造装备的全生命周期是“研制—使用—报废—再生”，其物质流是闭环系统。从电子产品生命周期的角度看，电子废弃物的绿色再制造实施过程可以分成三大系统，即设计系统、生产制造系统、回收再资源化系统。其中，生产制造企业在电子产品的全生命周期中处于关键位置，是实现电子产品整个产业链绿色化发展的保障。生产制造企业的主要角色是担任绿色电子产品整个供应链上游—下游—上游之间信号传递的媒介，同时负责整合和监督产品生命周期中各环节的责任。

（二）“棕地”治理及再开发

“棕地”（brown field）泛指因人类工业生产活动而造成的已存在或潜在的污染场地，对“棕地”的治理与再开发是消除污染场地潜在风险、确保废弃土地安全利用的重要举措。其中，最典型的是美国拉夫运河社区事件。1942年到1953年期间，美国胡克电化学公司在纽约州的拉夫运河废弃河道上倾倒了2万多吨化学物质，后将河道填埋后转赠给当地的教育机构。1977 年起，拉夫运河社区的居民不断患上各种怪病，孕妇流产、婴儿畸形、儿童夭折等病症频发，最终被迫疏散或搬迁。1980 年，美国出台了第一部“棕地”治理法律《综合环境反应、赔偿与责任法》（简称《超级基金法》），胡克电化学公司和纽约州政府据此被认定为加害方，共赔偿受害居民经济损失和健康损失费 30 亿美元，资金被专门用于清理泄漏的化学物质和有毒垃圾场。自 20 世纪 80 年代起，欧美许多国家逐步重视起“棕地”的治理与再利用，制定了严格的土壤环境风险管控制度，推动了各国污染场地的土壤修复与城市的可持续发展。

在我国，土壤污染是在工业化过程中长期累积形成的，总体状况不容乐观，且部分地区土壤污染较重。为打好土壤污染防治攻坚战、净土保卫战，国务院在 2016 年出台了《土壤污染防治行动计划》（“土十条”），明确提出预防为主、保护优先、风险管控的总体思路，采取强化未污染土壤保护、加强污染源监管等措施。自 2019 年 1 月 1 日起，《中华人民共和国土壤污染防治法》正式施行，强化了“污染者担责”，明确土壤污染责任人负有实施土壤污染风险管控和修复的义务，并加大对土壤污染违法行为的处罚力度。

（三）核废料处理难题

当前许多国家在积极建设核电站，以减缓对气候变化的影响，却往往忽视了核废料处理的世界性难题。核废料泛指在核燃料生产、加工过程中产生的，以及核反应堆用过的、不再需要的具有放射性的废物、废气或废液。其中，大部分是中低放射性核废料，危害较低，核废物通常经固化处理后存放于浅地层的处置库。在实际的工程废弃活动中情况更为复杂，如在福岛核事故发生后，用以冷却核反应堆的残留污水仍然含有高放射性物质“氚”，而日本政府却出于风险—收益分析的功利主义考量，不顾国际舆论的反对，决定将核污水排放至近海。此外，另一小部分则是有“万年恶灵”之称的高放射性核废料，因危害性高，其处置是公认的世界性难题。学术界认为，在目前技术条件下最为妥当的处置方法是陆地深埋法。尽管多个国家也在进行选址和前期建设，但因其建设要求极为特殊（保证至少 10 万年安全）且技术复杂，国际上截至目前尚无一座投入使用的永久性处置库，只能临时存放在各国的核电站中，面临存储容量不足的风险。

第四节 工程共同体的安全伦理责任

管理学的组织决策层次与伦理学的研究层次有一定的对应关系。管理学中的组织决策可被划分为战略性决策、战术性决策及业务性决策三个层次，伦理学则将工程伦理分为宏观、中观和微观三个层次。尽管在现实情况中更加复杂，但原则上仍可以将工程决策的三个层次与工程伦理的三个层次对应起来。本节依据现代安全管理理论，结合具体工程安全案例，从工程共同体中的规划者、管理者和操作人员三类角色来分析工程共同体的安全伦理责任，最后专门强调了安全文化在现代工程系统中的重要性。

一、工程规划者的安全伦理责任

工程规划者面临的是工程过程中的战略性决策，主要体现在工程的论证决策阶段和设计阶段。工程规划过程的安全议题主要表现在工程选址和设施布局问题上。简而言之，工程规划者的安全伦理责任体现在，要在诸多不确定性条件下肩负起“考虑周全的责任”。

工程选址和设施布局属于工程项目投资前的关键环节，对工程建设和运营的安全性具有至关重要的作用。通过合理的工程选址和设施布局，使潜在的工程安全事故源与可能受到事故影响的环境敏感区域相分离，进而避免发生更严重的次生事故。其中，根据我国《建设项目环境影响评价分类管理名录（2021 年版）》，环境敏感区是指依法设立的各级各类保护区域和对建设项目产生的环境影响特别敏感的区域，主要包括需要特殊保护地区、生态敏感与脆弱区、社会关注区。在工程安全史上，1984 年印度博帕尔化学品泄漏事故、2015 年天津港瑞海公司危险品仓库特别重大火灾爆炸事故等典型案例的教训表明，如果工程选址和设施布局不当，都可能导致灾难性的后果。印度博帕尔事发工厂建造在城市近郊，离火车站只有 1 千米，距离工厂 3 千米范围内有两家医院。尽管当地政府曾要求该工厂搬迁到离市区 25 千米处的一个工业区内，但搬迁一直没有得到落实。瑞海公司的危险品仓库属于大型仓库，本应执行《危险化学品经营企业开业条件和技术要求》（GB 18265-2000）中大型仓库与周围公共建筑物、交通干线（公路、铁路、水路）、工矿企业等至少保持 1 000 米的安全距离“红线”，但最近的居民区距事发地仅 600 米，竟然通过了专家的安全评价，而置人民群众的生命与财产安全于不顾。

专栏：环境敏感区

（一）国家公园、自然保护区、风景名胜区、世界文化和自然遗产地、海洋特别保护区、饮用水水源保护区；

（二）除（一）外的生态保护红线管控范围，永久基本农田、基本草原、自然公园（森林公园、地质公园、海洋公园等）、重要湿地、天然林，重点保护野生动物栖息地，重点保护野生植物生长繁殖地，重要水生生物的自然产卵场、索饵场、越冬场和洄游通道，天然渔场，水土流失重点预防区和重点治理区、沙化土地封禁保护区、封闭及半封闭海域；

（三）以居住、医疗卫生、文化教育、科研、行政办公为主要功能的区域，以及文物保护单位。

工程选址及设施布局一般采用查表法和安全评价法，二者在具体实践中往往结合起来使用。首先利用查表法，快速确定初步的工程选址方案和设施布局方案，一般能满足大部分设备预防火灾的安全距离和正常生产条件的卫生防护距离。有关数据在国家现行的相关标准中可找到，如国家强制标准《建筑设计防火规范》（GB 50016-2014）、一系列国家推荐卫生防护距离标准等。然后，针对高风险技术设备，结合安全评价法，通过采取适当加大安全距离、卫生防护距离等各种事故预防措施，确定最佳位置，以消减这些设备的剩余风险。一般而言，控制室、化验室、办公室等有人员活动的辅助性建筑物，应远离高风险技术设备，且通过抗爆设计等措施消减风险。不过，在实际的安全评价过程中，往往出现遵循现有标准的最低标准的现象。这样的安全评价以不违规为目标，却不深入研究可能的事故对公众安全、健康的影响，因而是有违工程伦理、缺少责任关怀的。

总之，工程规划者要深入了解所从事的工作与现实世界之间的差距，并通过赋予“考虑周全的责任”来弥补这一鸿沟。现代工程规划和设计的本质方法是建模，这是一种需要忽略部分因素的理想化和简化过程，在带来巨大威力的同时，也导致了一种“理想化的危险”。美国工程伦理学者卡尔·米切姆（Carl Mitcham）认为，“考虑周全的责任”意味着工程师在规划与设计过程中，应当通过回归现实世界的经验，尽可能多地涵盖需要考虑的因素，如经济因素、政治因素、文化因素以及伦理因素。作为一种道德律令，“考虑周全的责任”时刻提醒工程师要关注现实经验世界，不断追问所从事的工程是否值得，是否把所有相关的因素考虑在内。简而言之，“考虑周全的责任”除了回应“技术上是否可行?”“成本上是否合理?”等常规工程问题外，还必须考虑“能否确保公众安全?”“能否保护劳动者健康?”“对环境是否友好?”等工程伦理问题，即始终以公众利益优先，将公众的安全、健康和福祉置于首位。

二、工程管理者的安全伦理责任

工程管理者的安全伦理责任在于以工程风险评估为基础做好过程安全管理，尽力将风险降低至合理可行的范围。工程管理界通常把风险管理和目标管理列为工程管理的两大基础，两者有机结合起来才能更好地实现工程既定目标。事实上，过程安全管理是在工程的全生命周期上对风险进行管理，在提高工程安全水平和降低重大事故风险方面得到广泛认可。

在工程风险管理实践中，一般采用风险矩阵的形式来进行评估。风险是事件在特定时期内发生的可能性（概率）和事件后果的影响程度（损失）二者的组合。为引起公众对风险议题的更多关注，学者们经常借用动物隐喻来命名不同类型的风险事件：可能性低、后果影响大的风险被称为“黑天鹅”事件，可能性高、后果影响大的风险被称为“灰犀牛”事件，可能性高、后果影响小的风险被称为“金丝猴”事件（金丝猴生性好斗），可能性低、后果影响小的风险被称为“大白兔”事件（大白兔脾性温顺）（见表 7-1）。本章引言中提及的 6 个工程安全案例，都属于可能性小、后果影响大的“黑天鹅”事件。当然，在不同工程领域的安全管理实践中，往往采用更为精细化的风险矩阵工具。如在化工领域，美国化学工程师协会就推荐使用可能性等级为 7、后果等级为 5 的风险矩阵，且每一等级都有量化的判定标准。

表 7-1 风险事件分类的矩阵

后果影响	可能性	
	高	低
大	“灰犀牛”事件	“黑天鹅”事件
小	“金丝猴”事件	“大白兔”事件

参考来源：佟瑞鹏，孙大力，郭子萌．基于“隐喻”的风险事件分类模型及其转化关系［J］．安全，2020，41（07）：8-15.

不过，上述风险事件类型的划分并不是绝对的，不同类型的风险事件也存在相互转化的可能性。安全生产中著名的“海因里希法则”，可以理解为“金丝猴”事件向“灰犀牛”事件的转化。海因里希通过梳理大量事故统计发现一条统计规律：在机械事故中，无伤害事故、轻伤事故、死亡及重伤事故三者之间的比例为

300：29：1。也就是说，一起重大事故的背后还有 29 起轻度事故，以及 300 个潜在的隐患。尽管在不同的生产过程中，上述比例关系不尽相同，但都揭示出遏制苗头性事故在工程安全管理中的重要性。例如，湖北十堰东风中燃公司对此前一段时间内 188 处燃气管网腐蚀漏气、130 次燃气泄漏报警、管道压力传感器长时间处于故障状态等系统性隐患熟视无睹，最终酿成 6·13 重大燃气爆炸事故。另一个案例是，导致 1979 年三里岛核泄漏事故中部分堆芯损坏（“黑天鹅”事件）的主要原因是小破口失水事件（“金丝猴”事件）。美国原子能委员会于 1975 年发表的《反应堆安全研究：美国核电厂事故风险的评价》（WASH-1400）报告采用概率风险评价方法得出重要结论，对此做出了科学预见：相比于在审查反应堆时作为设计基准事故分析的大破口失水事故，发生可能性更高的小破口失水事故是导致堆芯损坏的主要原因。三里岛事故后，欧美核工程安全分析由大破口失水事故转向小破口失水事故和瞬态研究，针对设计基准事故的反应堆安全研究也拓展至反应堆的严重事故研究。因此，工程安全分析必须重视诱因事件的筛选和分析，绝不能想当然地认为“无后果即无重要性”。

工程管理者要落实安全伦理责任需要遵循现代风险管理的一般原则。1974 年，美国职业安全专家弗兰克·博德（Frank E. Bird）进一步发展了海因里希的事故因果链理论，将管理因素引入因果链，从预防事故的角度更强调发挥管理的安全控制机能，提出了现代事故因果链理论。风险管理的准则通常遵循“最低合理可行”（As Low As Reasonably Practice，ALARP）原则，其核心思想是将风险降低至合理可行的范围（参见图 7-2）。该原则由英国健康与安全执行处（HSE）最先提出，包括不可容忍线和审查线。它在风险管理中的作用描述如下：

（1）当风险水平超过不可容忍线时，风险是不可容忍的。这就要求风险管理部门不计成本地采取措施，将风险水平降低到不可容忍线以下，即风险可容忍范围。

（2）当风险水平处在审查线和不可容忍线之间时，可认为是危险的，要求风险管理部门加强重视并选择最符合成本—收益分析的措施尽可能地降低风险。

（3）当风险水平处在审查线以下时，认为此时的风险水平是可接受的。风险管理部门可以不提出进一步降低风险水平的措施。为更好地服务于我国企业参与国际合作，我国先后于 2009 年和 2011 年颁布了《风险管理：原则与实施指南（GB/T 24353-2009）》和《风险管理：风险评估技术（GB/T 27921-2011）》两个国家推荐标准，对提升工程类企业的风险管理水平提供了更为具体的参考依据。

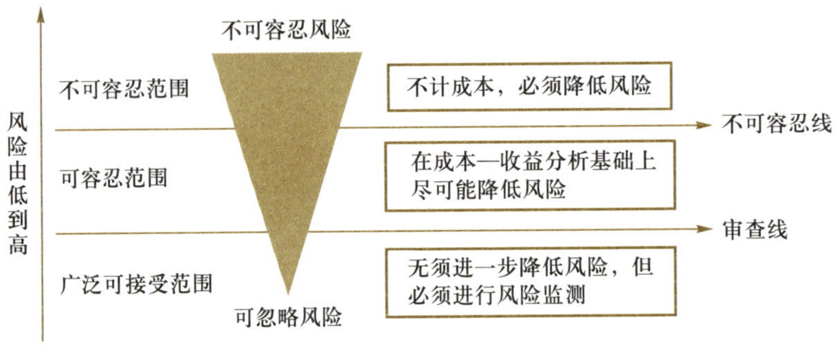

图 7-2 “最低合理可行”（ALARP）原则框架

（参考来源：陈也．风险准则在风险管理中的作用［J］．中国软科学，2010（S1）：339.）

三、工程操作人员的安全伦理责任

为预防工程安全事故，强化工程操作人员的安全伦理责任是在任何时间、环节都不能松懈的。海因里希的事故因果链理论认为，“人的不安全行为”或（和）“物的不安全状态”是事故发生的直接原因，二者都是由于人的缺点造成的。国内外工程界往往从操作性的角度出发，以安全规程、安全标准等作为判别是否不安全行为或状态的标准。其中，工程安全事故的直接原因通常是人的操作失误或违反相关规章制度等人为因素，因此，在操作人员独立上岗前必须完成工程安全培训，牢固树立工程安全意识，确保具备安全责任的胜任力。

从事特种作业的操作人员在现代工程系统中负有特别的安全伦理责任。特种作业是指容易发生安全事故，对一线操作人员、他人的安全健康及设备、设施的安全可能造成重大危害的作业，如核电站生产作业、石油天然气安全作业、危险化学品作业、煤矿安全作业、冶金（有色）生产安全作业等。国外核电站发生的多次严重事故屡屡警示加强操作人员安全培训的极端重要性。三里岛核电站设备和系统长期在降级情况下运行，缺乏必要的维修，且操作人员应对复杂事故的知识储备严重不足；切尔诺贝利核电站运行及操作人员对电厂运行规程和试验规程缺乏应有的尊重和遵守，随意违反操作规程；福岛第一核电站核泄漏事故的直接起因也是工人的操作失误，污染水处理设施作业人员错将配管线拔出，导致高浓度污染水的大量外泄。在我国，直接从事特种作业的操作人员，要接受专门的安全技术和操作知识的教育训练，经过国家有关部门考核合格后，发给“特种作业操作证”，并在进行安全作业时需要随身携带相关证书。

然而，如果工程安全事故调查的原因分析止于人为因素，对事故预防而言是治标不治本的。在实际的事故调查过程中，往往仅查到直接原因（即事故的起因）这一层次，通常是人的操作失误或违反相关规章制度等人为因素。由于一线操作人员会受到人体工程学的限制以及个体心理、身体状态的影响，将人为原因作为事故发生的起因，并不能从根本上保障人的良好状态，杜绝人的不安全行为。我国的安全事故调查机制具有强烈的问责制特点，一旦事故发生，公众舆论优先关注的是尽快查明事故起因，严惩事故责任人。虽然人为因素通常是最容易确定的重要因素，但背后潜在的是组织因素、监督管理、不安全行为预防、技能和知识培训等其他更深层次的过程管理系统因素缺陷。因此，还需要重视工程共同体的安全文化建设。

四、工程共同体的安全文化建设

工程安全既是技术系统问题，又是组织管理问题，更是安全文化问题。事实上，人类对工程安全的关切由来已久，但在生产力落后的古代往往诉诸“宿命论”的解释模式而祈求神灵保佑，被动地承受灾难。随着生产力的发展，人类应对灾害和事故的实践经验也在增长。尤其在近代工业革命以后，工程活动的各个领域无不涉及安全问题，人类也逐步加深了对工程安全的规律性认识。从人类安全文化的发展脉络（见表 7-2）来看，未来安全文化的趋势将是以系统安全观和综合治理型为主要特征的。

表 7-2　人类安全文化的发展脉络

所处时代	观念特征	行为特征
古代的安全文化	宿命安全观	被动承受型
近代的安全文化	经验安全观	事后应对型
现代的安全文化	本质安全观	事前预防型
安全文化的趋势	系统安全观	综合治理型

现代的安全文化理念发端于核工程领域，并逐渐拓展至更广泛的工程领域。1986 年，国际原子能机构所属的国际核安全咨询组（INSAG）总结了切尔诺贝利核泄漏事故在安全管理和人员安全素养方面的教训，并首次提出“安全文化”（safety culture）的概念。安全文化是安全管理的基础，是存在于组织和个人中的种种素质和态度的总和，必须系统性地渗透到核电站的一切活动中去。此后，安

全文化理念从核工程领域逐渐拓展到航天工程、化学工程等领域。2003 年“哥伦比亚”号航天飞机事故发生后，作为 NASA 组织文化核心的“载人航天文化”成为各界关注的焦点。事故调查委员会认为，NASA 错过了 8 次拯救航天飞机的机会，曾经对造成“挑战者”号事故负有责任的制度失效原因并未从根本上消除。这不是一次偶然发生的事故，也不是一时的疏忽大意，而是根源于很不健全的载人航天文化。该案例表明，安全文化不仅包括营利性企业的安全文化，还包括非营利性组织的安全文化。此外，美国化学工程师协会在《基于风险的过程安全》中将化工企业的安全文化问题视为事故的最深层次原因，事故调查的根本原因分析必须深入到过程安全管理系统层次和组织的安全文化层次（见图 7-3）。

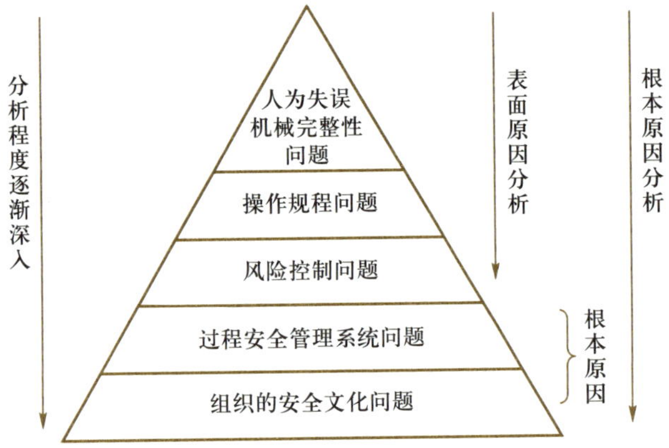

图 7-3 工程安全事故原因分析层次模型

（参考来源：赵劲松．化工过程安全［M］．北京：化学工业出版社，2015：21.）

总体来看，工程安全工作需要提高到工程安全文化的高度来认识和落实。安全文化是安全价值观和安全行为准则的总和，安全价值观是安全文化的深层结构，安全行为准则是安全文化的表层结构。下文将结合我国国情，重点介绍工程类企业安全文化建设和高校实验室安全文化建设的基本情况。

企业安全文化建设是通过综合的组织管理等手段，使企业的安全文化不断进步和发展的过程。我国在 2008 年颁布了《企业安全文化建设导则》（AQ/T 9004-2008），将企业安全文化定义为由企业的员工群体所共享的安全价值观、态度、道德和行为规范组成的统一体。企业安全文化建设不是自发形成的，而是一个长期的、渐进的过程，其基本要素包括：（1）安全承诺：由与安全相关的愿景、使命、目标和价值观构成的安全承诺；（2）行为规范与程序：行为规范是安全承诺的具体体现与安全文化建设的基础要求，程序是行为规范的重要组成部分；（3）安全行为激励：企业在审查自身安全绩效时，除使用事故发生率等消极指标外，还应该使用旨在对安全绩效给予认可的积极指标；（4）安全信息传播与沟通：企业应该建立安全信息传播系统，综合利用各种传播途径和方式，提高风险沟通效果；（5）安全事务参与：全体员工都应该认识到自己负有对自身和同事安全做出贡献的重要责任；（6）审核与评估：企业应该对自身安全文化建设情况进行定期的全面审核。企业安全文化的特征表现在安全价值观、安全工作领导落实、安全责任明确、学习型安全工作和安全贯穿一切活动五个方面。

对于高校而言，实验室安全是攸关平安校园和师生安全的关键领域，实验室安全文化建设值得引起高度重视。据《中国科学报》不完全统计，2001—2020 年，媒体公开报道的全国高校实验室安全事故至少有 113 起，共造成至少 99 人次伤亡。鉴于 2015 年天津港“8·12”瑞海公司危险品仓库特别重大火灾爆炸事故的重大现实影响，我国高校实验室安全管理开始进入体系化推进阶段。其一，在管理制度设计方面，安全检查表已成为实验室安全管理中风险辨识和隐患排查方面的重要方法之一。教育部逐年更新并颁布一系列安全检查指标，并组织专家队伍对全国高校进行系统排查，高校再进行整改落实。其二，在管理手段升级方面，高校引入了企业安全管理实践中较为成熟的危险化学品“全生命周期”管理。近年来，山东大学、中国矿业大学（北京）、南开大学、海南大学等高校借助信息化平台探索危险化学品的全生命周期管理。信息化管理系统能够覆盖危险化学品的申购、入校、入库、领用、巡查、盘点、回收处置等全生命周期各个环节，从而实现了精准、动态、闭环监管，提升了高校自身的实验室安全管理水平。此外，高校还应该将“安全第一”的实验室安全文化作为校园文化的重要组成部分加以系统推进。诸如，系统化、科学化的安全制度手册是制度得以全面落实的基础；安全设施及安全设备要严格执行定期检查的制度；通过设立常态化、多样化的安全培训，让实验室人员和学生逐步了解安全管理的必要性，确定每个人的安全伦理责任所在。

讨论案例：福建省泉州市欣佳酒店“3·7”坍塌事故

2020 年 3 月 7 日，位于福建省泉州市鲤城区的欣佳酒店所在建筑物发生瞬间坍塌事故。事发时，该酒店共入住 58 人。此外，该酒店还有管理、服务等人员 16 人，以及租住在该栋大楼的其他人员 6 人。经过全力救援，搜救出全部 71 名被困人员。该事故最终造成 29 人死亡、42 人受伤，直接经济损失 5 794 万元。

经国务院事故调查组认定，这是一起主要因违法违规建设、改建和加固施工导致建筑物坍塌的重大生产安全责任事故。虽然按照《生产安全事故报告和调查处理条例》的规定，这起事故死亡人数不够特别重大事故等级（死亡30人以上），但性质严重、影响恶劣，经国务院批准，成立了由应急管理部牵头、多部门有关负责同志参加的国务院福建省泉州市欣佳酒店“3·7”坍塌事故调查组。事故调查组通过深入调查和综合分析，认定事故的直接原因是：事故单位将欣佳酒店建筑物由原四层违法增加夹层改建成七层，达到极限承载能力并处于坍塌临界状态，加之事发前对底层支承钢柱的违规加固焊接作业引发钢柱失稳破坏，导致建筑物整体坍塌。而主要原因是：泉州市新星机电工贸有限公司、欣佳酒店及其实际控制人杨某无视国家有关城乡规划、建设、安全生产以及行政许可法律法规，违法违规建设施工，弄虚作假骗取行政许可，安全责任长期不落实。杨某事后认罪时表示：“它是一个违章建筑，从始至终。”调查报告还指出，福建省有关地方和部门没有牢固树立“生命至上、安全第一”的理念、依法行政意识淡薄、监管执法严重不负责任、安全隐患排查治理形式主义问题突出、相关部门审批把关失守、企业违法违规肆意妄为六个方面的事故教训及责任。

在电视专题片《正风反腐就在身边》第三集《坚守铁规》中，就再现了对欣佳酒店坍塌事故的查处和追责问责始末。在防控疫情紧要关头，一些人仍然漠视人民生命安全，还在搞形式、做样子，对工作抓而不细、不实。这栋建筑的结构长期严重超荷载，早已不堪重负，不专业的焊接加固作业的扰动，最终打破了处于临界点的脆弱平衡，引发连续坍塌。纪检监察机关对49名公职人员进行了追责问责，其中7人涉嫌严重违纪违法，被移送司法机关追究刑事责任，41人受到党纪政务处分，1人受到诫勉。实际上，从杨某那里收受过财物的只有少数几人，绝大多数人并没有利益关联，却由于工作不负责任，共同导致了这起事故的发生。

思考题：

1. 请从人的不安全行为、物的不安全状态、管理上的不安全因素以及工程的安全文化四个方面分别分析导致福建泉州欣佳酒店坍塌的安全风险来源。
2. 请关注湖南长沙“4·29”特别重大居民自建房倒塌事故细节及后续调查，从工程全生命周期各阶段的安全保障角度比较分析这两起建筑坍塌事故的异同。

本章小结

本章聚焦现代风险社会中的工程安全议题，强调保障和维护工程安全是工程共同体的首要伦理责任，应该将工程共同体的安全伦理责任贯穿于工程全生命周期。工程安全问题产生的根源是工程的社会试验性质，工程不是只在科学实验室里在受控条件下进行的实验，而是以人类为对象的、社会规模的试验。工程全生命周期包括论证决策阶段、设计阶段、建造阶段、运营阶段与废弃阶段。本章以海因里希法则为基础，从人的不安全行为、物的不安全状态以及管理上的不安全因素三个方面分别分析了工程全生命周期各个阶段的安全风险来源。目前，众多工程实践领域已经将实现工程全生命周期的安全作为基本理念，本章分析了工程全生命周期各阶段安全保障的先进理念或关键机制。最后，从工程共同体中的规划者、管理者和操作人员三类角色来分析工程共同体的安全伦理责任，强调了安全文化在现代工程系统中的重要性。

重要概念

工程安全　工程全生命周期　安全风险来源　工程共同体　安全伦理责任　安全文化

练习题

延伸阅读

［1］陈宝智，吴敏．事故致因理论与安全理念［J］．中国安全生产科学技术，2008（01）：42-46.

［2］赵劲松．化工过程安全［M］．北京：化学工业出版社，2015.（第1-2章）

［3］邢继．世界三次严重核事故始末［M］．北京：科学出版社，2019.（第1-3章）

[4] [美] 查尔斯·佩罗．高风险技术与“正常”事故 [M]. 寒窗，译．北京：科学技术文献出版社，1988.（第3章）

[5] [荷] 安珂·范·霍若普．安全与可持续：工程设计中的伦理问题 [M]. 赵迎欢，宋吉鑫，译．北京：科学出版社，2013.（第2章）

第八章　工程、健康与可持续发展

学习目标

1. 学会识别和分析在工程实践中，工程技术人员常见的健康伦理问题或困境。

2. 准确理解健康相关工程伦理准则的要义，并学会做出正确的伦理分析判断。

3. 能够运用伦理规范和原则，具体分析食品工程、医学工程或传染病防治中存在的突出健康伦理问题。

引导案例：英国生物样本库

英国生物样本库（UK Biobank）始建于2006年，建成于2010年，由英国卫生部、英国医学研究理事会（MRC）、卫尔康信托基金会（Wellcome Trust）以及苏格兰行政院共同投资建设。5年间，生物样本库一共采集了超过50万名年龄在40~69岁的英国志愿者的生物样本信息。志愿者需要捐献血样和尿样，并提供姓名、年龄、住址、性别、国民健康服务号码、医疗病史、体重、身高、血压等信息。这些信息旨在探求特定基因、生活方式与健康状况之间的关系，提高对复杂性疾病的致病基因的理解。这个全球最大的非营利性质的生物样本库于2012年3月免费开放数据访问权，即：经过伦理委员会和政府理事会批准后，英国生物样本库所收集的信息免费向世界范围内的研究者开放。研究者在完成研究后，要将项目生成的所有数据及代码、算法提交给生物样本库，以便实现数据共享。

这项规模宏大的工程涉及人的生物样本和数据采集、储存、使用及分享等环节，需要政府、非政府组织、民众和研究者之间的良性互动。为了更好地应对知情同意、隐私保护、所有权归属、商业利益冲突等问题，英国医学研究理事会和卫尔康信托基金会于2004年设立了独立的理事会来负责生物样本库的伦理管理，出台了文件《伦理和治理框架》，规范伦理批准程序，确保数据安全，维护志愿者的利益和个人隐私。英国生物样本库的伦理治理方式为我国生物样本库的建设、运行、管理和伦理治理提供了宝贵经验。

引言　伦理价值融入健康工程实践活动

“健康”（health）不仅指一个人身体无患病或虚弱，还包括在身体、精神和社会适应等方面的完好状态。健康是促进个体全面发展的必然要求，是人民群众的共同的价值追求。健康相关的工程项目设计和实施会直接或间接地影响到人的生命安全和健康状况。假如工程项目的设计和实施偏离了以人为本的理念，没有遵循基本的职业操守，就可能增加健康风险，甚至引发重大的人员伤亡。为此，工程技术人员要善于识别、分析和解决各类潜在的健康伦理问题，培养健康责任意识和伦理决策能力。本章将着重以医学工程、食品工程为例，考察其中的健康伦理问题，以便更好地满足人民群众的健康需求。

第一节　工程设计和实施中的健康伦理问题

健康相关的工程是一门融合了医学、公共卫生、食品、信息技术等前沿工程技术的新兴领域。它为医疗健康和公共服务提供预防、诊断、治疗与康复的综合技术解决方案。例如，为了考察人脑的思维机制及退行性神经疾病的发生机理而开展的脑计划，就呈现出集成创新、系统协作复杂的特点。健康相关工程项目在规划、设计、实施、运行、处置等环节均会关乎人的生命安全、健康。它既可以促进人的生命健康，也会因误用、滥用而导致健康损害。健康相关工程实践中的伦理问题突出表现在设计和实施之中。

一、工程设计中的健康伦理问题

任何一项健康相关的工程项目都应事先形成周全的规划或详细计划，充分体现先进的价值理念与目标追求。例如，化工生产项目（如对二甲苯化工项目）在选址、建设、运行之前均要进行周全的设计，要充分考虑到工程的平稳可靠性，可能的生命安全和环境污染事故，以及一旦发生重大泄漏事故是否会对人群的生命健康造成威胁。为此，政府和企业要坚持生命至上的理念，高度重视周围居民的利益诉求，在确保生命健康安全的前提下科学合理地发展化工产业。

对于那些存在伦理争议或生命安全隐患的工程项目要事先进行前瞻性、持续性的伦理评估。假如工程技术人员的伦理知识匮乏、伦理意识淡薄，就难以处理好工程与生命安全、身心健康、社会发展之间的关系。假如公共卫生干预项目在设计阶段未考虑到给人群带来的健康不平等状况，就会加大人群之间的健康不公平。如果针对新生儿的基因筛查项目在设计之初没有合理评估其风险收益比，就可能把这些新生儿及家庭置于较高风险之中。如果新药临床试验设计方案缺乏科学性和可行性，就会浪费公共科研资源。因此，健康相关工程技术人员在项目设计环节就要充分考虑相关领域的伦理准则，设定技术标准和伦理标准，事先为工程实施过程中的伦理隐患设计防范措施，对于未来可能出现的严重不良事件有补偿或赔偿预案，从而在工程全生命周期做到负责任地开展工程活动。

专栏：美国的“通过推动创新型神经技术开展大脑研究计划”

2013 年 4 月美国启动了“通过推动创新型神经技术开展大脑研究计划”，通过开发创新技术来探究脑细胞和神经回路，揭示大脑功能和行为之间的复杂联系。考虑到神经干预可能改变认知和情感，影响自主性和身份认同，美国国立卫生研究院（NIH）事先成立了脑计划伦理小组，评估神经技术研发的风险与收益，以求实现数据采集、共享与隐私保护之间的平衡。

二、工程实施中的健康伦理问题

健康相关工程旨在促进人群健康，促进人类的生存、发展和幸福，实现对美好生活的追求。例如，在经济欠发达地区实施的母婴健康工程可显著降低孕产妇和婴儿的死亡率，促进家庭和睦和社会和谐。不过，工程项目实施过程中可能直接带来健康损害和人员伤亡。1986 年切尔诺贝利核电站爆炸带来了巨大的人员伤亡。2011 年日本福岛核泄漏事故导致海洋生物核污染，生态系统食物链富集化；核辐射污水排放入海的不负责任行为，危及了本国及周边民众的公共健康和生命安全。工程项目在实施过程中要有预案。一旦发生火灾、爆炸、泄漏等安全事故，应按照预案，及时采取防范和应对措施，以减少对工程技术人员和周边民众的伤害。

如果工程实施阶段没有准确预估技术的负效应，就可能会导致工程实施过程中的严重不良事件。例如，人类基因编辑技术的本意是用于疾病诊断、治疗、预防，但也可能用于制造大规模生物武器。智能机器人手术会降低感染率，减少手术疤痕，但也会带来组织血管撕裂出血、周围组织损伤。智能机器人手术还存在着系统冗余、容错机制差、系统无法及时报警和维护等方面的风险。面对工程技术引发的伦理挑战，有些科研机构并没有尽到伦理审查责任，实施单位和资助方也没有进行审慎的伦理评估。有些重大健康相关工程项目由于缺乏公众参与、信息不公开透明、监督不到位，也会带来健康安全事故隐患。

三、工程技术人员的健康责任问题

健康相关的工程项目设计和实施的责任主体是多元的。由于工程项目的复杂性和不确定性，安全事故时有发生，危及了工程技术人员的生命健康。工程项目设计、技术操作、技术风险防范、严重不良事件的应急处理均离不开工程技术人员的伦理责任担当。不过，伴随着科学技术一体化，科学家与工程师的角色和作用有时难以严格区分开，行为主体之间的健康责任划分不明晰，责任归属不明确。

工程技术人员扮演着研究者、被雇佣者。研究者专注于技术研发和应用，既要遵循科学发现的探索精神，又要讲究技术产品研发的效率；被雇佣者既要忠于雇主，又要重视客户利益，还不可有损于公众健康福祉。当“雇主利益”与“公众利益”之间发生冲突时，就引发了哪种利益应得到优先考虑的伦理两难。如果工程技术人员把雇主利益置于公众健康权益之上，就会损害公共健康利益。三聚氰胺毒奶粉事件、食品添加剂事件中的工程技术人员，就是对雇主忠诚优先，而伤害了消费者的生命健康权益。在重大传染病暴发时期，特效药和疫苗匮乏，且防护措施不到位，由此就引发了医护人员救治患者的专业职责和保护自身生命安全的权利之间的冲突。医护人员不顾自身生命安危去救治患者，政府和社会也有法律和道义上的职责保护医护人员的生命安全不受威胁。

自然资源短缺、环境污染、生态破坏，会危及人类可持续发展。空气污染、农药污染、重金属污染、白色污染，严重危害着人类的健康。需要指出的是，工程技术人员在污染的环境中生产、工作也会带来健康损害。空气污染会引起工程技术人员的感官和生理机能的不适反应，产生亚临床的和病理的改变，发生急、慢性中毒或死亡等。长期在强噪声中工作，工程技术人员的听力就会下降，睡眠受到干扰，疲劳不能消除，甚至造成噪声性耳聋。因此，工程技术人员要做好自我健康防范；同时，保护其身心健康、维护其合法权益也是任何工程项目资助方、施工方以及政府的义务和责任。

第二节　健康相关工程伦理准则

第二次世界大战以来，国际医疗界制定了《纽伦堡法典》《赫尔辛基宣言》《涉及人的健康相关研究国际伦理准则》等医学研究伦理准则。例如，国际医学科学组织理事会（CIOMS）联合世界卫生组织（WHO）共同制定的《涉及人的健康相关研究国际伦理准则》，围绕涉及人的健康相关研究中的科学价值、社会价值、个体收益和负担、资源贫乏地区、脆弱群体、社区参与、知情同意、参与者的补偿与赔偿、群随机试验、利益冲突、生物材料与数据使用等进行了详细阐述。这些伦理原则与健康相关工程实践相结合，形成了如下健康相关工程伦理准则。

一、护佑生命健康

健康相关的工程活动旨在提高生命质量和生活品质，让人民更加安全、健康、幸福。它要秉承生命至上的理念，面向人民的生命健康。疫苗的发明和预防接种是人类最伟大的公共卫生成就之一。接种疫苗是预防控制传染病最有效的手段。我国将预防接种列为最优先的公共预防服务项目，实施国家免疫规划，有效减少了儿童残疾和死亡。同时，儿童疫苗接种的强制性要求与自主选择相结合，体现可得性、可及性和自愿性。

要把生命健康至上的理念融入工程设计、实施和评价的全过程，促进健康的生活方式、生态环境和经济社会发展模式，实现健康与经济社会良性协调发展。《“健康中国 2030”规划纲要》（2016 年）指出：健康中国建设要坚持预防为主，推行健康文明的生活方式，营造绿色安全的健康环境，减少疾病发生；优化健康服务体系，强化早诊断、早治疗、早康复，让全体人民享有所需要的、有质量的、可负担的预防、治疗、康复、健康促进等健康服务，突出解决好妇女儿童、老年人、残疾人、低收入人群等重点人群的健康问题。

专栏：《健康中国行动（2019—2030年）》

国家卫生健康委员会制定的《健康中国行动（2019—2030 年）》围绕疾病预防和健康促进两大核心，提出将开展 15 个重大专项行动，促进以治病为中心向以人民健康为中心转变，努力使群众不生病、少生病。专项行动包括：

健康知识普及、控烟、合理膳食、心理健康、心脑血管疾病防治、癌症防治等。推动健康中国建设，实现人人享有健康，需要全民参与其中。

二、健康效用最大化

效用是指一个特定行动所带来的积极的或消极的结果或影响。健康效用是指一个特定的卫生健康行动所带来的健康结局、健康风险与收益、健康影响。健康正效用是指：一项医学工程项目的实施，促进了目标人群的健康收益，预防疾病或减少健康风险、负担；反之就是带来了健康负效用。全面设计、实施一项卫生健康行动，应评价其正面与负面后果，合理权衡风险与收益，实现健康效用最大化。

2020 年初，新冠疫情暴发期间，武汉市快速筹建了专门收治轻症患者的相对简易的方舱医院，快速新建了专门收治重症患者的火神山医院和雷神山医院，显著地缓解了增量，提高了医护人员集中诊疗的效率。这个从轻症、重症到危症患者的有序就医的疫情防治体系，做到了应收尽收、应治尽治、快收快治。不同危急程度的患者得到应得到的医疗救治的系统工程，尽最大可能减少了对人民群众的生命安全危害和财产损失，最大限度地保障了人民群众的健康福祉。

专栏：小查理的不幸遭遇

2016 年 9 月，出生 1 个月的查理 · 伽德被诊断为一种罕见的绝症：脑肌型线粒体 DNA 耗竭综合征。小查理全身肌肉无力，盲聋，不能吞咽，无法自主呼吸。小查理长期静静地躺在伦敦欧蒙街儿童医院的重症监护室内，靠呼吸机来人工呼吸，靠饲管来进食，生命体征每况愈下，大脑逐渐丧失功能。鉴于继续治疗的意义不大，2017 年初医师提议撤除生命维持设备，但遭到小查理父母的断然拒绝。2017 年 3 月，医院向伦敦地方法院提出了诉讼。4 月，法院在举行听证会后，判定可以撤除维持生命设施，为患儿实施临终关怀。这个判决结果也因小查理父母的不配合而无法实施。7 月 24 日，看到小查理已经生命垂危，其父母撤诉。4 天后，小查理在安养院离世。那么，该不该撤除对小查理的生命维持措施？谁有权这样做？何谓小查理的最佳利益？

三、健康风险最低化

2010 年 5 月 20 日，文特尔及其团队在 *Science* 上发文称合成了可自我复制的生命细胞“辛西娅”（Synthia，即“人造儿”）。其技术路线是：对丝状支原体的碱基进行人工排序并合成基因组；将合成基因组植入活细胞中，复制并表达蛋白。文特尔的合成生命研究持续了 15 年，耗费 4 000 万美元经费。一旦这种有极强毒性的病原体被泄漏或被恶意传播就会导致生物多样性丧失，引发生态环境灾难。美国的环保团体发表公开信，深切表达了人工合成微生物释放到环境中引发的生物安全忧虑，并要求暂停商用。为此，时任美国总统的奥巴马于 5 月 24 日责令总统生命伦理委员会在 6 个月内，综合评估其在医学、环境、生物防护等方面的潜在益处和风险。

健康相关工程项目的建造或实施均可能带来健康风险。工程技术人员要善于识别用户、消费者或患者的健康风险，合理权衡健康收益与风险，寻求可接受的风险收益比，追求健康风险最低化。重大公共卫生事件紧急应对过程中会因公共健康利益的需要而限制个体的自由选择权（如出门戴口罩）。此时，相关部门要依据政策法规，在法定权限内采取最低限度的必要措施，尽量减少对社会公众在生产、生活等方面的不利影响。个体也要对自身的行为负责，主动自我约束，并采取有效的预防措施。在艾滋病防控过程中，艾滋病感染者的信息要及时上报，但也要防止个人信息泄露，避免让患者及其家庭遭受污名化或社会歧视。

四、尊重自主选择

尊重原则要求尊重每一个人的知情权、自愿选择权、隐私权，对此《纽伦堡法典》《赫尔辛基宣言》《涉及人的健康相关研究国际伦理准则》《药物临床试验质量管理规范》均有明确规定。健康相关工程活动要尊重个体自主性和群体的健康权益，做到充分告知，自愿选择。涉及健康的医学研究项目开展之前，伦理委员会要认真审核知情同意书的内容，开展跟踪审查，确保受试者真正地知情同意。作为一种公共卫生干预措施，遗传筛查项目要明确筛查对象与范围，既要让人人有平等的参与机会，又要充分尊重个体的自愿选择，不可胁迫或施加不当影响。

健康效用最大化，有可能导致对少数人利益的侵犯，引发公共健康利益与个体权益之间的冲突。为了全体社会成员的公共利益，卫生防疫部门对疑似病例进行居家隔离 14 天的强制性措施，就会限制当事人的人身自由。为此，尊重自主性就要在保护个人权益与保护公众权益之间寻求平衡点。

五、促进健康公平

公平原则包括分配公平、程序公平和结果公平。分配公平体现为制定合理的标准或程序，使所有社会成员之间公平地分配医疗卫生资源、收益和负担，实现一视同仁。程序公平体现在，公共卫生信息公开与透明，公共卫生行动代表不同群体的利益，关注特定群体的利益诉求。结果公平体现为，在健康相关工程实施过程中造成的生命安全危害，要及时、公平地做出合理补偿和赔偿。疫苗工程、制药工程、基因工程相关产品或服务要公平可及，让更多人受益。

健康公平是指，社会成员都有均等的机会获得基本的医疗卫生服务保障，而不论其收入、年龄、性别、教育背景等方面的差异。预期寿命、婴儿死亡率、孕产妇死亡率等指标均是衡量健康公平状况的指标。世界卫生组织将 2021 年世界卫生日的主题确定为“建设一个更公平、更健康的世界”，呼吁确保每个人都享有利于健康的生活和工作条件、随时随地获得其所需的优质卫生服务。新中国成立以来，广大人民群众的健康公平水平得到显著提升。1949 年到 2021 年，我国人口预期寿命从不到 40 岁增长到了 77 岁。巩固全面小康，持续开展健康扶贫，会进一步促进健康公平。

健康中国战略要求以农村和基层为重点，实施完善国家基本公共卫生服务项目，推动健康领域基本公共服务均等化，维护基本医疗卫生服务的公益性，逐步缩小城乡、地区、人群间基本健康服务和健康水平的差异，实现全民健康覆盖，促进社会公平。改变不合理的卫生健康制度安排、改善社会经济条件和环境才是促进人类社会健康公平的根本之道。推进健康公平，需要在收入分配、医卫体系、社会保障体系上进行合理调配。

第三节 食品工程和医学工程的伦理分析

健康相关的工程伦理问题突出表现在医学工程、食品工程之中。这些工程活动利益相关者树立健康责任主体意识尤为重要，以促进健康效用最大化和健康风险最低化，尊重自主选择和行动。同时，责任主体有义务对健康权益受害者进行公正的利益补偿。

一、食品工程伦理

食品工程伦理研究的是食品在生产、流通及消费过程中造成的人与人之间、人与社会之间及人与国家之间的道德关系。近些年来食品安全问题频发，“三聚氰胺”“瘦肉精”“地沟油”“毒大米”“苏丹红”等重大食品安全事件给人民的身体健康、生命财产和生产生活带来巨大威胁和损害。事件背后关涉的食品生产和销售链条的安全、食品工程研发人员及企业的社会责任、消费者健康权益的公正维护等伦理问题值得我们深思和探究，也是从根源上解决食品安全问题的关键。

（一）食品安全引发的伦理问题

食品安全牵涉到每一个人的身心健康和生命安全。不安全食品常常会致使食用人组织器官产生急性、亚急性或慢性损害，引发食源性疾病。食品安全事故还会酿成群体性公共卫生事件，受害人群广，食品企业蒙受重大经济损失和社会声誉损害，影响社会和谐与稳定。

转基因食品存在潜在健康风险。外源基因的引入可能使食品本身的毒素残留物翻倍增加，并且从外部带来的含毒素的基因会使消费者的身体产生不良反应。转基因科研者通常会将经过处理的其他种类的细胞注入原生物体内使其具有特殊的耐药性，这可能会对人类的身体健康产生严重威胁。一方面，在种植转基因作物过程中，因外在基因的进入会形成有较高抗药性的杂草，进而会改变所有种植植物的特性，干扰破坏其他非目标生物的正常种植。另一方面，转基因作物的种植会产生新的病原体，这会使病虫的耐药性增强，而为了杀死这些病虫需要加大杀虫剂的使用剂量，这就会对土壤和水源造成污染。

转基因成分标识问题是转基因食品带来的另一个突出的伦理问题。对于转基因食品在其食品说明书或标签中应该标注说明该食品是转基因食品或含转基因成分，以便与传统食品区分开，方便消费者选择，从而保护消费者的知情选择权。而很多食品包装只有“不含转基因”“非转基因”字样，这样消费者就很难辨别，容易产生误导性的消费行为。因此，生产经营转基因食品，食品标识上应显著标示“转基因”字样，这是对消费者知情权、自主选择权和健康权等权益的尊重和保护。

（二）食品工程应遵循的伦理准则

第一，生命安全第一位。食品安全制度的使命正是保障人的生命权和健康权。食品安全制度出现问题，是对人的生命权、健康权的重大伤害。食品安全关乎百姓生命，食品安全事件破坏了维护公民健康权所需的卫生健康环境，危及公众健康权利，剥夺了公众对于健康的选择权，甚至剥夺了公民的生命安全权。生命安全第一，就是将无害作为食品安全的重要底线。无害的原则要求食品从业人员必须把消费者的生命权及健康权放在首位，确保食品在生产经营链条中的安全性，同时还要保证其营养性。

第二，健康权益促进。健康权益促进是要帮助他人以促进他人健康权益的义务。它包括确有助益和效用两个方面。健康权益促进准则要求食品生产经营者保证食品质量对他人的健康是有利的，科学权衡其利益与损害，以便达到最佳的结果。健康权益促进准则要求食品行业为消费者提供价格相对低廉同时质量有保障的食品。食品原料价格不断上涨，导致一些食品企业选择低成本原料进行食品生产，或采用禁用材料代替原材料生产食品，从而生产出低质量、不健康的食品。因此，国家应当加强食品安全监管力度，监督食品价格，适当补贴农作物生产；食品生产企业要能够获得价格合理的原材料，生产出物美价廉的食品，让消费者花得舒心、吃得放心。

第三，知情同意。消费者食品安全知情权应包括：消费者有权要求经营者按照法律、法规规定的方式标明食品的真实情况；消费者在购买、食用食品时，有权询问和了解食品的有关具体情况；消费者有权知悉食品的真实情况。相应地，生产者、销售者也负有告知义务。《中华人民共和国消费者权益保护法》规定：向消费者提供真实的商品或者服务信息，不得虚假宣传；对消费者提出的询问，应当做出真实、明确的答复；提供商品或服务应当明码标价。联合国《生物安全议定书》明确规定了转基因产品越境转移时，进口国可以对其实施安全评价与标识管理。转基因产品的标识既能保护消费者的知情权和自主选择权，又便于日后追踪转基因食品的健康影响。

第四，公正。食品从业人员在注重企业盈利时亦要履行对消费者的义务，不能一味考虑自身利益而忽视消费者的生命健康。一方面，食品从业人员在食品研发、生产、检测、营销过程中均需要公正对待各个利益群体，以保证各个利益群体的利益最大化。在公正的基础上追求利益及效率，才能保障消费者的生命权和健康权，同时更好地维护食品企业的声誉和形象。另一方面，要保证食品安全，政府部门、第三方检验检测机构和司法部门都要做到公平公正，对威胁群众生命健康的不合格食品要进行及时处理。媒体要充分发挥在宣传企业伦理道德、揭发企业违规行为方面的积极作用，让违背企业伦理道德的行为无立足之地。食品行业的安全、质检、防疫、监管等部门要充分发挥其职能作用，加强对食品生产、销售企业以及消费者协会等群众团体组织的监督和管理，为预防食品安全问题创造合法公正的社会环境。

（三）食品工程利益相关者的伦理责任

1. 食品企业的健康伦理责任

尊重人的生命健康权。食品企业在食品生产经营中，生产标签上必须详细标注添加剂使用量、食品组成成分、生产日期等，为消费者提供有关产品的真实信息，帮助他们了解产品的质量，以便引导他们知情选择。企业只有做到让消费者放心地消费、明白地消费，才能保障消费者的生命健康权，才能为企业的长远发展提供可能。

保证消费者生命安全。食品企业承担着在法律的框架范围内维护人民的健康和安全、尊重每个生命的权利的伦理责任，以及向社会提供营养、优质和安全的食品的经济责任。因此，食品企业要严格遵守无害原则，生产绿色、健康的食品，保证消费者的生命健康不受到损害。

公正处理利益与健康。食品企业应该受道德伦理的约束，用正义的价值观去关注企业对消费者、员工和政府等利益相关者的伦理责任。食品企业在追求经济利益的同时，必须把保护人们的生命健康作为最重要的价值取向，充分尊重每个生命享有的健康权利。这样，食品企业才能合理处理企业利益与消费者健康之间的关系，做到真正的公正。食品企业必须以崇高的健康责任感和相应的健康知识，维护和增进人类的健康福祉。

2. 政府部门的健康伦理责任

政府部门应树立正确的健康价值观。健康是公民的基本权利。一方面，只有政府部门确立正确的健康价值观，人民健康才会有国家核心价值观的保证，有利于人民健康的伦理原则、规范也才能诞生。有了关于健康的政策、法规的制定和出台，食品行业的发展也才会有正确价值观的引导。另一方面，政府部门确立有利于人民健康的监管理念，制定有利于健康的政治、经济、文化、生态环境制度对于食品行业的发展至关重要。有关政治、经济、文化、生态环境制度的制定都应充分考虑到人民健康的要求，努力消除危害人民健康的各种环境因素，这也是政府部门应该承担的重要健康伦理责任。

3. 消费者的健康伦理责任

首先，学习健康知识，树立科学的健康观念。消费者只有掌握了相应的健康知识，树立科学的健康观念，才能养成健康、文明、科学的生活方式和行为习惯，也才能更加自觉地以健康的行为维持、增进自己的健康，提高自我保健意识和能力。其次，传播健康知识，倡导健康行为。具有较多健康知识、较好健康行为的人应该向周围的人传播健康知识，倡导健康行为。同时公民要自觉遵守社会公德，参加有益于人民群众身心健康的公益活动，不浪费卫生资源，主动奉献，主动地为他人的健康造福，克服和戒除给他人健康带来损害的不良行为，为促进人类健康做出应有的贡献。

二、健康医疗大数据伦理

（一）健康医疗大数据

健康医疗大数据（healthcare big data）是疾病防治、健康管理等过程中产生的与健康医疗相关的数据、资料的统称。对这些医疗数据的采集、存储和关联分析，有助于发现新知识、创造新价值。各级行政机关以及具有公共管理和服务职能的事业单位，在依法履行职责过程中获得了公共健康医疗数据资源。社会组织、企业和社会公众通过信息技术手段也会获得健康医疗数据资源。它覆盖了全员人口和全生命周期，涉及国家公共卫生、医疗服务、医疗保障、药品供应、计划生育和综合管理业务等领域。

1. 医疗大数据工程

欧盟制定了在公共卫生领域使用大数据的计划，以解决与医疗卫生和药品开发中的大数据相关的问题。该计划由欧洲药品管理局（EMA）和欧盟药品机构（HMA）的联合指导小组负责更新。欧洲委员会在“公共卫生、远程医疗和保健中的大数据研究报告”中概括了医疗大数据的作用：发现早期信号和疾病干预，提高早期诊断和治疗的有效性和质量；识别疾病的风险因素，扩大预防疾病的可能性；帮助患者做出更明智的医疗决定，提高药物安全和患者安全；结果预测。

2. 医疗大数据伦理

数据的生产、记录、储存、处理、传播、分享和使用等过程中均存在知情同意、隐私保护、公正分享等伦理问题。算法偏倚或不当使用引发了安全、隐私、歧视与被操控等问题。数据伦理旨在鉴别此类伦理问题，倡导负责任的数据研究和应用。健康医疗数据（包括基因数据、生物识别数据、病例资料数据等）属于个人敏感数据，涉及个人敏感信息，是隐私保护的重要方面。医疗数据的应用关乎隐私泄露、社会歧视、健康机会损失、数字鸿沟、不平等享用、不公正对待等一系列伦理问题。对个人健康医疗数据保护不足不仅会危及公民的数据拥有权利、隐私保护，还会导致公众信任危机，严重阻碍健康医疗大数据领域的良性发展，影响广大人民群众的生命健康权益保障。

（二）健康医疗大数据伦理问题

1. 数据安全与隐私权

隐私权是自然人对其个人的、与公共利益无关的个人信息、私人活动和私有领域进行支配的一种人格权。个人有权决定其医疗隐私信息以什么样的方式被使用。大数据背景下，个体的医疗隐私权与改善群体健康状况的“公共善”之间存在矛盾。民众通过在线医疗社区快速获取医药信息，自我健康管理意识得以增强。受到利益驱使，部分运营商借此汇集访问者的个人医疗信息，将有利益关联的医疗服务机构“精准”推荐给缺乏辨别力的非医学专业人群，限制了个体对疾病和健康信息的准确检索和获取。

2. 数据失真与信任危机

健康医疗大数据的价值体现在对真实的健康数据的有效分析。在大数据技术辅助下的诊断和治疗决策必须基于真实可靠的数据做出。比如在机器人关节置换手术中，术前的个体化建模、测量和设计能有效保障术中操作的安全、精准。无用的、虚假的健康数据不仅浪费资源，而且还会给受众带来心理冲击和认知错觉。健康大数据相关的失信事件不仅加剧民众对新技术的不适应，也给医患之间原本脆弱的信任以重击。

3. 知情同意难题

知情同意之所以复杂，是因为数据往往是在未指明研究目的的情况下收集的。在最初的数据收集环节，恐怕连专业的数据科学家也说不清楚这些数据的具体用途。此外，健康医疗大数据的种类繁杂、数据庞大，要获得每一位数据对象的授权同意比较困难。当数据在没有经过个人充分的知情同意情况下被自动收集和利用时，存在对个人自主性的潜在影响。比如，在移动医疗 App 的用户协议签署过程中，多数使用者缺乏知识和耐心去阅读并正确理解协议内容，类似的“被动同意”侵犯了个体自主性这一自然权利。

4. 数字鸿沟与公平受益

数字鸿沟表现为不同群体或个人因在获取技术、信息可及性，以及自身价值观方面的差异导致的技术、应用、知识和价值鸿沟。数字鸿沟阻碍处于经济、技术和知识水平劣势地位的群体公平享有数据技术带来的收益。一旦少部分精英阶层借助健康医疗大数据的尖端技术享受更优质的医疗服务，原本稀缺的优质医疗资源对普通大众的可及性就会降低。

（三）医疗大数据工程应遵循的伦理准则

医疗大数据的采集、处理、使用和保存等环节都存在伦理问题，体现在知情同意、保密、利益分享、知识产权等方面。为了合理地利用医疗大数据，并有效地保护信息和样本提供者的权益，医疗大数据工程应遵循下列伦理准则。

1. 知情同意，隐私保护

鉴于个人健康医疗数据属于个人敏感数据，直接关系到自然人的基本权利与自由，依据中国现行法律和伦理规范，参照国际惯例和国外立法，原则上严格限制对个人健康医疗数据进行处理。而在对数据进行必要处理时，应充分保障数据主体的个人数据权利。

医疗大数据的采集和使用要尊重个人隐私，防止数据误用和滥用。在社交媒体必须实名注册的情况下，利用社交媒体大数据尤其要保障用户隐私安全等。考虑成立第三方网络隐私认证评级机构，对网站的隐私声明、隐私保护技术、隐私保护流程等进行综合评估，提高审核门槛。加大对非法盗取、利用健康大数据者的惩治力度，纳入信用体系。

数据的收集、存储、使用、分析、解释等环节均需获取数据主体的知情同意，原则上应采取明示同意。特殊情况下，如采用默示同意，一般应保证数据主体拥有随时退出的权利。无论明示同意还是默示同意，一般情况下，撤回同意应当与做出同意同样容易。医学研究与创新在数据利用的各个环节都应该充分保证患者的知情同意。

2. 公开、共享与限制使用并重

处理个人健康医疗数据的相关事项应对数据主体公开。促进数据的有序流动与公平、规范共享，防范数据垄断、数据滥用。每一个数据主体都享有对健康医疗大数据公共平台的使用权，对开放性数据获取渠道的所有干扰、破坏和霸占行为都是不道德的。

同时，建立个人健康医疗数据库应合法合规，目的明确，处理个人信息应遵循最小必要原则，个人健康医疗数据的收集、使用范围，保存期限和销毁应受到合理的限制。用于涉及公共利益的建档、科学研究、统计等目的时，可以适当放宽限制。

3. 保证数据质量和安全，加强数据责任意识

个人数据应当是准确的和动态更新的，不准确的个人数据及违反初始目的的个人数据应及时得到更正或删除。数据主体有权查询其个人数据并予以合理修正。数据控制者、处理者在数据处理过程中，应采取数据加密、匿名化、访问权限、差分隐私等技术手段，以确保个人数据的安全。对此，数据控制者、数据处理者承担举证责任。健康医疗数据的收集和使用必须以增进个体健康和公共卫生福祉为最终目的。涉及医疗大数据的临床研究要经过伦理审查。机构伦理委员会要遵循有利、尊重、公正和互助的伦理原则，开展独立、客观、公正和透明的伦理审查，促进医疗大数据的保护和利用，保护样本提供者权益，促进生物医学的健康发展。

三、基因工程伦理

（一）人类基因组计划的社会、伦理和法律等问题

基因工程（genetic engineering）是指：以分子生物学为基础，借助 DNA 重组技术将外源核酸分子组合到特定载体，并导入宿主细胞内，以改变生物原有的遗传特性并获得新品种、生产新产品的工程活动。基因工程克服了固有的物种间限制，培养优质、高产、抗性好的农作物及畜、禽新品种。20 世纪 80 年代以来，转基因小鼠、烟草、绵羊相继诞生。1990 年，国际人类基因组计划启动，2001 年中、美、日、德、法、英 6 国科学家和美国塞莱拉公司联合公布了人类基因组草图基本信息。

人类基因组计划引发的社会、伦理和法律等问题包括：① 社会问题：对特定个体或人群的基因歧视、商业机密泄露、利益冲突；② 伦理问题：知情同意、隐私和保密、“负担”和“收益”的不公正分配；③ 宗教问题：人类是否可以“扮演上帝”、生命的神圣性与操纵人类基因的正当性；④ 哲学问题：基因决定论的实质、医学目的；⑤ 政策法规问题：基因工程相关政策法规的制定、执行和评估，基因专利的分享机制等。1998 年联合国大会批准的《人类基因组和人权世界宣言》第一条，指明了人类基因组是人类家庭所有成员根本统一的基础，也是承认他们与生俱来的尊严与多样性的基础。为此，妥善解决基因工程引发的上述问题有重要意义。

库尔特·拜尔茨在《基因伦理学》（1993）一书中断言，基因技术在遗传咨询、产前诊断、遗传筛查等方面的广泛应用，增强了人类对生命的操控能力，导致人类行为选择权的急剧扩张。进入 21 世纪，伴随着人类功能基因组研究的纵深发展，实现人类更健康、更聪明、更长寿的尝试引发了新的伦理问题：该不该开展非医学目的的基因治疗？该不该允许医学目的基因增强的临床研究？关于基因增强引发的伦理问题存在认识分歧。不过，国际社会达成一致的是，反对基因兴奋剂的研制和使用。促红细胞生成素（EPO）基因可以促使骨髓造血干细胞分裂，促进红细胞的生成，增加血氧含量，提高人的有氧能力。此类基因兴奋剂让耐力型项目运动员有了不公平竞争的优势，也会给运动员带来身体伤害。加大基因兴奋剂检测研究的力度，加强科研伦理教育，制定反基因兴奋剂的伦理规范和加强法律监督非常必要。

（二）人类基因治疗伦理

体细胞基因治疗可以理解为一种将治疗基因转移到体细胞内使之表达基因产

物，以达到治疗目的的新疗法；而生殖细胞基因治疗则是将治疗基因转移到患者的生殖细胞或早期胚胎内的一种基因疗法。前者只影响受试者本人，而后者将改变后代的遗传组成。1989 年，美国南加州大学安德森（W. F. Anderson）等的“严重联合免疫缺陷症（ADA-SCID）”临床方案得到批准，1990 年，4 岁女童埃文斯成为首例人类基因治疗受试者。2003 年，人类首例商业化基因治疗产品“重组 Ad-p53 腺病毒注射液”在中国深圳诞生。2007 年，36 岁的美国人乔妮·莫尔（Jolee Mohr）在芝加哥大学医学中心接受基因治疗时意外死亡。

基因治疗临床试验中的伦理问题主要包括：不可接受的风险收益比、未获得真正的知情同意及资源分配的不公正性问题。基因治疗临床试验中的风险表现在：基因导入系统尚不成熟，载体结构不稳定，治疗基因难以到达靶细胞。不少研究者用“临床治疗”代替“临床试验”，混淆了“治疗”与“研究”之间的区别，引发“治疗性误解”。

在审核基因治疗临床方案时，要确立技术标准。慎重选择受试者，确立准入和排除时要有严格的标准，筛选程序要公平，并接受审查和监督。预先进行方案的“风险—收益”分析，当无任何其他替代的常规疗法，或常规疗法低效时，才可考虑基因治疗临床方案。受试者必须在充分知情的前提下进行自主选择，不得引诱或胁迫。对基因治疗引发的严重不良事件要进行有效预防和及时处理。禁止非医学目的的生殖细胞系基因增强临床试验。人类的性状和能力是基因与环境相互作用的结果，非医学目的的基因增强的风险收益比是不可接受的。

专栏：盖辛格之死

1999 年，18 岁的美国男青年盖辛格患有轻度鸟氨酸氨甲酰基转移酶（OTC）缺乏症，借助药物治疗和低蛋白饮食已经可以初步控制病情。为了根治疾病，他到宾州大学人类基因治疗研究所接受了一项基因治疗临床试验。在临床试验过程中，盖辛格对腺病毒载体产生严重免疫反应，导致多器官功能衰竭而死亡。美国食品药物管理局（FDA）的调查发现：其一，知情同意过程不完整，有误导作用，没有告知他在之前的猕猴试验中发生的严重的不良事件信息；其二，课题负责人威尔逊与开展基因治疗研发的公司之间存在着经济利益关联。

（三）人类胚胎基因编辑伦理

CRISPR/Cas9 基因编辑技术诞生于 2013 年，它是利用酶 Cas9 剪断一些位点的

DNA 的细菌防御系统。CRISPR/Cas9 基因编辑技术已成功运用于定点敲除基因，且效率高、速度快、简便易行。2022 年，魏延昌团队在《美国科学院院报》上发文称，采用基因编辑来改写印记控制区域的甲基化情况，实现了用未受精卵母细胞来培育出哺乳动物后代的目的。对目标基因进行靶向识别、删除和插入新的片段，有望实现修复缺陷基因、治愈疾病的目的。人类胚胎基因编辑则是将生殖细胞或早期胚胎作为基因编辑的目标的工程技术活动。

不过，被称为“基因魔剪”的 CRISPR/Cas9 存在脱靶效应，即：因靶点基因的偏移破坏基因序列的稳定性，甚至造成非目标基因位点的突变。脱靶效应增加了胎儿罹患多种疾病的概率，抑或对其他基因的表达造成不可逆的伤害。若脱靶的基因流入人类基因池，会破坏人的基因组的完整性和多样性。经过修饰的基因的某些性状会遗传给下一代，而这种遗传的传递和变异机制仍难以准确预判。如果 CRISPR/Cas9 基因编辑技术直接用于编辑人类胚胎基因的临床应用，它属于需严格监管的第三类医疗技术，各省卫生健康行政部门拥有其临床应用的准入和审批权限。在伦理准则方面，尽管《人胚胎干细胞研究伦理指导原则》（2003）和《干细胞临床研究管理办法（试行）》（2015）对人类胚胎基因编辑技术有约束作用，但仍需制定专门的人类胚胎基因编辑临床前及临床研究的技术标准和伦理准则。机构伦理委员会要严格人类胚胎基因编辑研究项目的立项审查、登记备案。科研人员要提升伦理意识，确保涉及人类胚胎的基因编辑研究符合伦理规范。

人类胚胎基因编辑不应用于超越人类正常的健康水平的能力增强。父母没有通过胚胎基因编辑来改变下一代性状和能力的权利。哈贝马斯在《人性的未来》一书中称，如果基因工程增强技术应用在人身上来改进遗传基因，孩子与“自身自主性的反思关系”将会受到影响，出生作为自然事实必须排除人为的操作。桑德尔在《反对完美——科技与人性的正义之战》一书中写道：孩子是上天恩赐的礼物，不应当成设计的物品，抑或满足野心的工具。在他看来，人类基因增强技术的应用，削弱了自然生命的道德地位，弱化了对人的尊重，加剧了社会不公。

专栏：贺建奎胚胎基因编辑婴儿事件

2019 年 12 月 30 日，“基因编辑婴儿”案在深圳市南山区人民法院一审公开宣判。原南方科技大学副教授贺建奎因共同非法实施以生殖为目的的人类胚胎基因编辑和生殖医疗活动，构成非法行医罪，被依法追究刑事责任。法院认为，他未取得医生执业资格，追名逐利，故意违反国家有关科研和医疗管理规定，逾越科研和医学伦理道德底线，贸然将基因编辑技术应用于人类辅助生殖医疗，扰乱医疗管理秩序，情节严重，其行为已构成非法行医罪。被告人贺建奎被判处有期徒刑三年，并处罚金人民币三百万元。庭审过程中，被告人当庭表示认罪悔罪。

四、制药工程伦理

制药工程以满足患者的健康需求为导向，通过自主创制，提供安全、有效、方便、价廉的药品，满足日益增长的医疗保健需求。制药工程在设计、实施和产品使用中均会引发伦理问题。

（一）新药临床试验伦理问题

我国启动的“重大新药创制”科技重大专项（2008—2020）支持了 3 000 多个课题，中央财政投入 233 亿元。2008—2018 年，我国诞生了 41 个 I 类新药，2020 年新增 15 个 I 类新药。新药创制专项的实施初步促成了国家药物创新技术体系，形成了产学研用深度融合的网格化创新体系。这项中长期科技发展计划旨在促进以仿制为主转变为以创制为主，实现从医药大国到医药科技强国的历史性转变。

人体临床试验的目的是验证新药安全性和临床有效性。药品上市后，药品监管部门、医保部门、医疗机构和患者群体均应关注和审议药品治疗效果。有些药物临床试验设计试验方案不详细，统计方法不科学，伦理审查程序流于形式。伦理问题突出表现在如下方面：

第一，侵犯了知情同意权。受试者没有充分理解试验目的、方法或被施加了不正当影响。为了尽快招募足够数量的受试者，有的研究者在知情同意过程中回避提及与药物试验相关的严重不良事件，低估研究的预期风险，夸大研究的潜在收益。

第二，风险和收益的不公正分担。任何未经临床试验证实的药物，都不能用于对病人的救治。假如研究者向患者提供未经证明的、有效性和不良反应尚不明确的干预作为潜在的预防和治疗措施，是不符合医学伦理的。由于它的安全性和有效性未获证明，服用新的试验用药的患者将承担较高的风险，从而导致风险和收益的不公平分担。

第三，缺乏责任担当。有些药物临床试验存在擅自修改、删除数据，不愿撤回不合格数据的情况，药品申报中存在弄虚作假、责任划分不明确的问题。有些涉及人的药物临床试验没有自觉接受伦理审查，尚未把受试者的合法权益放在首位。

专栏：《药物临床试验质量管理规范》（2020）相关规定

凡是申请药品注册而进行的药物临床试验均应当遵守本规范。药物临床试验全过程，包括方案设计、组织实施、监察、稽查、记录、分析、总结和报告，均应达到质量标准。受试者的权益和安全是药物临床试验应当考虑的首要因素，优先于科学和社会的获益。伦理审查与知情同意是保障受试者权益的重要措施。试验方案应当清晰、详细、可操作。试验方案在获得伦理委员会同意后方可执行。研究者在临床试验过程中应当遵守试验方案，参加临床试验实施的研究人员，应当具有能够承担临床试验工作相应的教育、培训和经验。

（二）疫苗临床试验的伦理挑战

疫苗临床试验既要符合《赫尔辛基宣言》《药品临床试验管理规范》的规定，又要遵循《疫苗临床试验技术指导原则》和疫苗临床试验的伦理准则。试验设计要科学合理。研究者要充分告知试验疫苗的优缺点、使用目的和方法、预期效果、可能的危害及潜在危险，在自愿的基础上使用，不能强迫或欺瞒受试者。整个科研活动中要为受试者保密，尊重个人隐私。临床试验的招募过程中应有入选和排除标准。对不良事件进行监测和及时报告。临床试验研究者需要得到专业的伦理培训，增加对临床试验的理解，体会受试者的患病体验，以及其对生命质量的诉求。

让健康受试者“以身试毒”来加快新冠疫苗研发能否得到伦理辩护呢？根据世界卫生组织公布的《新冠肺炎人类挑战性研究的伦理可接受性关键准则》，在考虑“人体挑战试验”时需要满足 8 个条件，包括疫苗的科学依据、对潜在益处的评估、充分告知试验对象风险，等等。在满足具体的标准条件且严格受控的环境下，伦理委员会要慎重评估人体挑战试验的科学价值，权衡好其中潜在的利益和危害，确保风险和伤害最小化，维护好公众对科学研究的信任。

专栏：人体挑战试验

人体挑战试验（human challenge trial）是指为测试疫苗，故意使健康受试者感染某种能够引起该疾病的毒株。2021 年 2 月 17 日，英国启动了全球首个有关新冠病毒的“人体挑战试验”并通过了伦理机构的审查和批准。3 月份，90 名 18 岁到 30 岁的健康受试者自愿参加了新冠病毒的感染和疫苗的接种及监测。不过，专家学者和社会公众对人体挑战试验引发的伦理问题存在认识分歧。

（三）制药企业的社会责任

《中华人民共和国药品管理法》规定：药品管理应当以人民健康为中心，坚持风险管理、全程管控、社会共治的原则，建立科学、严格的监督管理制度，全面提升药品质量，保障药品的安全、有效、可及；从事药品研制、生产、经营、使用活动，应当遵守法律、法规、规章、标准和规范，保证全过程信息真实、准确、完整和可追溯；建立健全药品监督管理工作机制和信息共享机制。

制药企业生产的药品关乎患者的安康乃至千百万家庭的幸福，社会责任重大。制药企业要提供正确的药品、疫苗和医疗器械信息，保障用药安全，促进人民群众健康。制药企业是药品质量安全第一责任人。制药企业要通过资助研讨会等方式，促进医生分享治疗经验和病例；积极投入公益事业，开展健康教育和咨询；要勇于召回不合格药品，减少患者对药品安全的担心，维系制药企业的社会声望。制药企业要特别注重以下几个方面的责任担当。

第一，创新性药物在专利申请、新药注册、药品上市、安全用药、不良反应检测等环节肩负健康责任。制药工程技术人员在研制、生产、流通和销售药品的各个环节都要把患者的健康、安全和福祉放在首位。制药工程涉及众多利益主体，各方的角色分工和利益诉求不同，需要协同互助，信守承诺。政府通过健全基本药物制度，保障基本药物的公平、可及。制药工程受到市场需求、国家政策、研发资金、医保政策和创新环境等因素的综合影响。

第二，新药临床试验失败的信息披露责任。制药企业、药物研发机构要敢于发表阴性研究结果，不可因药物药效不优于传统药物而拒绝发表。制药企业或医疗器械企业资助的课题研究中存在利益冲突，部分研究者因受到不当影响而不愿公开负面的研究结果。药品召回制度的实施反映了制药企业的责任担当。制药企业应完善和落实药品试验数据保护制度。国家建立药物警戒制度，对药品不良反应及其他与用药有关的有害反应进行监测、识别、评估和控制。药品监督管理部门应当制定统一的药品追溯标准和规范，推进药品追溯信息互通互享，实现药品可追溯。

第三，鼓励负责任地协同创新，推动新药研发。工程技术人员要把促进新药研制、改进药品质量作为己任，自觉维护企业的声誉和品牌。制药企业要注重开发适宜技术，降低用药成本。制药企业要加强药品不良反应管理。《关于深化审评审批制度改革鼓励药品医疗器械创新的意见》（2017）鼓励医疗机构设立专职临床试验部门，支持临床研究的政策和医疗机构的绩效考评机制，提高医生参与临床试验的积极性和主动性。伦理委员会要规范新药审批流程，提高审查的质量与效率。

第四节　突发重大传染病防治的伦理治理

21世纪初在世界各地暴发的“非典”、H1N1禽流感、埃博拉病毒等重大传染病导致了巨大的人员伤亡和财产损失，引发人道主义危机。突发重大传染病带来的伦理挑战突出表现在：稀缺医疗资源的公正分配、隐私保护、限制个体自由与公共健康之间的冲突、全球伦理治理，等等。在重大传染病暴发期间，世界卫生组织（WHO）和当事国均采取了一系列紧急应对措施，遏制疫情的扩散及减轻疫情带来的社会后果。

一、突发重大传染病疫情暴发期间的紧急应对

（一）武汉抗疫保卫战

2019年12月底，湖北省武汉市疾控中心监测发现了不明原因肺炎病例。2020年1月8日，国家卫健委专家评估组初步确认“新冠病毒”为疫情病原。1月20日，在武汉实地考察后，国家卫健委高级别专家组组长钟南山代表专家组通报，新冠肺炎存在“人传人”现象。1月23日，武汉市疫情防控指挥部发布1号通告：自当日上午10时起，全市城市公交、地铁、轮渡、长途客运暂停运营；机场、火车站离汉通道暂时关闭。1月27日，武汉新增病例从此前的两位数陡增至892例。雷神山医院和16家方舱医院投入使用，为患者打开生命和健康之门。全国各地300多支医疗队、4万多名医护人员驰援湖北。

2月14日，中央赴湖北工作组发布动员令，一场武汉保卫战、湖北保卫战全面总攻正式打响。2月17—19日，武汉开启二次拉网式排查，到21日完成全市“四类人员”核酸检测存量筛查。建立起了四道防线，开展地毯式排查，实施网格化管理，确保发热病人得到及时核酸检测或其他临床诊断来确定是否收治。截至3月3日，武汉市累计治愈出院病例首超现有确诊病例，治愈率升至50.2%。武汉“封城”也遏制了疫情在全国的蔓延。4月8日，武汉“解封”。发表在*Science*杂志上的一篇论文称，在新冠疫情暴发初期，中国政府“封锁”武汉的决定延迟了病毒的传播并可能由此防止了70万例确诊病例的出现。湖北抗疫阻击战为世界抗疫赢得了宝贵的时间。

（二）新冠疫情防治遵循相称性原则

为全力做好新冠疫情防控工作，有效切断病毒传播途径，坚决遏制疫情蔓延

势头，确保人民群众生命安全和身体健康，政府相应地采取了一系列有效措施，以解决疫情防控中存在的实际问题。这些举措得到了广大居民的认同与自觉遵守。这是一项极其复杂的突发重大公共卫生事件应急处理的系统工程，需遵循相称性原则。相称性原则是指：干预措施要行之有效，干预应该是必要的且对个体权益的损害是最小限度的，采取防控措施的公共收益应与造成的损失成比例。

采集、储存和使用个人信息的公权力部门或医疗机构应保护新冠患者的个人隐私。在新冠疫情期间采集疑似病人的信息和隔离是必要的，但也给当事人带来生活和工作上的不便和负担。2016 年世界卫生组织发布的《传染病暴发伦理问题管理指南》要求：公共卫生活动的监测应保护个人信息的机密性，未经授权披露个人信息会使个人面临重大风险。公权力部门在采集疑似或确诊新冠患者的相关信息时，要注意保护其个人的机密信息，未经授权不得把个人可识别的信息公之于众。

《中华人民共和国突发事件应对法》规定：有关人民政府及其部门采取的应对突发事件的措施，应当与突发事件可能造成的社会危害的性质、程度和范围相适应。为了保护国家利益和公民的整体利益，国家及地方相关政府部门行使紧急权力，以便最大可能地减少对生命安全的影响、财产损失及其他社会危害。即使出于公共健康利益的考虑而限制或干预个人权利时，也必须把对个人权利的侵犯限定在最小范围内，而受影响的个人应该得到必要的赔偿或补偿。对个人权利的限制必须在保障公共健康秩序、个人权利与自主性之间进行价值和利益的权衡。

管控新冠疫情的扩散要早发现、早预警、早准备、早处置。这些突发公共卫生事件紧急应对措施要遵循相称性原则提出的基本要求。疫情防控要与生活生产活动之间做到动态平衡。除了隔离限制个人之外，面对大规模传染病流行的公权力行使，要建立全面社会治理的机制。此外，防疫期间我国普遍实施了“停课不停学”，在严格疫情防控措施与学生恢复上课之间建立了一种“应急式”的平衡。

二、重症患者收治中的伦理难题及应对

（一）ICU 稀缺医疗资源的公正分配

突发重大传染病大流行导致了呼吸机、危重病床和其他可能挽救生命的医疗资源的短缺。各国将不得不做出谁将优先获得救治的艰难决定。明确分配标准是必要的，有助于医疗机构和医护人员进行合乎道德的临床抉择。不过，这些稀缺医疗资源应该优先分配给谁？依据什么标准？谁来制定标准？不同国家的分配指南给出的解答有所差异。

设想某一项行动，人们必须在两种方案中做出选择，但两种方案都很糟糕或令人不满意，此时就陷入了两难境地。设想一位癌症老人甲和另外一位健康的中年人乙均被诊断为重症新冠肺炎，二人同时到医院就诊。目前，该医院 ICU 只有一张空出的病床，其他病床均收治了重症新冠肺炎患者，预计几天内无多余的病床收治，其他符合收治条件的大医院也人满为患。面对这种情形，医院和医生应该采取哪种救治方案？

方案一：先救甲；

方案二：先救乙。

选择方案一的理由是：甲身患癌症，身体抵抗力差，病情更为严重和紧急，因而要重症者优先。但甲身患绝症，住院时间会长，占用的医疗资源会多。选择方案二的理由是：乙没有基础病、身体相对健壮且免疫力较强，尽早入院、尽早治疗出院，可以腾出宝贵的 ICU 病房让新的重症新冠肺炎患者得到救助。有人会优先救护生存概率高又出院快的年轻人，以便用同样的医疗资源来救更多人。

这就是稀缺医疗资源分配过程中存在的伦理两难问题。面对突如其来的疫情，疫区所在的医院和医护人员承受着巨大的收治患者的压力，这些医院的专科医护人员、病床、呼吸机、防护设备有限，从而使得许多符合收治条件的患者无法得到及时收治。诚然，摆脱上述道德困境的最佳方案是增加医疗资源的供给，让甲和乙均有平等的机会尽早入院，尽早得到专业化的医疗服务。在此次新冠疫情防控过程中，我国采取“应收尽收，应治尽治”的策略，充分体现了人民至上、生命至上的价值追求。

（二）临床试验中紧急救治优先

新发重大传染病大流行期间，开发新疫苗和新药物是有效的应对之策。相关的临床试验可获取更好的科学证据，促进医学研究和公共卫生应对。同时，进行超适应症用药，以便高效地满足治疗需求。新发重大传染病疫情中的临床试验既要遵循一般的伦理规范，又要兼顾危重症患者的紧急救治需要，有效平衡紧急用药与遵循研究伦理规范之间的关系。

新冠肺炎患者紧急救治优先于安慰剂对照试验的科学价值追求。在个别新冠肺炎的临床试验中，确实使用了安慰剂对照，限制了受试者及时接受治疗的权利。若未经试验，而冒险直接将大量疗效可疑的干预措施随机运用到患者身上，将有更多的患者遭受健康损害，违背了健康效用最大化准则。为平衡个人利益与群体利益，临床试验既要遵循科学规律，又要在各个环节上加快临床试验进程，同时对知情同意的新冠肺炎患者进行合乎伦理的超适应症用药，尽快满足患者个人的用药需求。

亟待明确新发传染病中药物的紧急使用内容和授权机制。针对由新发传染病引起的突发重大公共卫生事件，需要建立与之相适应的患者知情同意、伦理审查、动态监测不良反应/事件、风险控制的药物紧急使用授权机制，让患者在最短时间内获得安全有效的药物治疗，满足新发传染病紧急救治的需求。多学科合作的研究团队可避免科学价值低的安慰剂对照试验的发生，为临床研究的组织、实施提供强大的后台支撑，加快临床试验的进程。此外，还应建设统一的科学信息发布平台，多途径保障公众的知情选择权。

三、共筑人类卫生健康共同体

人类命运共同体理念源于中华民族天下大同的理念。《礼记·礼运》中的“大道之行也，天下为公”，阐释了儒家政治思想及其对未来社会的憧憬。在大道施行的时候，天下是天下人所共有的天下。在这个理想社会里，“老有所终，壮有所用，幼有所长，矜寡孤独废疾者皆有所养”。党的二十大报告指出：“构建人类命运共同体是世界各国人民前途所在。万物并育而不相害，道并行而不相悖。只有各国行天下之大道，和睦相处、合作共赢，繁荣才能持久，安全才有保障。”进入21世纪以来，人类发展面临一系列全球性挑战，包括人口增长、气候变化、能源和资源需求、恐怖主义、核安全、公共卫生安全，等等。这更加彰显了人类应该是一个休戚与共的命运共同体。

人人享有健康是全人类的共同愿景，也是共建人类命运共同体的重要组成部分。2020年初，新冠疫情肆虐全球，习近平首次提出“构建人类卫生健康共同体”。2020年5月18日，习近平在第73届世界卫生大会视频会议开幕式上发表了题为《团结合作战胜疫情 共同构建人类卫生健康共同体》的致辞。2020年9月8日，习近平在全国抗击新冠肺炎疫情表彰大会上发表讲话，强调要继续推进疫情防控国际合作，发挥全球抗疫物资最大供应国作用，推动构建人类卫生健康共同体。新冠疫情暴发后，中国第一时间向世界卫生组织、有关国家和地区组织主动通报疫情信息，分享新冠病毒全基因组序列信息和新冠病毒核酸检测引物探针序列信息，为全球抗疫提供了基础性支持。中国同有关国家、世界卫生组织，以及流行病防范创新联盟（CEPI）、全球疫苗免疫联盟（GAVI）等开展科研合作，在溯源、药物、疫苗、检测等方面开展科研交流与合作，共享科研数据信息，共同研究防控和救治策略。3年多来，我国抗疫防疫历程极不平凡，新冠死亡率保持在全球最低水平，取得疫情防控重大决定性胜利，创造了人类文明史上人口大国成功走出疫情大流行的奇迹。

以传染病为主的全球公共卫生安全危机会跨境传播，成为国际性公共卫生安全威胁。伴随全球治理理论的出现和兴起，以及艾滋病、SARS、甲型H1N1流感等大型传染病传播带来的国际恐慌，公共卫生被纳入全球治理的讨论范畴。为此，全球健康治理目标要统一化，人类对于生存与发展的共同利益追求超越了主权国家利益价值观。全球公共卫生治理的主体多元化，治理机制成熟化，全球健康治理框架基本形成。

推进全球卫生事业，是落实《2030年可持续发展议程》的重要组成部分。2016年开始实施的联合国《2030年可持续发展议程》提出了17项可持续发展目标。其中的目标3是指：确保健康的生活方式，促进各年龄段人群的福祉。主要内容包括：实现全民健康保障；支持研发主要影响发展中国家的疫苗和药品，提供负担得起的基本药品和疫苗；加强发展中国家早期预警、减少风险，以及管理国家和全球健康风险的能力；等等。这个议程承载着各国人民对美好生活的向往，为全球发展事业和国际发展合作指明了方向。

讨论案例："谷歌流感趋势"的兴衰

大数据为研究和改善人类健康状况提供了新的方式，但也会带来一系列伦理问题。"谷歌流感趋势"服务引发对隐私泄露问题的担忧就是一个典型案例。"谷歌流感趋势"（Google Flu Trends，GFT）是谷歌公司于2008年推出的一款利用大数据预测流感趋势的产品，但最终以失败收场（2015年"谷歌流感趋势"正式下线）。GFT的工作原理就是使用经过汇总的谷歌搜索数据来估测流感疫情，其预测结果将与美国疾病预防控制中心的监测报告相比对。这一服务引发人们对隐私泄露和信息安全的担忧。因为谷歌在利用搜索结果预测流感暴发的方法上缺乏透明性。虽然谷歌此前曾公开表示，所有数据均为聚合数据且都经过匿名处理，并不会对单独的个人数据进行分析。但是，相关隐私团体却表示，目前还没有一个独立的机构来审核谷歌究竟是如何将用户的搜索结果转换成"流感趋势"服务的。"谷歌流感趋势"的案例让我们对如何保障用户知情同意、怎样保护用户隐私权、数据该如何做到规范共享等一系列医疗大数据发展中可能产生的伦理问题和挑战进行反思。

思考题：

1. 有人认为："谷歌流感趋势"是出于公共利益而研发，即便侵犯了用户隐私权，也可以得到辩护。对此你怎么看？你觉得在医疗大数据领域该如何权衡好公共利益与个体隐私之间的关系？

2. “谷歌流感趋势”是为了公共卫生和公共利益而开发的技术，我们是否可以用不同的伦理标准对它的结果和影响进行评判？

本章小结

本章主要介绍了与健康相关工程涉及的伦理问题，以及应该遵循的伦理原则和工程技术人员的伦理责任。健康相关工程伦理准则包括护佑生命健康、健康效用最大化、健康风险最低化、尊重自主选择、促进健康公平。食品工程存在着潜在健康风险和伦理问题，应遵循生命安全第一位、健康权益促进、知情同意、公正等伦理准则。健康医疗大数据会涉及数据安全与隐私权、数据失真与信任危机、知情同意难题、数字鸿沟与公平受益等伦理问题，应该做到知情同意、保护隐私，公开、共享与限制使用并重，保证数据质量和安全。基因工程伦理涉及知情同意、隐私和保密、“负担”和“收益”的不公正分配等伦理问题。新冠疫情防治应遵循相称性原则，医疗资源要公正分配，共筑人类卫生健康共同体。

重要概念

健康伦理　健康公平　医学工程　人类卫生健康共同体

练习题

延伸阅读

［1］［德］汉斯·约纳斯．技术、医学与伦理学：责任原理的实践［M］．张荣，译．上海：上海译文出版社，2008.（第2-4章）

［2］Brent Daniel Mittelstadt，Luciano Floridi. The Ethics of Biomedical Big

Data ［M］. Springer International Publishing Switzerland，2016.（第 1-3 章）

［3］ Franz-Theo Gottwald，Hans Werner Ingensiep，Marc Meinhardt. Food Ethics ［M］. New York：Springer，2010.（第 4-6 章）

［4］张新庆，王明旭，蔡笃坚. 新冠肺炎疫情防控中的“相称性原则”解析［J］. 中国医学伦理学，2020，33（03）：261-267.

第九章　全球化视野下的工程伦理

学习目标

1. 理解全球化及其对工程实践活动的影响。
2. 认识跨文化工程中存在的工程伦理问题。
3. 理解跨文化工程伦理规范的基本内容。
4. 促使学生意识到提升中国工程国际竞争力的必要性。

引导案例：大连国际苏里南工程项目跨文化管理①

苏里南共和国地处南美洲北部，是一个多民族国家，其中印度斯坦人占35%，克里奥尔人占32%，印度尼西亚人占15%，丛林黑人占10%，印第安人占3%，华人占3%，其他人种占2%。苏里南也是一个多宗教信仰的国家，居民中40%信仰基督教，33%信仰印度教，20%信仰伊斯兰教。

中国大连国际合作（集团）股份有限公司（以下简称“公司”）是具有市政公用工程施工总承包一级资质和房屋建筑工程施工总承包一级资质的以国内外工程承包为主业的对外经贸合作项目公司。从20世纪末起，公司进驻苏里南，开始承建该国的若干道路工程项目。但是公司在苏里南的发展，经历了艰难的探索过程。当地的风俗习惯、文化观念、思维方式、生活方式等与国内差异很大，项目组面临着诸多困难。

首先，工作时间不同。当地政府、银行等的作息时间是早上7：00到下午3：00，而国内是朝九晚五。中国员工为了加速工程项目施工可以进行加班工作，但苏里南人对加班工作深恶痛绝，即使付几倍工资也没有人愿意加班。其次，法律法规不同。苏里南法律非常注重保护职工的权益，不仅对企业职工的工作、生活条件要求较高，而且要求企业不得随便辞退工人，辞退工人需要额外支付2~3个月的工资。再次，工作理念不同。在工程施工中，边石、涵管等工作被分包给当地一些公司，但由于他们的工作效率低，常常贻误工程进度，造成施工环节衔接不上。在材料供应上，供应商经常违反合同，延期交货。最后，国内外政治生

---

① 改写自彭绪娟．我国海外工程项目跨文化管理研究［M］．2版．成都：西南财经大学出版社，2015.

活环境不同。苏里南政治团体复杂，政府部门办事效率不高，给我国员工办理当地居留手续带来极大困难。再加之我国员工每天要面对风俗习惯、生活方式不同的压力，还要经历对价值观念和思维方式的质疑，这些也为我国赴外工作人员带来了不少的心理负担。

综上所述，公司苏里南项目由于跨文化的差异，在项目初期存在着诸多矛盾，这对项目经营造成了很大影响，使项目管理变得非常复杂，经营目标和经营观念难以统一，决策实施和统一行动变得非常困难。但是，公司意识到在苏里南所面临的跨文化冲突问题，在承认、重视苏里南与中国文化差异的基础上，尊重和学习当地文化，同时吸收本土文化的优势，因势利导，形成了一种协同、全新的企业文化。

在项目施工过程中，为了解决跨文化冲突问题，公司采取了以下措施。第一，增加跨文化意识，学习当地文化。项目组人员尊重当地的习惯和传统，尊重他们的生活方式。用客观、包容的态度审视当地的文化。认识到当地文化的复杂性，了解不同民族、宗教群体、社会阶层的文化，重视和学习当地文化。第二，分析本国和当地文化的差异。要消除文化冲突，首先要分析识别其文化差异，有针对性地提高跨文化适应的能力。通过分析识别企业文化差异的类型，找出消除文化差异的正确途径。第三，进行文化整合，消除文化冲突。通过学习当地文化和识别文化差异，员工提高了对苏里南文化的鉴别和适应能力。在文化共性认识基础上，根据环境的要求和项目战略需求建立起共同经营价值观和强有力的文化团队。

经过多年发展，“DALIAN”（当地人对公司的称呼）在苏里南已经成为一个著名的品牌，与当地政府各部门、社会团体、企业及中国使馆、中资公司建立了密切的联系，真正实现了跨文化的融合，不仅创造了巨大的经济效益，也为促进两国关系、增进两国文化交流做出了巨大贡献。

引言　从文化差异、冲突到合作、共赢

文化作为一种社会现象，通常指一个国家或民族的历史、地理、风土人情、传统习俗、生活方式、文学艺术、行为规范、思维方式、价值观念等。工程行为不仅仅涉及人和物，这背后还嵌入着文化因素，不同国家和地区存在历史文化传统的差异，从而导致工程中的伦理问题呈现多样性。工程师和工程从业者受不同文化的影响会形成差异化的工程文化理念，从而影响工程造物活动，产生不同的

工程行为，因而在跨文化的工程项目施工过程中容易引发矛盾与冲突。受经济全球化和技术国际合作双重因素影响，工程项目越来越多地在国际开展，如何处理和协调不同国家、不同工程从业者在进行工程活动时所面临的文化差异日益成为工程伦理的重要考量。为了减少不同国家和地区之间人们的误解与隔阂，未来，人们有必要增加不同文化主客体之间的交流与认同，建立跨文化的工程伦理规范，在促进人类基本福祉的同时注意尊重工程利益相关方的权益与文化。跨文化工程伦理问题的解决，更为依靠国际“契约”的建立并善用国际准则，结合工程实践的特定情境，做出具有可操作性的实践选择。通过开展国际化的工程伦理教育，培养国际化的工程人才，推动中国工程走向世界，实现跨文化工程项目的合作、共赢。

第一节 全球化与跨文化工程行为

伴随着时代的进步，科学技术的发展，知识、人才、资源流动的速度大大加快，国际化的工程造物活动成为一种常态。为解决全球所面对的环境、资源等共性危机，通过工程实践活动造福人类社会成为人们共同的事业追求。不同国家行为主体之间的合作变得日益密切，来自不同区域、不同肤色、不同国家的工程从业者共同努力，克服工程技术上的难题，在工程建设方面取得新的成就。国际合作对工程水平的提升和科技发展的推动，无疑具有极大的积极作用。因而，全球化和跨文化的工程行为逐渐成为现代工程活动的重要特征。

一、全球化、跨文化与工程

（一）全球化及其对工程实践的影响

1. 全球化及其趋势

全球化是一种概念，也是一种人类社会发展的现象过程。全球化通常是指全球联系不断增强，人类生活在全球规模的基础上发展及全球意识的崛起。各国各民族各地区之间在政治、军事、科技、经济、贸易等方面的多维度、多层次的相互联系和互相依存，也涉及精神、文化、价值观念方面的碰撞与融合，全球被压缩和视为一个整体。全球化的发展经历了跨国化、局部的国际化和全球化三个发展阶段，从国与国之间的交流逐渐拓展到区域性的国家，最终形成全球范围内的交流。全球化具有一定的社会历史发展作用。全球化实现了商品、服务、资本与劳动力等生产要素的跨国流动，使世界范围内的资源得到合理配置，促进了各国各地区的经济技术合作的同时也激发了竞争意识，使得生产效率得以提升。① 全球化的过程之中虽然也可能产生一些消极的后果，但主要是由于制度性的因素所造成的。总体来讲，全球化有利于增进人类共同的福祉。虽然近年来新冠疫情的暴发阻挡了物品和人员的流动，各种社会矛盾的凸显产生了“逆全球化”的现象，但是随着生产力水平的提高，交通方式的便捷，电子信息化技术的发展，全球化的进程不可阻挡。世界范围内商品、人员、文化的流动与交往成为常态的基本趋势是不会改变的。

2. 全球化对工程实践的影响

在全球化的时代背景之下，工程实践活动越来越多地在跨文化的语境之下展开。工程活动涉及大规模的人和物的参与。工程实践中涉及的科学技术的内容和种类更为丰富，所以需要来自世界各地不同专业背景的工程技术人员的协同合作，以消除个人专业知识领域的思维局限和快速推进施工进程。但此时，不同社会文化背景下的工程技术人员所涉及的社会关系更为复杂，不同的价值观，差异化的文化认知，影响了人们对工程的理解和认识，在工程技术规范与标准方面形成差异。在全球化的工程实践中，可能就会出现各种不同工程文化之间的摩擦与碰撞，此种情境之下需要考虑到施工各方的民俗文化和宗教信仰，在充分尊重各方文化背景的基础上进行工程建设。与此同时，由于不同国家和地区在工程施工标准方面存在差异，如何协调来自全球不同工程文化背景下施工人员之间的合作关系，形成统一的工程规范和凝聚责任共识，也成为工程实践活动所需面对的重要挑战。

（二）文化与跨文化

1. 文化

“文化”一词最早出现于《易经》贲卦彖传：“刚柔交错，天文也；文明以止，人文也。观乎天文，以察时变，观乎人文，以化成天下。”首次将“文”和“化”连起来用。一般而言，广义的文化是指人类所特有的、区分人与其他动物的基本分野，如语言、知识、习惯、思想、艺术等；狭义的文化则指一个社会因适应所处的自然和社会环境，追求安宁的生活与子孙繁衍所发展出来的一套独特的生活方式。② 有学者将文化界定为三个层次：第一个层次是物质文化，是人类为了要生存下去所创造发明的东西；第二个层次是社群文化或伦理文化，是为了解决与人

① 陈永森，张埔华．以人类卫生健康共同体助推全球化进程［J］．国外社会科学，2021(01)：12-22+156.

② 孙秋云．文化人类学教程［M］．北京：民族出版社，2004：24.

相处的问题；第三个层次是精神文化，是为了安慰、平定和弥补自己感情、感觉的需要而产生的。[①] 传统意义上对“文化”概念的解读更多地体现在其意义与价值、习俗与规范、教化与传承。目前，对“文化”的一种新的解读主要包括以下两个方面：一方面呈现了特定社会、族群的生存、生活智慧，是一项长期的生存性智慧的积累；另一方面体现了集体性、选择性的记忆及其变革，是一种有选择地构建而来的生存方式。这种新的解读方式更强调“主体”的选择性，强调文化的形成与变革。

通过对文化概念的深入解读，我们认为文化作为一种精神性活动及其产物，主要具备以下三个方面的特征：

（1）社会性与阶段性

文化具有强烈的社会性。文化是人与人之间按照一定的规律结成社会关系的产物，是人与人在联系的过程中产生的，是在共同认识、共同生产、互相评价、互相承认中形成的。没有人与人之间的互动与交流就不会有文化。

文化的阶段性特征是指文化属于特定时期内许多人共同的精神活动、精神行为或它们的物化产品集合的产物。对一个特定社会或群体而言，所形成的文化总是和特定时期、特定发展阶段联系在一起的。

（2）一致性与差异性

一致性是指在某个民族或群体中，文化有着相对一致的内容，即共同的精神活动、精神行为和共同的精神物化产品。这种一定时期一定范围内的一致性是构成一种文化的基础。伴随着全球化的发展和民族性特点的消退，整个世界文化更加趋向普同。

文化根植于一个民族、一个组织或一个群体之中，这种群体内的一致性同时伴随着不同群体间的差异性。不同的民族、组织、群体的地理环境、生活习惯、民俗风情等的差异性形成了不同的文化。不可能有两种完全相同的文化存在于两个民族、组织或群体中。

（3）继承性与发展性

继承性是文化的基础，如果没有继承性就没有文化可言。在文化的历史发展进程中，每一个新的阶段在否定前一个阶段的同时，也会吸收它的所有进步内容，以及人类此前所取得的全部优秀成果。[②] 即体现了文化的记忆性，包括身体性记

① 周星，王铭铭．社会文化人类学讲演集(上)［M］．天津：天津人民出版社，1997：53-54.

② 李晓聪．“玩”转你的创新创业之路［M］．上海：上海交通大学出版社，2020：68.

忆：生活智慧的经验性沿袭；符合性选择：铭记伟大的创造和思想；制度性记忆：把好的行为模式规则化。

文化就其本质而言是不断发展变化的，由低级向高级、由简单到复杂。如果没有文化的发展，就没有现代社会和现代文明。文化是处于一种不断变迁的过程之中的，文化的稳定是相对的，变化发展是绝对的。发展中蕴含着变革，包括生活环境进化引发的变革、新思想与技术引导的变革、外部竞争压力迫使的变革。

2. 跨文化

文化在全球范围内的扩散和传播导致了跨文化形态的产生，形成了不同的文化种类和文化模式。跨文化是跨越了不同国家与民族界限的文化，是不同民族、国家及群体之间的文化互动，由此导致"文化间关系问题"，主要表现为：文化差异、文化冲突、文化变革、文化融合。文化差异主要指不同国家和地区的人群在宗教信仰、价值观、语言、风俗习惯等方面的差异性。文化冲突是两种文化在互动过程中由于某种抵触或对立状态所感受到的一种压力或者冲突。文化变革是指由于族群社会内部的发展或由于不同族群之间的接触而引发的族群文化的革新，这种变革可能是有意识的，也可能是无意识的。文化融合是指不同国家和民族在文化交流过程中以其传统文化为基础，根据需要吸收、消化外来文化，促进自身发展的过程。东西方国家在文化方面的差异性，可能导致文化层面的冲突，会在一定程度上影响国家之间的交流和合作，为了消除这种误会与差异，就需要对本国的文化进行变革，以适应不同文化主客体的诉求，最终走向文化的融合。

专栏：新冠疫情期间戴不戴口罩?

中国的绝大部分群众在新冠疫情期间遵循政府颁发的规章制度，愿意响应政府号召佩戴口罩，这和中国的传统文化思想有着密切的关系。中国人受传统的儒家文化影响，集体意识、责任意识和全局观念比较强，为了避免新冠病毒的交叉感染和扩散，给他人、社会和国家带来损害，愿意牺牲自己的部分自由。欧洲和美国的相当一部分人却不愿意佩戴口罩，尽管可能会被新冠病毒感染。他们尊崇西方的自由主义思想和个人主义文化，追求个人的自由与权利，不喜欢受到外界的束缚，认为只有病人才需要佩戴口罩，政府要求民众戴口罩是一种侵犯公民权利的行为。

3. 跨文化的不同形态

根据跨文化边界范围的不同，主要分为以下三种跨文化形态：

（1）国家边界内的跨文化

国家内部的文化也是存在着差异性的，主要是指本国内部的不同民族、不同区域、本土的主流文化与非主流文化之间不同文化形态的交流。各民族间经济的和政治的、历史的和地理的等多种因素的不同，决定了各民族文化之间存在着差异，两个不同的民族不可能共用同一种文化。不同的民族具有不同的民俗文化节日，如傣族的泼水节、维吾尔族的古尔邦节、彝族的火把节等。我国的南方和北方区域的文化差异也很大，一定地区的工艺产品题材、形式、风格和主题都是由该地的地域文化决定的。一国之内，为了处理不同民族、区域、主流和非主流之间的文化差异，需要采取包容的心态，做到和而不同、求同存异。

（2）超越国家边界的跨文化

国家与国家之间也存在文化交流与合作，这种交流跨越了文化的国家边界。不同国家的文化特质是大不相同的，例如中国、日本和德国的工匠文化就大不相同。中国的工匠文化强调言传身教、心手合一，是中国人认真、规矩、精进、创新的集中体现。日本讲求对传统文化的传承，日本的工匠做事专注、精雕细琢、工艺精湛。德国人“理性严谨”的民族性格是其精神文化的焦点和结晶，因而德国的工匠在制造产品的时候，更强调耐用、可靠、安全、精密。我国传统的中医文化在国外的传播在一定程度上受到了抵制，外国人对刮痧、针灸等中医疗法的不理解，就体现了文化跨国传播之不易。

（3）不同文明形态中的跨文化

世界秩序与人类不同文明的和谐发展，离不开文明形态的多样性与多元化。[①]东方文明和西方文明存在着比较大的差异性，主要体现如下：东方人的思维更侧重于抽象化，而西方人则更注重实物具体化；东方人更注重团队和合作精神，而西方人更注重自由和独立意识；东方人对于别人的隐私有种好奇心理，而西方人注意尊重每个人的隐私。未来社会的发展，东西方文化应该以更加开放和包容的心态，跨越各种傲慢与偏见，取长补短、优势互补，实现新的文化重建。

---

① 黄平．跨文化交流要超越二元对立［N］．人民日报，2014-11-27（5）．

二、跨文化的工程实践

（一）工程是一种文化现象

首先，工程实现了人类的某种需求与愿景。工程活动是建造人工物、让理想变成现实的社会试验。工程是一群人为了达到某种目的，运用各种相关的知识和技术手段，在一个较长周期内进行协作活动的过程。工程实践具有一种不确定性，其后果可能会超出预期，也可能出现与人类主观期待相反的结果。

其次，在工程环节中包含了设计的过程，反映了人类的创造，但伴随着不同程度的风险。“设计”是工程的本质，工程活动蕴含有意识、有目的的设计，工程的实施不过是根据设计进行生产或制造，因此，设计是工程的灵魂，真正的工程师就是设计师。① 但是在造物的实践过程之中充斥着不确定性，工程施工的每个具体环节都可能伴随着一定的风险，工程完成之后可能会成为一种“被制造出来的风险”。因而在施工之前，需要前瞻性地考量风险；在施工的过程之中，需要尽可能地规避风险；在施工之后，需要尽可能地防控风险。

最后，工程通过改造自然与社会，形成新的人工物，深刻影响自然、社会的可持续发展。工程活动是“造物”的制造过程，是一种物质的实践活动，通过调动部分自然资源和社会资源，形成新的人工自然。工程实践活动可能对自然环境和生态平衡带来不可还原、不可逆转的影响，形成全球性的社会问题，进而制约了社会的可持续发展。工程作为一种由具有有限理性的人主导的社会实践，最终应达成人、自然与社会的和谐共生。

总之，工程体现生存、生活的智慧与追求。工程承载了价值追求，是为了达成特定的工程目标，以实现增进人类福祉的美好愿景。工程还塑造了文化形象，通过工程项目彰显区域或传统文化，探索并遵循共同的工程职业准则和行为规范。工程最终展现了人类创造，用工程人工物呈现人类物质文化的高度。可以说，工程涉及了理念文化、制度文化和器物文化三个层面，因而是一种文化现象。

（二）跨文化工程行为的特征

1. 文化多元与冲突

在跨文化的工程实践过程中，会产生文化的多元性和文化之间冲突的可能性，从而形成文化多元与冲突。跨文化的工程活动不仅包括来自不同文化背景的科学家和工程师的协作和分工，还包括投资方、决策者、工人、管理者、验收鉴定专

---

① 李正风，丛杭青，王前，等．工程伦理［M］．2 版．北京：清华大学出版社，2019：9-10.

家直到使用者等各个层次的多主体参与。[①] 因而，跨文化的工程行为，必然会涉及多个文化之间的互动关系，是一个多元文化交汇的场域。在这个过程当中，会有一些冲突，会有一些相互学习的机会，会有相互借鉴的可能，但是也蕴含了不同文化之间冲突的可能，这种冲突对于跨文化的工程行为会产生直接的影响。这种影响可能会表现为利益和责任关系。

2. 利益、责任关系复杂

在跨文化工程活动的各个阶段，涉及更多元的工程共同体的利益和责任，使得工程及其行为所涉及的利益、责任关系更为复杂。在工程项目的施工过程中，利益相关主体可能包括个体、群体和组织，所涉及的范围较大。加之，在不同的文化环境之下，利益关系的划定都会存在一定的差异，涉及的利益关系更加复杂，所以达成共识有一定的困难。与此同时，跨文化工程中的各种共同体对工程活动和行为都负有责任，这些责任交织在一起，使责任的界定更为复杂。[②] 一方面，一位工程人员可能肩负着多种责任，可能既包括专业技术领域责任、社会伦理责任，也包括环境伦理责任；另一方面，工程施工中某个环节的责任可能是由几个人或者团体共担，这就导致了在出现工程事故的时候，很难划清责任界限，把具体的责任归咎为某一位个人。

3. 协调机制国际化

不同文化影响下的工程施工标准也存在着不一致性，跨文化的工程行为更加依循国际惯例和国际标准。不同国家的工程施工人员具有不同的价值理念，遵循不同的价值规范，持有不同的价值标准。有的国家对工程施工的技术标准要求相对较高，施工过程中反复对施工的技术标准进行检查；有的国家对工程施工的技术标准要求相对较低，满足最终的验收要求即可。面对不同国家的工程施工标准和规范的不同，在工程实践过程当中，需要建立一种协调机制，遵循一些国际规则和标准。例如，中国与阿拉伯地区某一国家合作进行工程施工，当双方各自的工程标准均不被对方所认可时，就有可能依照欧盟的工程标准进行施工。因而，在跨文化的工程实践活动当中，协调机制的国际化是跨文化工程行为的一个重要特征。

① 朱葆伟．工程活动的伦理责任［J］．伦理学研究，2006（06）：36-41.

② 张恒力．工程伦理引论［M］．北京：中国社会科学出版社，2018：7.

第二节　跨文化工程中的工程伦理问题

在不同的文化语境下，工程的伦理理念和行为规范会表现出一些差异。跨文化的工程项目施工涉及更广泛的参与者，需要协调多元主体之间的利益关系，由此工程活动愈益复杂化，使得诸多伦理问题得以形成和呈现。通过对跨文化工程中工程师的行为规范、伦理规范重要概念的理解，技术或工程创造物的伦理接受度等差异的发现和辨别，深入反思跨文化工程发展带来的伦理挑战，将有助于提升我国在跨文化工程中处理和协调问题的能力，促进我国更积极主动地参与跨文化的工程活动，形成良性的跨文化工程发展态势。

一、跨文化语境之下的伦理差异

（一）伦理是文化的核心组成部分

伦理作为处理人与人、人与社会、人与自然之间的关系时应该遵循的道理和准则，是定义和选择“善”“正当”行为的社会规范。伦理在早期的时候表现为风俗、习惯，作为“善”的行为被他人、社会选择并倡导。伴随着时间的发展，进一步演变为界定行为“正当性”的社会约定、社会规范。伦理更多地展现于现实生活中，是一种人类文化活动的体现，更强调社会性和客观性。

伦理是文化的核心组成部分，是一系列指导行为的观念。伦理是特定文化中有一定约束力和导向性的集体选择和记忆。在不同国家和民族的历史发展过程中，会孕育出既有共性又有特色的文化，以及伦理观念和行为规范。在跨文化的语境之下，施工方前往一个与其文化不同的环境去施工，工程的建造方、投资方甚至是设计者，其实都有可能来自不同的文化环境。所以，在跨文化的工程活动中，就会存在来自不同文化的伦理观念，工程活动自然会受到有差异的伦理观念的一些影响。

在中国文化中，“伦理”不仅是一个概念，而且是一种理念，中国被称为礼仪之邦，其文化主要是一种伦理型的文化。[①] 在中国的传统文化中，儒家的伦理文化占据重要的统治地位，以“仁”“义”“礼”“智”“信”为代表的伦理价值理念，

---

① 樊浩．“伦理”话语的文明史意义［J］．东南大学学报（哲学社会科学版），2021，23（01）：5-16+146.

成为中国伦理文化的标志性话语，贯穿于中华文化发展的始终，几千年来规约着人们处理人与人、人与社会之间的关系。但伦理的内容与类型也是不断变化的，随着社会的发展进步，被赋予新的时代内涵，通过伦理的表达与重构，展现一种新的文化形态。中国伦理文化的终极理想是“大同”，现代社会，需要缔造一种“各美其美，美人之美，美美与共，天下大同”的和谐景象。这一伦理文化特征，也对中国的工程伦理思想产生了深刻的影响。

（二）工程中的“设计”与“造物”均受伦理文化的影响

工程活动中的设计，展现了观念形态的文化。在不同工程设计理念的指引下，会产生不同的工程产品。在古代，工程产品的设计要遵循自然规律，要求人与自然的和谐，实现“天人合一”“材美工巧”。古代社会，人们在审美上追求通过精雕细琢而制作出来的美轮美奂的产品；现代社会，人们在审美上追求时尚简约的产品。当代出现了工程设计新理念，尤其注重“以人为本”“价值敏感”的设计理念，与此同时，强调美学价值、文化价值和实用价值的有机结合。

工程活动中的造物，呈现了物质形态的文化。造物是文化的产物，造物活动是人的文化活动。造物本质上是文化性的，它表现在两个方面：一是人类的造物和造物活动作为最基本的文化现象而存在，它与人类文化的生成与发展同步，并因为它的发生才证实文化的生成；二是人类通过造物和造物活动创造了一个属于人的物质化的文化体系和文化世界。①

从设计到造物的一系列过程和环节，都受制度、规则的约束。工程制造中所遵循的制度和准则就涉及工程伦理规范，严格界定和表达了工程施工中的行为准则。工程中的伦理规范既包括一些具有广泛适用性的准则，也包括在特殊领域或实践活动中被认为应该遵循的伦理规范，或者那些仅适用于特定组织内成员的特殊行为标准。②

总之，工程实践是一种关涉人、自然与社会关系的伦理活动。在跨文化的语境之下，工程的设计和造物活动中会展现出明显的伦理差异。伦理理念和行为规范方面表现出的一些差异，会直接影响工程的造物活动，建造出具有自身伦理特色的工程人工物。跨文化工程中伦理问题的产生，主要来自工程师行为规范的差异，对技术或工程创造物接受度的差异。

---

① 李砚祖. 造物之美：产品设计的艺术与文化［M］. 北京：中国人民大学出版社，2000：22.
② Davis M. Thinking Like an Engineer［M］. New York：Oxford University Press，1988.

二、跨文化对工程师行为规范的影响

工程师的行为规范与其所处的文化情境密不可分，在不同的文化情境下，工程师的工作理念和工作态度存在较大差异。

（一）对契约、规则的态度受文化因素的影响

不同国家对待契约和规则的态度不大相同。德国工业化发展迅速的一个重要原因，就是德国具有遵守契约的文化传统，把遵守契约当成一种高尚和光荣的事情，依照契约办事，遵守规则和制度。某些地区的文化中缺乏契约精神，不喜欢按照规则行事，即使双方企业在合作之初签订好了商业合同，最终也很难按照合同进行执行和支付。在工程项目施工的过程中拖延相当长的一段时间是一种普遍的现象。

（二）对“安全”“健康”和“福祉”的理解与界定受文化因素影响

在工程伦理中，各国普遍将公众的安全、健康和福祉置于首位。但是受不同文化的影响，对“安全”“健康”和“福祉”的界定有所不同。为了工程项目的顺利推进与完工，有些社会文化中可能会忽略工程施工人员的个体健康和工作强度。西方社会更重视个人利益和福祉的表达，东方社会更注重群体利益与公共福利。切尔诺贝利核电站爆炸事故，说明有关工程人员并没有把公众的“安全”放在首位，缺乏规约工程人员操作的安全规范。由于操作人员的疏忽，酿成一场巨大的核能事故，未能有效保障公众的生命安全与健康。安全文化是中国文化的一部分，在工程设计与实施过程中，充分考虑工程的安全性能，制定灾难防护措施，防止工程事故可能带来的工程伤害。工程建造的目的是为人类带来福祉，不能建造一些豆腐渣工程和烂尾工程，造成社会资源的浪费，影响公众的利益。

专栏：美国国家职业工程师协会（NSPE）伦理章程

工程师在履行其职责时，基本准则如下：

1. 把公众的安全、健康和福祉置于至高无上的地位。
2. 仅在他们的能力范围内提供服务。
3. 仅以客观、诚实的方式公开发表声明。
4. 作为忠诚的代理人或受托人为每一位雇主或客户处理职业事务。
5. 避免欺骗行为。

6. 体面、负责、有道德且合法地从事职业活动，以提高职业的荣誉、声誉及效用。

（三）对风险和福祉分配的原则受不同文化的影响

为了正确认识和处理工程技术风险中的不确定性，需要在工程项目的设计之初就对工程风险予以评估。对风险和福祉分配的原则受不同文化的影响，有的文化相对保守，不喜欢承担风险；有的文化相对开放，为了未来的福祉可以承担相应的风险。美国对待风险的态度相对乐观，面对科技的发展更倾向于“先行原则”，除了对安全风险的要求比较严格以外，很少干预技术的发展，认为可以依靠技术的发展解决未来的潜在问题。欧洲国家秉持谨慎发展的原则，十分注重对风险的预判，不会因为没有发生不确定性的后果就完全支持某项技术的发展。现实中，公众的福祉不是一个人或者一小部分人的福祉，包括更广泛群体的利益，是否需要为此牺牲小部分人的利益？例如，在生物医药工程中，专业技术人员应该遵循怎样的风险收益比？是为了更快地研制出新药而损害小部分患者的利益，把作为受试者的病人置于高风险之中，但却造福未来更多的同类患者？还是采取更稳健的药物研制手段，但是临床试验时间长，药物产品研发缓慢？在不同文化的影响下，人们对“风险”和“福祉”的理解可能有所不同。

（四）对个人权利、责任的态度受文化因素的影响

在不同文化的影响下，不同国家的工程人员对个人权利的诉求、对工程师的职业责任、对自身肩负的使命的态度大不相同。美国的工程师比较注重个人权利，希望表达个人意见。例如，在挑战者号升空之前，工程师就曾对“O 型环”提出质疑，虽然建议未被采纳，最终酿成了悲剧，但也践行了个人的职业操守。德国人的思想和文化中嵌入了专注与严谨的精神，德国工程师施工的项目经久耐用，对所从事的工作和产品高度负责。我国也不乏有责任、有担当的卓越工程师，例如茅以升，他在 1937 年主持设计的钱塘江大桥现在仍然可以运行。虽然经历过战火的侵袭，但未曾出现过任何坍塌事故，还远远超过了 50 年的预期使用年限。改革开放以来，我国进行各类基础设施建设，但与此同时，部分人却丢失了传统的“工匠精神”，不注重工程质量、缺乏责任意识，出现了一些“豆腐渣”工程。

（五）因宗教、习俗差异产生的伦理问题

工程施工人员可能具有不同的宗教文化信仰和工作生活方式。如，阿拉伯地

区的文化有其独特性，工程承包也有其特殊性。在阿拉伯地区承揽项目的时候，需要有当地的代理人或保荐人，说明当地沟通和联系的基础是基于人与人之间的互信。① 在施工的过程中，阿拉伯人希望尽量聘用有相同文化背景和宗教信仰的人士，从客观上也限制了其他国家尤其是非伊斯兰国家的劳务输入。在实际工作中，当地员工在固定的时间需要做礼拜活动，而中国的工作生产计划则是按照每天正常工作 8 小时而设定的。这会在一定程度上影响中国企业的施工周期和施工效率。但在实际项目施工之前，我国部分企业未能对这些文化习俗进行充分的认识，从而增加了企业成本和项目执行时间，同时也加大了项目管理难度。

三、对技术或工程创造物接受度的差异

（一）技术的伦理接受度受不同文化的影响

在现实社会中，某项工程技术的伦理接受度可能受到其所处文化的影响。基因工程作为生物工程的一个重要分支，是指将一种生物体（供体）的基因与载体在体外进行拼接重组，然后转入另一种生物体（受体）内，使之按照人们的意愿稳定遗传，表达出新产物或新性状。不同国家的人对基因工程的态度是不一样的，美国对待基因工程总体上是比较支持的，伦理接受度比较高。在美国，不仅研究基因产品，而且日常生活中会食用大量的玉米和大豆等转基因食品。中国的传统文化强调道法自然，不喜欢人工干预自然界的生物，对待加工过的基因产品比较审慎，尤其是农作物产品。

（二）人工物的社会接受度受文化因素的影响

核电站作为一种关乎公众利益的工程人工物，其存在受到了广泛的社会争议。核电站存在很大的安全性隐患，核废物会危害健康，甚至还会产生核辐射。北欧地区虽然也有核电站，但是自日本发生福岛核事故之后，公众的风险意识增强，表决不接受建立核电站，并要求拆除已有的核电站，希望全面废弃核能发电的发展策略。目前，北欧的一些国家已经通过宪法，要求永久废弃核能。而进入 21 世纪以来，由于我国社会建设对能源需求的加大，兴建了不少核电站。中国当下流行技术追赶的文化，希望在核能发电技术领域可以超越西方国家，实现高水平科技的自立自强。中国建造的核电站安全性系数高，尤其是“华龙一号”，是我国核能发电技术自主创新的典型代表。

---

① 李坤若楠．阿拉伯国家工程承包项目的风险分析及文化因素剖析［J］．改革与开放，2016（22）：22-25.

专栏：德国为什么坚持废除核电？

德国是目前世界上最反对核电的国家之一，明确拒绝将核电视作绿色能源，并计划于2022年12月停止运营德国境内的所有核电站。核能不应成为德国能源结构的一部分的信念由来已久，并深深扎根于德国社会。德国气候保护理念源自20世纪70年代末，尤其是切尔诺贝利核事故发生以后，德国便出现了能源转型观念，反核运动和辩论此起彼伏，并使得大部分公众获得了反核共识。核电站一旦泄漏必将造成持续性、不可逆的毁灭性灾难。同时，核能会产生污染环境的大量核废料，全世界迄今已积累了几十万吨高放射性核废料，这些废料的处理，是世界性难题。德国不仅拥有强大的公众支持和长期的反核情绪，而且在其电力结构中核能只剩下11%。因此，与其他国家相比，完全抛弃核能是一个更为明显和容易的决定。①

（三）人工物的使用周期与维护的伦理问题

不同的文化影响了工程人工物的使用周期与维护。德国和日本的工程师在完成一个工程项目之后，通常并没有很快脱离该工程项目，而是经过一段时间的使用后进行评估，发现工程项目存在的不足之处，并加以完善，让其更好地发挥自身的作用和价值。有的工程公司甚至监管整个工程项目的全生命周期。公众对此类工程创造物的接受度也比较高。而中国的一些工程公司仅仅是监管到施工完成之后，在工程验收合格并交付给使用方之后，很少会继续运用人力和财力进行完善，较少参与使用后的日常维护环节，也较少考虑如何让项目未来的维护变得更方便，因而公众对此类工程创造物的认可度和接受度较低。

第三节 跨文化工程伦理问题的解决

伴随着改革开放的进程不断深入，中国工程企业自身能力和技术的拓展，使得中国工程企业在海外的施工变得越来越普遍。但是，在海外工程项目中，由于项目员工可能来自不同的国家，缺乏共同的文化基础，因而存在着不同的价值观念、伦理道德、风俗习惯、思维方式和行为方式等文化差异。② 这种文化差异的存

---

① 德国为什么现在就要坚定弃核？[EB/OL]．中国能源网，2022-01-06.

② 彭绪娟．我国海外工程项目跨文化管理研究［M］．2版．成都：西南财经大学出版社，2015：5.

在，导致了沟通中的障碍，使得项目团队成员之间信息交流和传递的效率下降，难以准确理解对方的意图，增加了跨文化交流的难度和风险，从而容易导致项目经营失败，造成企业亏损。因此，跨文化工程伦理问题的解决，是实现海外工程项目顺利完成的重要前提条件。对待跨文化的工程伦理问题，存在着伦理相对主义、伦理绝对主义和伦理关联主义三种处理态度。跨文化工程项目实施中也存在着一些需要遵循的共性伦理规范。未来，跨文化工程伦理问题的解决，更为依靠国际“契约”的建立并善用国际准则。

一、对待跨文化工程伦理问题的态度

不同文化之间的相互碰撞和融合，逐渐形成了伦理相对主义、伦理绝对主义和伦理关联主义三种对待跨文化工程伦理问题的态度。

（一）伦理相对主义：无立场的入乡随俗

伦理相对主义是一种用相对主义观点认识和解释道德本质与道德判断的伦理学理论。伦理相对主义强调差异、差别和多样性。在对待跨文化工程伦理问题时，企业通常会选择尊重东道国当地的工程伦理文化准则，依照当地的伦理规章制度进行施工。例如，东道国的宗教信仰、风俗习惯、法律制度都会对当地的员工生活方式和行为方式产生深刻的影响，可能就需要依照当地传统和风俗习惯进行工作。尊重不同文化背景下员工的文化习惯是国际工程项目成功的重要因素。

（二）伦理绝对主义：教条化的普适主义

伦理绝对主义是一种用绝对主义观点认识和解释道德本质及其发展的伦理学理论，与“伦理相对主义”相对。伦理绝对主义认为人们的善恶观念和道德规范是永恒不变的超历史范畴，否认它们的历史性、阶级性、民族性和进步性，主张建立一种适合于一切时代、一切民族的绝对的道德真理体系。① 工程伦理中的伦理绝对主义，是指大家遵循共同的工程伦理规范，肯定工程活动中秩序、制度的同一性和普遍性。不管是在工程施工的东道国还是工程企业所属的母国，都遵循统一的伦理规范标准。例如，重要的职业协会或职业团体的章程准则既适用于国内也适用于国外，对于工程师的职业伦理要求，国际上普遍采用包括诚实、守信和敬业等内容的行为准则。

（三）伦理关联主义：包容的、协商的、进化的

伦理关联主义既不同于伦理相对主义，也不同于伦理绝对主义。需要将无立

---

① 徐海涛．工程伦理［M］．北京：电子工业出版社，2020：180.

场的入乡随俗、教条化的普适主义融合起来，形成建立在原有伦理规范基础上的一种包容的、协商的、进化的新型伦理规范。倡导不同民族、不同文化、不同社会制度下的人们在相互交往中保持平等，相互理解、相互尊重和相互宽容。不同的社会、不同的国家和不同的民族有不同的道德准则和道德信念，应在面对和接受这一现实的基础上平等对待各个民族和不同社会各自的道德选择。① 通过不同民族和文化之间的交流和互动，增进共识，形成不同文化共同认同的价值理念。文化和伦理之间是相互关联的，通过缩小文化上的差异，增加不同文化之间的认同，实现跨文化的和谐。只有在海外工程项目中形成共同的价值观、企业精神和行为规范，才能将企业内部员工凝聚起来，使得海外工程项目顺利实施，达成预期的经营目标。

二、跨文化工程伦理规范

海外工程项目的员工组成了一个文化异质型的团队，海外项目的施工处于一种跨文化的情境状态，需要通过价值理念、制度文化和物质文化的整合，打造文化协同的工程项目团队，开拓创新形成共同遵循的工程伦理规范。本部分重点参照了国外学者查尔斯·E. 哈里斯等的观点，认为跨文化的工程伦理规范主要包括以下七个方面内容。

（一）保护公众的健康、安全与福祉

保护公众的健康、安全与福祉是跨文化工程伦理规范的首要原则。项目施工地的公民，毫无疑问不会希望外国工程师和实业家给当地公众的健康和安全带来危害。污染性较高的工程项目，可能会给当地的自然资源环境造成不可逆的影响，一些风险类的工程项目，例如核电站的建设，也会给当地的环境和居民的生活带来一定的影响。一旦发生核事故或者核辐射，就会给居民的健康造成巨大的不可消除的影响，因而高风险的项目需要考虑到邻避效应。虽然工程项目的施工可能促进东道国经济的大幅度提升与发展，但应该在合理的范围内促进东道国的福祉。总体而言，东道国公民希望国外工程师和实业家的到来有助于增进他们的福祉。② 工程职业规范也要求工程师将公众的福祉放在首要地位。这就意味着工程师必须从事利大于弊的事业。

---

① 张晓平，王建国．工程伦理［M］．成都：四川大学出版社．2020：56.

② ［美］查尔斯·E. 哈里斯，迈克尔·S. 普里查德，迈克尔·J. 雷宾斯．工程伦理：概念与案例［M］. 3 版．丛杭青，沈琪，等，译．北京：北京理工大学出版社，2006：201.

（二）保护东道国的自然环境

东道国的自然环境关系到东道国居民的生活质量和社会的发展。应注重当地的生态保护，推进工程建设与当地社会和自然环境的可持续协调发展。一些工程社团已设立了一些关注环境的条款，并且最终所有的社团可能都会引进这样的规定。工程师应该意识到自己具有保护环境的责任。即使一个人可能没有意识到，出于环境自身的考虑，他也负有保护环境的责任，因为保护环境也是为了促进全人类的共同福祉。整个世界是一个整体，一个地区或者国家自然资源环境的破坏，都会对全球的可持续发展造成影响。

（三）避免剥削与侵犯人权

应当避免对弱势群体的剥削。剥削通常是不正当的，这是因为它与职业规范不符。正常情况下，在任何文化中，都难以想象一个人会心甘情愿地成为剥削的牺牲品。这也侵犯了个体的道德主体。工程企业在施工中对东道国资源的剥削，对当地资源的低价购入，给予当地员工微薄的工资，都是剥削的体现。因而，在跨国工程项目的施工中，应避免对东道国资源、环境和员工的剥削。

人权不应当受到侵犯。当前，在许多文化中，包括许多非西方文化，人们在处理他们所有的事务时，从最低的生活标准到保护自己免遭酷刑或政治迫害，都会诉诸人权。① 工程施工企业不能为了最大限度地获取经济利益，发放低于正常工资水平的薪酬，甚至延长工作时间，给予员工恶劣的工作环境和条件，这些均是侵犯员工人权的表现，需要予以避免。

（四）包容多方利益主体的文化观念

中国传统文化中的“和而不同”思想，在应对跨文化工程实践活动中所遇到的矛盾和冲突时，具有积极的指导意义。在工程活动中应尊重各方差异，理解、认同、尊重和学习不同国家和地区的文化，充分认识和了解对方文化与本文化的异同，对可能发生的风险提前预判和准备。为了消除工程跨文化实践中面临的现实风险和伦理困境，需要坚守“人类共同价值”理念，注意兼顾文化的多元性和文明的多样性，关注不同国家和民族的利益诉求，包容不同国家和地区在不同阶段所选择的发展模式。应该避免本国公民以他自己的判断来取代接受者的判断。在工程施工中占有决策主导权一方的主观看法和选择，并不一定客观和公平，因而可能带来真正意义上的伤害和不公。

---

① ［美］查尔斯·E. 哈里斯，迈克尔·S. 普里查德，迈克尔·J. 雷宾斯．工程伦理：概念与案例［M］.3版．丛杭青，沈琪，等，译．北京：北京理工大学出版社，2006：198.

（五）尊重东道国的文化规范和法律

在与其他指导原则保持一致的情况下，应尊重东道国的文化规范和法律。许多公司明确地认可了其商业活动所在国法律的必要性。根据尊重人的伦理学，尊重个体的道德主体包含了尊重他们的文化传统、规范和法律，需要这些规范和法律与其他的，尤其是关于人权的指导原则相一致。① 遵守东道国的风俗习惯、工程规范标准和法律条款，才能真正地得到当地员工的认同；才能使东道国及其人民，在工程项目的施工过程中，切实感受到被尊重和保护。只有企业员工具备良好的身心工作状态，才更利于项目的顺利完成。

（六）促进不同文化间的开放、合作

开放是打通跨文化壁垒的先决条件。积极探索与各种文明之间深层沟通、交流、对话的途径，迎接不同的思想、观点和态度，加强了东西方文化之间的了解与认同，促进了科技、经济、文化、教育等领域的交流与合作。未来，需要加大与世界各国在工程领域的交流，不仅要引进科技先发国家先进的工程管理理念和工程技术，更要提升本国工程技术“走出去”的水平。

合作能够集思广益，消除思维上的局限性。新时代的工程从业人员不仅要有与其他同行愉快合作的能力，也需要具备与不同文化背景的工程技术人员协同合作的能力。团队合作才能超越个人力量的渺小，提高工作效率，产生具有创造性的成果，取得惊人的科技成就。② 合作的关键在于正确对待名誉与利益。任何人都处于社会关系网络之中，在工程项目活动中需要协调个人与他人、与集体之间的利益关系，切忌过分看重个人的名誉和利益得失。

（七）促进伦理问题解决方案的创新

随着社会和技术的进步，会涌现出不同于以往时代的一些新的问题。在跨文化的社会制度背景下，经由工程项目施工活动，施工企业将本国的文化、社会制度、伦理规范、法律等带入东道国，可能引发更为复杂的工程伦理问题。创新实际上是在跨文化的环境之下，去探索一些解决工程伦理问题的新方案。创新是在不同文化语境之下，进行新的跨文化环境下的工程实践，形成一些新的解决伦理问题的规则。通过这种创造性的伦理问题解决方案，促成建立合理、有效的工程活动伦理问题解决方式。

---

① ［美］查尔斯·E. 哈里斯，迈克尔·S. 普里查德，迈克尔·J. 雷宾斯．工程伦理：概念与案例［M］．3 版．丛杭青，沈琪，等，译．北京：北京理工大学出版社，2006：202.

② 肖平．工程伦理导论［M］．北京：北京大学出版社．2009：211.

三、遵循“契约”并善用国际准则

跨文化工程伦理问题的解决，需要工程利益相关群体之间进行协商并达成“契约”共识，参照和构建全球共同遵循的国际工程伦理准则。

（一）遵守“契约论”的伦理立场

在中国，契约起源于春秋战国时代，《周礼》中就有所记载；在西方，契约起源于古希腊时期，建立在“万民法”基础上的罗马法体系全面规定了契约的基本原则，多方利益主体之间订立契约一般遵循平等性原则、自由性原则、守信的原则、互利性原则。[①] 多元、冲突的文化中更为强调协商共识与“契约”的重要性。契约论者把道德法律看作人们在生活、交往，尤其是在社会组织中约定的东西，认为这种约定构成对缔约各方的后续行为的规约：人们应当遵守约定与承诺，遵循约定的行为规范[②]。面对不同的施工国家和施工成员可能产生的文化冲突，跨文化的施工团队之间应该践行“契约精神”，并建立多形态的契约形式。这种多形态的契约形式，不仅包括国家与国家之间的契约、企业和企业之间的契约，还包括企业和员工之间的契约。

专栏：订立契约的原则

1. 平等性原则

即当事人之间订立契约是在地位平等的状态下进行的（但不等于契约内容、履约结果或体现的经济利益的平等性，这些取决于交易双方对交易的相对重要性、谈判力等因素），这是签订契约的内在的基本原则。

2. 自由性原则

所谓契约的自由性，就是人们签订契约的自由意志性和自主选择性。自由性与平等性密不可分。自由性是平等性的基础，只是承认契约各方都具有自由权利，才有真正的平等性。

3. 守信的原则

这是契约发挥社会作用的基本前提。每个当事人都必须信守契约，因为契约是各方平等协商的结果、自由意志的表达。守信原则的贯彻，应当是自觉的，当事人必须按照契约的规定履行各自的义务，并享受各种权利，否则

① 倪家明，罗秀，肖秀婵．工程伦理［M］．杭州：浙江大学出版社，2020：62，64.
② 廖申白．伦理学概论［M］．北京：北京师范大学出版社，2009：42.

就必须付出代价。

4. 互利性原则

契约当事人在一致合意的基础上通过契约实现各自的利益，任何契约行为都是当事人实现预期收益的手段。否则，契约就不会形成。但预期获利并不等于实际获利。

（二）善用国际准则与积极参与国际准则的建构

目前，国际上存在着一些共同遵守的工程伦理准则。在工程的建设和施工过程中，工程企业、工程企业管理者、工程企业员工都应该掌握一定的国际工程伦理准则，按照准则进行施工建设，与此同时，也要善于利用国际上通用的伦理准则保护自己和企业的利益。一旦出现工程事故和纠纷，可以充分利用现有准则取得认同。但随着社会的发展，以及各国文化形态的差异性，新的问题不断涌现，需要重新构建新的国际准则。发展中国家应该积极参与新型工程伦理准则的构建，通过对国际准则的完善，促进世界各国家、各民族、各群体共同福祉的实现。

第四节 提高中国工程的国际竞争力

当前，中国处于工业化的进程之中，大型工程项目的建立，促进了我国科学技术的发展和经济的腾飞，成为工业化发展的重要路径和方式，密切而深远地影响着国人的生产生活方式。① 新的时代背景下，为提升中国工程的国际竞争力，不仅需要汲取中国传统的“以人为本”“以道驭术”“经世致用”等工程伦理思想，还要与时俱进，打造具备中国新时代精神气质的世界工程。与此同时，加强跨文化工程人才的储备，深化工程教育国际交流与合作。

一、汲取中国传统的工程伦理思想

虽然我国是传统的农业大国，但古代就在工程建设方面取得了不少成绩。例如，农田水利技术、建筑技术、机械制造技术等方面都有了一定的发展，出现了诸多优秀的工程项目。中国传统的科技伦理思想中，有些就涉及工程伦理思想。在古代，工程技术人员主要是指工匠，并未具有很高的社会地位，但却制造出了

① 张恒力．工程伦理引论［M］．北京：中国社会科学出版社，2018：2.

宏伟精巧的工程人工物。随着时代的变迁，传统的工程伦理思想依然存在，其延续至今并焕发了新的生机。

（一）以人为本

“以人为本”是中国古代科技发展史中极为重要的思想，是中国文化最根本的精神。“以人为本”是指在科学技术活动中应该遵循以人为对象，以人为中心的思想，以造福人类为最高宗旨，强调对人的生存意义和价值的全面关怀。① “以人为本”思想理念与当下的人权思想相一致，提倡人人平等，人人互助互爱，提倡兼爱思想，爱众生。② 人是工程技术活动的主体，“以人为本”的思想早已植入古代工程项目的建设活动之中。古代讲求师徒传承的技术授业方式，重人力轻物力，重技巧轻工具，主体人先于和重于工程活动，工程活动的最终目的是为了主体人，人的一切活动都是为了满足自己的需要，人不应该为了工程活动而被损害或无条件地被牺牲。与此同时，人也不能为了满足自己无限的欲望而掠夺和征服自然，需要将资源节约、保护生态环境的要求贯穿于器物制造的全过程，促进人与人、人与自然、人与社会的和谐。

（二）以道驭术

在先秦时期，“以道驭术”的观念就已经在老子的《道德经》中出现了。后来，儒家、法家、管子和墨家等不同的学派，也分别从不同的侧面建立了“以道驭术”的技术伦理思想体系。以道驭术的主要思想是指技术行为和技术应用受伦理道德规范的驾驭和制约，技术的发展不能脱离伦理道德规范，如果技术活动仅考量社会经济价值，未从伦理的角度加以限制，技术的发展方向就会偏离正常轨道，带来许多意料不到的副作用。③ 任何技术的发展都是要有伦理规约的，工程技术的发展也应该在伦理道德的驾驭之下。在古代，工程技术的主体是工匠，“以道驭术”的思想对工匠的造物行为及器物、工程等的功用都有约束作用，强调工程技术所产生的宏观社会效果。④《考工记》系统记载了官营工业生产中各类产品的设计、规格、用料、制作方法、质量要求和检验方法等方面的规范。质量是检验工匠制作产品是否符合要求的首要标准，工匠对制作器物的质量有很高的要求，在施工的过程中也会存在着“物勒工名”的情形。工匠还要遵守“道寓于技，进乎技”的规范，要求工匠要不断提升自身的技艺水平。传统以道驭术思想启发着

① 陈万球．中国传统科技伦理思想研究［D］．长沙：湖南师范大学，2008：71.

② 安晓晶．墨家科技伦理思想研究［D］．武汉：武汉科技大学，2015：16.

③ 王前，等．中国科技伦理史纲［M］．北京：人民出版社，2006：7.

④ 王前，金福．中国技术思想史论［M］．北京：科学出版社，2004：88-89.

人们，科学技术作为人类的理性工具，并不是价值无涉的，它具有价值负载性，人类自身要学会正确应用科学技术为人类利益服务，实现科技与道德的统一。①

（三）经世致用

中国传统文化的经世致用首先指的是一种理性精神或理性态度，这种理性具有极端重视实用的特点。中国人培养了一种重视实际、关注人事、面向现实、珍视人生的务实精神和朴实无华、脚踏实地的性格。先秦经典《易传》对工程技术活动的功用价值给予充分肯定，例如，“耒耨之利，以教天下”“舟楫之利，以济不通，致远以利天下”“服牛乘马，引重致远，以利天下”“弧矢之利，以威天下”，这里的“利”字，都体现了工程技术的应用有利于国计民生。夏王朝的开创者夏禹就是一位水利专家，夏禹领导了疏通荆涂二山上游淮河流域的治水工程，通过开凿荆涂二山，解决了因“麓高水汇”而形成的洪水灾害，帮助当地人民解决水患。工程实践中的经世致用，也可以通过传统的建筑工程实践来加以说明。中国传统建筑提倡节俭与实用，“实用先于审美”“有用即美即善”。中国古典建筑是建立在一套完备的木框架结构的技术体系之上的，一直十分注重结构逻辑的真实性表达与传递，每一个构件的目的明确，自得其所，不多不少，各有各的用处，没有可有可无的构件，用料节俭，物尽其用，体现出结构和制作上的经世致用。②

二、打造具备中国新时代精神气质的世界工程

在国际化程度日趋加剧的今天，中国工程建设活动的跨国开展要比以往任何时候都更具有现实意义。“一带一路”倡议为中国工程“走出去”提供了重要的历史机遇和时代动能。当下，需要弘扬中国新时代的精神气质，打造具有负责任创新特质的世界新工程。

（一）树立新时代中国工程的典范

发生在中国的工程造物行为具有世界性的意义，这蕴含了中国现有的一些工程实践及其经验具有世界意义。从中可以形成一些在世界范围内或者是不同的文化情境之下都可以借鉴的内容。中国建设施工的工程项目，不仅需要遵循国际上既有的工程技术标准，在安全标准和环保标准方面达到世界先进水平，这种工程人工物的呈现还需要把东西方文化的精髓融合起来，体现一种和合的思想。中国

① 陈万求，柳李仙．中国传统科技伦理的价值审视［J］．伦理学研究，2011（01）：63-66.
② 陈万求，刘灿，苑芳军．中国传统科技伦理思想的基本精神［J］．长沙理工大学学报（社会科学版），2009，24（04）：112-117.

企业和工程师不能把追求利润作为唯一的价值导向，需要肩负一定的社会责任，对东道国公众的安全、健康与福祉起到积极的促进作用。对于工程技术相对落后的国家，要乐于分享中国的工程技术和工程产品，通过中国产品、中国技术、中国标准和中国服务向东道国讲述“中国故事”，从而在世界范围内形成工程产品的技术含量和附加值高的形象的同时，树立了工程建设的环保、普惠、可持续发展的典范。

（二）塑造新时代中国工程良好的国际形象

在跨文化的环境之下的工程实践，需要探索如何把一些工程实践活动塑造成为新时代中国工程良好的国际形象。中国工程要经得起检验，无论在海外哪个国家进行的工程项目，一方面，需要包容不同文化背景的员工，尊重不同文化之间的差异；另一方面，工程需要具备安全、环保等特征，让中国工程项目的质量在世界范围内得到认可。创新是一个民族进步的灵魂，是国家兴旺发达的不竭动力，已成为时代的标志。创新就是推陈出新，不因循守旧，创造新知识、新科学、新技术、新的工程人工物。创新并非一蹴而就的，创新是建立在继承传统的基础之上的，世界在创新中得以发展。但是，并不是所有的创新都是值得肯定和鼓励的，理论创新和应用创新都可能产生不可估量的后果，需要进行“负责任”的工程创新。通过负责任的工程技术创新，积极参与国际工程规则的制定，建立中国在工程建设领域的话语权，让工程项目可以在国际市场获得认同，树立良好的国际工程形象。

三、深化工程教育国际交流与合作

（一）培养国际化的工程人才

工程师的工程技术行为中蕴含着工程师对人与自然、社会之间存在的哲学伦理学的思考，工程师的行为受自身工程伦理价值理念的引导。① 工程人才的培养不能仅仅依靠本国本土，还需要具有国际化的视野，具备国际上工程技术问题的处理能力，成为国际化的工程专业人才。早在清末，我国的留美学生就在国外学习铁路、矿业等工程专业项目。随着现代工程技术的发展，本土的工程伦理理念已经无法适应全球化的快速发展。不同文化和伦理传统使得工程师的全球伦理达成“实质性的一致”存在困难，需要在“求同存异”的基础上建立面向全球化的工程

---

① 张嵩．工程伦理学［M］．大连：大连理工大学出版社，2015：146.

师职业道德规范标准。[①] 面向全球化的时代背景，明确工程师所应该承担的社会责任、工程责任和伦理责任，将工程伦理知识与工程实践活动有机结合。

（二）开展国际化的工程伦理教育

工程伦理教育有益于帮助工程人员确立科学的工程价值观，学会处理工程活动中的价值选择矛盾，对塑造卓越的工程师具有重要的积极作用。通过提升工程师的道德素养，可促进社会责任意识和生态意识的养成，改变传统的伦理价值观。开展国际化的工程伦理教育，有利于工程专业的学生提升工程伦理意识，并与国际上的工程伦理规范接轨，缩小与西方社会先进工程伦理教育的差距。新时期培养国际型工程人才，需要设置国际化课程和国际化的教学内容，培养工科学生的国际化视野和国际工程素质。国际化的工程伦理教育包括全球胜任力的培养目标、国际化课程与本土化课程相融合的教学内容、以解决问题为导向的模块化的教育方式。

讨论案例：中建五局：从“文化冲突” 到“文化融合”[②]

中建五局自20世纪80年代初率先走出国门，历经四十多年的长期坚守和不断创新，已在巴基斯坦、阿尔及利亚和中西非形成了稳定产出区。当前，在国家“一带一路”倡议的指引下，在中国建筑“大海外”战略的要求下，中建五局又提出了“海外排头”的战略目标，大力拓展中亚、东南亚、南美等地市场。

最初，中建五局在进行海外项目建设的时候，受到文化差异的影响极大。海外工程项目的员工由于来自不同的国家，缺乏共同的文化基础，具有不同的价值观念、伦理道德、风俗习惯、思维方式和行为方式。员工之间难以准确理解彼此的思想和行为，往往以各自的文化价值和标准去解释和判断其他文化群体。这种文化背景的差异，大大降低了沟通的速度和效率，增加了跨文化交流的难度和风险，容易造成文化冲突。因而，需要建立文化共识，形成共同的价值观、企业精神和行为规范，才能整合和凝聚项目团队员工的力量，齐心协力做好项目管理和施工生产。为了有效解决文化差异带来的矛盾，规避文化风险，实现跨文化融合，顺利完成项目，中建五局从以下四方面着手进行跨文化管理。

第一，确立跨文化管理的工作思路。

---

① ［美］查尔斯·E. 哈里斯，迈克尔·S. 普里查德，迈克尔·J. 雷宾斯，等. 工程伦理：概念与案例［M］. 5版. 丛杭青，沈琪，魏丽娜，等译. 杭州：浙江大学出版社，2018.

② 资料来源：中国建筑集团有限公司官网。

作为跨国经营企业，要在国际工程承包市场竞争中取胜，必须实施跨文化管理，这已成为中建五局的一种共识。首先，加强跨文化培训，提升文化认同。员工通过培训了解冲突管理的相关知识，学习当地的语言文字，了解当地的文化风俗。其次，建立尊重机制，增加沟通交流。彼此尊重对方的文化并建立有效的沟通机制是海外项目良好运转的基础。最后，甄别项目类型，灵活选择管理模式。企业跨文化管理的方式总体上包括“凌驾”“折中”和“融合”三大类，根据中建五局海外经营项目的特点又可细分为：本土化模式、文化移植模式、文化规避模式、文化嫁接模式、文化培育模式和文化相融模式。

第二，突出文化融合力，推进人力资源属地化管理。

为充分利用当地人力资源和政策法律环境，降低企业运营成本、规避经营风险，中建五局以文化融合为先导，推进人力资源属地化管理。在对东道国政策、国情、文化进行研究分析的基础上，中建五局结合企业自身、所在国所在地、第三国劳务等实际情况，制定相应的人力资源属地化配置方案。将文化培训作为人力资源属地化管理第一要务，将具有不同文化背景的中外员工集中在一起进行专门培训，打破文化障碍和角色束缚，增强员工对不同文化环境的反应和适应能力。注重与外籍员工的人文情感沟通交流，充分尊重外籍员工的宗教信仰，通过组织中外员工广泛参与各种文化活动，促进中外员工相互交流、理解，增进彼此友谊。评选和优待外籍劳模，发挥其影响和辐射作用。

第三，夯实文化软实力，勇担央企海外社会责任。

中建五局在项目建设中十分注重履行央企的海外社会责任，在项目建设过程中，努力让当地的人民真正受益，有获得感，给当地人民带来福祉。中建五局以大国企业为担当，坚持道德规范，不断履行社会责任，积极推进文化融合。十多年来，通过捐建学校及道路、捐赠物资、在非洲国家开展文化节等活动，加强了文化活动交流，深化了中外友谊，展现了大国企业形象，为中国建筑在非洲十多年的持续健康发展提供了重要保障。

第四，发挥文化渗透力，优化所在地多方社会关系。

中建五局与当地各界保持良好沟通，中建五局不仅强化与政府部门及各利益相关方关系，还强化与当地媒体关系，发挥文化渗透力，获得当地社会团体支持。中建五局的海外项目非常注重加强与政府和社会各利益相关方的沟通联系，保持良好的信任和合作关系，以此减少政治阻力、赢得对项目政策的支持。中建五局注重与媒体的沟通，维护公共关系，主动引导当地主流媒体对项目进行正面报道，加深社会各界对中建五局的了解和信任。在表彰外籍员工和最佳合作伙伴的时候，邀请当地主流媒体进行宣传报道。

总之，在加强海外项目跨文化管理过程中，中建五局在保持自身文化内核，在坚持企业发展战略、人性化价值理念、市场导向原则的基础上，采取文化适应、文化融合、文化主导等策略，强化跨文化沟通，克服跨文化冲突，整合项目相关各方文化优势，形成海外项目工作合力，实现海外项目的成功运营，不断提升企业的国际竞争力，提升中国企业的国际形象。

思考题：

1. 中建五局在进行海外项目建设时，从哪些维度着手进行文化融合？
2. 中建五局在进行跨文化管理的时候，你觉得还存在哪些不足？如何进一步优化？

本章小结

伴随着经济全球化的发展，工程实践活动跨越了地域的限制，逐渐呈现全球化的态势。工程是一种文化现象，承载价值追求，塑造文化形象，展现人类创造。跨文化间不同文化形态之间的交流和互动，不可避免地会产生文化上的冲突，导致工程实践活动的复杂性与多样性。

伦理是文化的核心组成部分，工程中的“设计”与“造物”均受伦理文化的影响。在跨文化语境下，工程伦理问题的产生，主要来自工程师行为规范的差异，对技术或工程创造物接受度的差异。工程师的行为规范通常会受到对契约、规则的态度，对“安全”“健康”和“福祉”等伦理规范的理解和界定，对风险和福祉分配原则的理解，对个人权利、责任的态度，以及宗教、习俗差异的影响。对技术或工程创造物接受度的差异体现在对技术的伦理接受度、对人工物的社会接受度、人工物的使用周期与维护问题。

对待跨文化的工程伦理问题，存在着伦理相对主义、伦理绝对主义和伦理关联主义三种处理态度可供选择。跨文化工程项目实施中也存在着一些需要遵循的共性伦理规范。未来，跨文化工程伦理问题的解决，更为依靠国际“契约”的建立并善用国际准则。

中国传统的科技伦理思想中，部分内容就涉及工程伦理思想。需要吸取中国传统文化中的“以人为本”“以道驭术”“经世致用”等科技伦理理念，在当代的工程实践活动中加以运用和转化。当下，打造具备中国新时代精神气质的世界工程，塑造新时代中国工程负责任的社会形象，应着力培养国际化的工程伦理人才和开展国际化的工程伦理教育。

重要概念

全球化　文化　跨文化　伦理冲突　国际准则

练习题

延伸阅读

［1］李正风，丛杭青，王前，等．工程伦理［M］．2 版．北京：清华大学出版社，2019.（第 13 章）

［2］徐海涛．工程伦理［M］．北京：电子工业出版社，2020.（第 7 章）

［3］［美］查尔斯·E. 哈里斯，迈克尔·S. 普里查德，迈克尔·J. 雷宾斯，等．工程伦理：概念与案例［M］．5 版．丛杭青，沈琪，魏丽娜，等译．杭州：浙江大学出版社，2018.（第 9 章）

［4］王前，等．中国科技伦理史纲［M］．北京：人民出版社，2006.（第 1 章）

［5］张恒力．工程伦理引论［M］．北京：中国社会科学出版社，2018.（第 4 章）

主要参考文献

中文文献：

[1]［荷］安珂·范·霍若普．安全与可持续：工程设计中的伦理问题［M］．赵迎欢，宋吉鑫，译．北京：科学出版社，2013.

[2]［美］查尔斯·E. 哈里斯，迈克尔·S. 普里查德，迈克尔·J. 雷宾斯，等．工程伦理：概念与案例［M］．5 版．丛杭青，沈琪，魏丽娜，等译．杭州：浙江大学出版社，2018.

[3]［美］查尔斯·佩罗．高风险技术与“正常”事故［M］．寒窗，译．北京：科学技术文献出版社，1988.

[4] 蔡乾和．哲学视野下的工程演化研究［D］．沈阳：东北大学，2010.

[5] 陈宝智，张培红．安全原理［M］．3 版．北京：冶金工业出版社，2016.

[6] 陈昌曙．技术哲学引论［M］．北京：科学出版社，1999.

[7] 丛杭青．世界 500 强企业伦理宣言精选［M］．北京：清华大学出版社，2019.

[8] 方东平，张恒力，李文琪，等，工程管理伦理——基于中国工程管理实践的探索［M］．北京：中国建筑工业出版社，2022.

[9]［德］汉斯·约纳斯．技术、医学与伦理学：责任原理的实践［M］．张荣，译．上海：上海译文出版社，2008.

[10]［美］卡尔·米切姆．工程与哲学：历史的、哲学的和批判的视角［M］．王前，等译．北京：人民出版社，2013.

[11]［美］蕾切尔·卡森．寂静的春天［M］．马绍博，译．天津：天津人民出版社，2017.

[12] 李伯聪．工程共同体研究和工程社会学的开拓——“工程共同体”研究之三［J］．自然辩证法通讯，2008（01）：63-68+111.

[13] 李正风，丛杭青，王前，等．工程伦理［M］．2 版．北京：清华大学出版社，2019.

[14] 联合国教科文组织．工程——支持可持续发展［M］．王孙禺，乔伟峰，徐立辉，等译．北京：中央编译出版社，2021.

［15］［荷］路易斯·L. 布西亚瑞利．工程哲学［M］．安维复，等译．沈阳：辽宁人民出版社，2012.

［16］［美］霍尔姆斯·罗尔斯顿．环境伦理学——大自然的价值以及人对大自然的义务［M］．杨通进，译．北京：中国社会科学出版社，2000.

［17］［美］迈克·W. 马丁，罗兰·辛津格．工程伦理学［M］．李世新，译．北京：首都师范大学出版社，2010.

［18］［美］迈克尔·戴维斯．像工程师那样思考［M］．丛杭青，沈琪，等译校．杭州：浙江大学出版社，2012.

［19］倪家明，罗秀，肖秀婵．工程伦理［M］．杭州：浙江大学出版社，2020.

［20］彭绪娟．我国海外工程项目跨文化管理研究［M］．2 版．成都：西南财经大学出版社，2015.

［21］王前，朱勤．工程伦理的实践有效性研究［M］．北京：科学出版社，2015.

［22］王前，等．中国科技伦理史纲［M］．北京：人民出版社，2006.

［23］［美］维西林，冈恩．工程、伦理与环境［M］．吴晓东，翁端，译．北京：清华大学出版社，2003.

［24］［美］赫伯特·A. 西蒙．管理行为（原书第 4 版）［M］．詹正茂，译．北京：机械工业出版社，2004.

［25］肖平．工程伦理导论［M］．北京：北京大学出版社，2009.

［26］邢继．世界三次严重核事故始末［M］．北京：科学出版社，2019.

［27］徐海涛．工程伦理［M］．北京：电子工业出版社，2020.

［28］徐向东．自我、他人与道德——道德哲学导论（下册）［M］．北京：商务印书馆，2007.

［29］［德］伊曼努尔·康德．道德形而上学原理［M］．苗力田，译．上海：上海世纪出版集团，2005.

［30］殷瑞珏．工程与哲学（第二卷）——中国工程方法论最新研究（2017）［M］．西安：西安电子科技大学出版社，2018.

［31］张恒力．工程伦理引论［M］．北京：中国社会科学出版社，2018.

［32］张晓平，王建国．工程伦理［M］．成都：四川大学出版社，2020.

［33］张新庆，王明旭，蔡笃坚．新冠肺炎疫情防控中的“相称性原则”解析［J］．中国医学伦理学，2020，33（03）：261-267.

［34］赵劲松．化工过程安全［M］．北京：化学工业出版社，2015.

［35］朱永灵，曾亦军．融合与发展：港珠澳大桥法律实践［M］．北京：法律出版社，2019.

英文文献：

［1］Brent Daniel Mittelstadt，Luciano Floridi. The Ethics of Biomedical Big Data［M］. Springer International Publishing Switzerland，2016.

［2］Davis M. Thinking Like an Engineer［M］. New York：Oxford University Press，1988.

［3］Davis M，Stark A. Conflict of Interest in the Professions［M］. New York：Oxford University Press，2001.

［4］Franz-Theo Gottwald，Hans Werner Ingensiep，Marc Meinhardt. Food Ethics［M］. New York：Springer，2010.

［5］Friedman B，Hendry D G. Value Sensitive Design：Shaping Technology with Moral Imagination［M］. Cambridge，MA. MIT Press，2019.

［6］Heidi Furey，Scott Hill，Sujata K. Bhatia. Beyond the Code：A Philosophical Guide to Engineering Ethics［M］. London：Routledge，2021.

［7］Ibo Van De Poel，Royakkers L. Ethics，Technology，and Engineering：An Introduction［M］. Oxford：Wiley-Blackwell，2011.

［8］Kristin Shrader-Frechette. Ethics of Scientific Research［M］. Lanham：Rowman & Littlefield Publishers Inc，1994：153-168.

［9］Schinzinger R，Martin M W. Introduction to Engineering Ethics［M］. Boston：McGraw-Hill，2000.

［10］Owen R，Bessant J，Heintz M. Responsible Innovation：Managing the Responsible Emergence of Science and Innovation in Society［M］. West Sussex：John Wiley & Sons，Ltd Publication，2013.

［11］Solomon，Robert C. A Better Way to Think about Business：How Personal Integrity Leads You to Corporate Success［M］. New York：Oxford University Press，2003.

［12］Whitbeck，C. Ethics in Engineering Practice and Research［M］. Cambridge：Cambridge University Press，1998.

读者意见反馈

为收集对教材的意见建议，进一步完善教材编写并做好服务工作，读者可将对本教材的意见建议通过如下渠道反馈至我社。

咨询电话　400-810-0598

反馈邮箱　gjdzfwb@pub.hep.cn

通信地址　北京市朝阳区惠新东街4号富盛大厦1座

高等教育出版社总编辑办公室

邮政编码　100029

防伪查询说明

用户购书后刮开封底防伪涂层，使用手机微信等软件扫描二维码，会跳转至防伪查询网页，获得所购图书详细信息。

防伪客服电话　(010)58582300

二维码资源访问

使用微信扫描本书中的二维码，输入封底防伪二维码下的20位数字，进行微信绑定，即可免费访问相关资源。注意：微信绑定只可操作一次，为避免不必要的损失，请您刮开防伪码后立即进行绑定操作。